KB169002

항균잉크란?

코로나19 바이러스
"친환경 99.9% 항균잉크 인쇄"
전격 도입

언제 끝날지 모를 코로나19 바이러스
99.9% 항균잉크(V-CLEAN99)를 도입하여 「안심도서」로
독자분들의 건강과 안전을 위해 노력하겠습니다.

 시대교육그룹

 Clean Zone

본 도서는 항균잉크로 인쇄하였습니다.

항균＋
99.9%
안심도서

항균잉크(V-CLEAN99)의 특징

- ◉ 바이러스, 박테리아, 곰팡이 등에 항균효과가 있는 산화아연을 적용

- ◉ 산화아연은 한국의 식약처와 미국의 FDA에서 식품첨가물로 인증받아 **강력한 항균력**을 구현하는 소재

- ◉ 황색포도상구균과 대장균에 대한 테스트를 완료하여 **99.9%의 강력한 항균효과** 확인

- ◉ 잉크 내 중금속, 잔류성 오염물질 등 **유해 물질 저감**

TEST REPORT

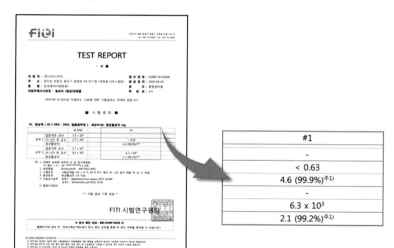

#1
-
< 0.63
4.6 (99.9%)[주1]
-
6.3×10^3
2.1 (99.2%)[주1]

Clean Zone

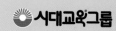

시대교육그룹

반영구
화장사
문신사

단기완성

머릿말

최근 한 국회의원이 국회 앞에서 등에 타투 스티커를 붙인 채 등이 파인 드레스를 입는 퍼포먼스를 한 사건을 아십니까?

이는 바로 '문신 합법화'를 주장하기 위한 퍼포먼스였습니다.
문신(반영구화장) 경험자 1300만 시대인 현재, 아직 문신이 불법으로 규정되어 있는 것은 조금 시대착오적이라는 생각까지 들게 만듭니다.
때문에 많은 시술자와 피술자는 문신 시술이 조금 더 건강하고 합리적으로 이루어질 수 있도록 합법화를 주장해왔으며, 최근에 드디어 문신사(반영구화장사)법이 발의되기에 이르렀습니다.

본 교재는 새로 시행을 앞두고 있는 문신사 국가자격증에 대비한 수험서입니다.
아직 문신사 자격증만을 위해 만들어진 교재가 없는 상황인 만큼 문신사 국가자격증이 신설되면 수험생 여러분들이 시험 준비에 많은 어려움을 겪게 되리라 생각합니다.
이에 국가자격증 관련 미용시험의 출제 경향과 기출문제 등을 분석하고 실전에 대비할 수 있도록 심혈을 기울여 본 교재를 준비하였습니다.

본 교재는 아래와 같이 11개의 파트로 나누어져 있습니다.

| PART 1 | 반영구화장 및 문신 개론 | PART 7 | 혈행성 감염(BBP)
| PART 2 | 안면해부학 | PART 8 | 화장품학
| PART 3 | 피부학 | PART 9 | 색채학
| PART 4 | 두피와 모발 | PART 10 | 고객상담
| PART 5 | 공중보건 위생학 | PART 11 | 반영구화장 및 문신의 실제
| PART 6 | 보건위생

파트가 다소 세부적으로 나뉘어 수험생 여러분이 지레 겁먹고 어렵게 느낄 수도 있을 것 같습니다.
하지만 각 파트별로 시험에 꼭 필요한 핵심적인 이론만 수록하였습니다.
이론학습 후 교재 후면의 파트별 모의고사를 통해 문제풀이 연습까지 마치신다면 4주 단기완성은 충분히 가능할 것이라 사료됩니다.

아직 시험에 대한 세부사항이나 일정 등이 명확하게 정해지지 않아 본 교재에 수록된 이론이나 문제와 어느 정도 다른 부분이 있을 것으로 예상됩니다. 이는 법이 제정되고 시험이 확정되는 대로 빠르게 개정할 것을 약속드립니다.

편저자 일동

자격증 · 공무원 · 금융/보험 · 면허증 · 언어/외국어 · 검정고시/독학사 · 기업체/취업
이 시대의 모든 합격! 시대에듀에서 합격하세요!
시대에듀 → 정오표 → 반영구화장사/문신사 단기완성

1. 파트별 핵심이론

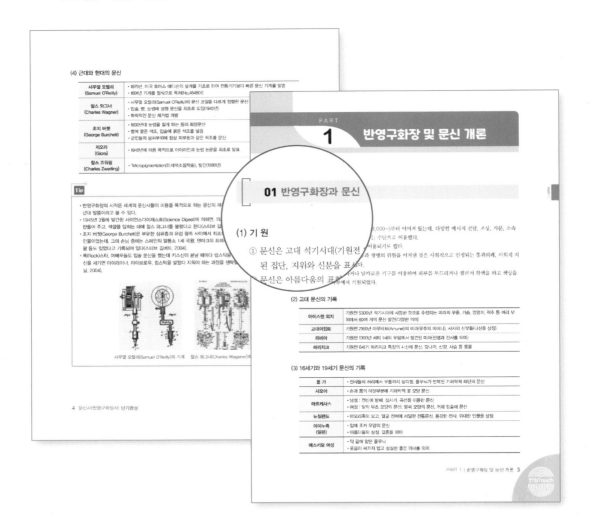

11개 파트 단기완성 어렵지 않아요~!
각 파트별로 불필요한 내용은 쏙 빼고
시험에 꼭 필요한 핵심이론만 알차게 담았습니다.

2. 알기 쉽게 표로 정리

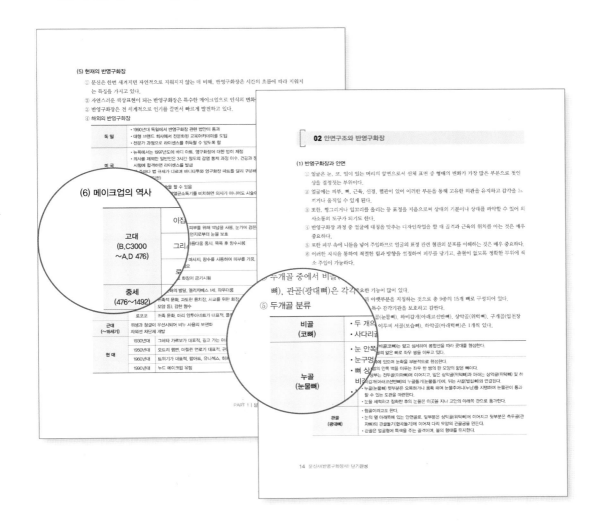

한눈에 쏙 들어와요~!
다양한 용어와 용어별 특징들은 중구난방 줄글 대신
알아보기 쉬운 표로 정리했습니다.

3. 다양한 이미지자료

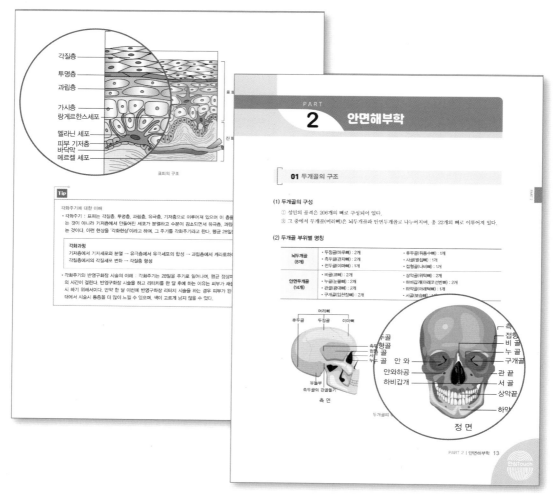

백문이 불여일견이죠~!
두개골, 피부의 구조 등 글로는 쉽게 이해하기 힘든 개념들은
한눈에 알기 쉽도록
다양한 사진과 그림 자료를 수록했습니다.

4. Final 모의고사

실제 시험처럼 실력점검~!
처음 시행되는 문신사 자격시험의 감을 찾을 수 있도록
이론학습 후 Final 모의고사를 풀어보세요.
실력을 점검하고 해설로 한 번 더 학습할 수 있습니다.

Q **문신사는 정확히 어떤 직업인가요?**

A 문신사는 '타투이스트(Tattooist)'라고도 많이 알려진 직업으로, 다른 사람의 얼굴과 몸에 미용 목적의 반영구화장과 예술적 목적의 타투를 새기는 일을 하는 사람을 말합니다.

특히 우리나라는 섬세한 손기술과 특유의 미적 감각으로 인해 세계 여러 나라에서도 직접 찾아와 반영구화장 및 타투 시술을 받는 것으로 유명합니다.

Q **문신과 반영구화장은 같은 건가요?**

A 언뜻 보면 비슷해 보이지만, 다른 개념입니다.

문신과 반영구화장 둘 다 피부에 색소를 주입하여 일정한 문양을 남기는 기술은 맞습니다. 그러나 반영구화장은 문신으로부터 한 단계 더 발전된 기법으로 도구를 사용하여 피부 내에 색소를 주입하는 침습적 행위입니다.

자세한 내용은 교재를 통해 학습할 수 있습니다.

Q **문신은 위험하지 않나요?**

A 과거에는 무분별하고 비위생적인 시술로 인해 감염 등 부작용이 빈번했지만, 최근에는 문신에 대한 의식개선 및 위생관리 강화로 안전하게 시술이 이루어지고 있습니다.

교재에 수록되어 있는 위생관리 방법, 인체의 해부학적 특성 등을 전문적으로 학습하고 위생에 주의하여 시술한다면 안전한 시술이 가능합니다.

Q 우리나라에도 문신사가 많은가요?

A 매우 많습니다.

정확한 추산은 이루어지지 않았으나, 대략 35만 명의 문신사가 국내에서 활동하고 있는 것으로 추정됩니다.

특히 여러 셀러브리티들의 아름다운 문신 시술 및 법제화 논의 등으로 인해 문신에 대한 관심이 증가함에 따라 앞으로도 문신사의 수는 점점 더 늘어날 것으로 예상됩니다.

Q 문신사가 되려면 어떻게 해야 하나요?

A 전문성을 갖춘 문신사가 되기 위해서는 미적 감각뿐만 아니라 위생에 관한 지침, 다양한 관련 법, 올바른 기기나 약물 사용법 등 숙지해야 하는 것들이 많습니다.

그러한 내용을 담은 문신사 자격시험이 곧 신설될 것으로 보입니다.

본 교재에는 문신사가 되기 위해 꼭 알아야 하는 핵심적인 개념들이 수록되어 있습니다.

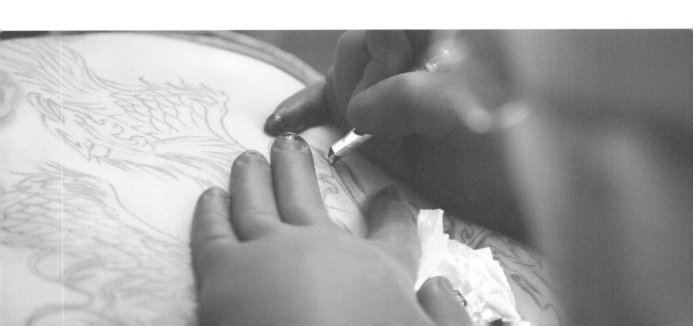

목차

CONTENTS

합격의 공식 Formula of pass | **시대에듀** www.sdedu.co.kr

4주 완성 스터디플래너

본 플래너는 (주)시대고시기획에서 수험생 여러분의 학습을 돕기 위하여 임의로 제작한 것으로, 실제 시험 준비는 개인의 성향과 상황에 따라 달라질 수 있음을 고지합니다.

DAY 1	DAY 2	DAY 3	DAY 4	DAY 5	DAY 6	DAY 7
PART 1 이론학습	PART 2 이론학습	PART 3 이론학습	PART 4 이론학습	PART 5 이론학습	PART 6 이론학습	PART 1~6 이론 복습

이론학습 중 헷갈리는 개념이나 용어에 표시해두기

DAY 8	DAY 9	DAY 10	DAY 11	DAY 12	DAY 13	DAY 14
PART 7 이론학습	PART 8 이론학습	PART 9 이론학습	PART 10 이론학습	PART 11 이론학습	PART 7~11 이론 복습	표시해 둔 개념 및 용어 암기

이론학습 중 헷갈리는 개념이나 용어에 표시해두기

DAY 15	DAY 16	DAY 17	DAY 18	DAY 19	DAY 20	DAY 21
PART 1, 2 모의고사 풀이	PART 1, 2 모의고사 해설	PART 3, 4 모의고사 풀이	PART 3, 4 모의고사 해설	PART 5, 6 모의고사 풀이	PART 5, 6 모의고사 해설	PART 1~6 모의고사 오답노트 복습

틀린 문제 오답노트 만들어두기

DAY 22	DAY 23	DAY 24	DAY 25	DAY 26	DAY 27	DAY 28
PART 7, 8 모의고사 풀이	PART 7, 8 모의고사 해설	PART 9, 10 모의고사 풀이	PART 9, 10 모의고사 해설	PART 11 모의고사 풀이 및 해설	PART 7~11 모의고사 오답노트 복습	헷갈리는 개념 및 오답노트 총복습

틀린 문제 오답노트 만들어두기

PART 1

반영구화장 및 문신 개론

학
습
목
표

반영구화장과 문신의 개념을 이해한다 .

반영구화장과 문신의 유래와 변천사를 이해한다 .

반영구화장과 문신의 차이점을 알 수 있다 .

PART 1

반영구화장 및 문신 개론

---

01 반영구화장과 문신

(1) 기 원

① 문신은 고대 석기시대(기원전 38,000~)부터 이어져 왔는데, 다양한 메시지 전달, 조상, 가문, 소속된 집단, 지위와 신분을 표시하는 수단으로 이용했다.
② 문신은 아름다움의 표현으로 이용되기도 했다.
③ 문신을 할 때의 엄청난 고통과 생명의 위협을 이겨낸 것은 사회적으로 인정되는 통과의례, 사회적 지위 상승을 의미하기도 했다.
④ 반영구화장은 뾰족하거나 날카로운 기구를 이용하여 피부를 두드리거나 찔러서 착색을 하고 색상을 유지시키는 타투에서 기원되었다.

(2) 고대 문신의 기록

아이스맨 외치	기원전 5300년 석기시대에 사망한 것으로 추정되는 미라의 무릎, 가슴, 엉덩이, 척추 등 여러 부위에서 60여 개의 문신 발견(다양한 의미)
고대이집트	기원전 2160년 아무네트(Amunet)의 미라(우주의 어머니), 사자의 신부들(다산을 상징)
리비아	기원전 1300년 세티 1세의 무덤에서 발견된 미라(전쟁과 전사를 의미)
파리지크	기원전 6세기 파리지크 족장의 시신에 문신, 당나귀, 산양, 사슴 등 동물

(3) 16세기와 19세기 문신의 기록

통 가	• 전사들의 허리에서 무릎까지 삼각형, 줄무늬가 반복된 기하학적 패턴의 문신
사모아	• 손과 몸의 아랫부분에 기하학적 꽃 모양 문신
마르케사스	• 남성 : 전신에 방패, 십자가, 곡선을 이용한 문신 • 여성 : 발의 부츠 모양의 문신, 팔찌 모양의 문신, 귀와 입술에 문신
뉴질랜드	• 마오리족의 모코, 얼굴 전체에 세밀한 전통문신, 용감한 전사, 위대한 인물을 상징
아이누족 (일본)	• 입에 조커 모양의 문신 • 아름다움의 상징, 결혼을 의미
에스키모 여성	• 턱 밑에 얇은 줄무늬 • 웃음이 헤프지 않고 성실한 좋은 아내를 의미

(4) 근대와 현대의 문신

사무엘 오렐리 (Samuel O'Reilly)	• 1875년, 미국 토마스 에디슨의 설계를 기초로 하여 전통기기보다 빠른 문신 기계를 발명 • 1891년 기계를 정식으로 특허(No.464801)
찰스 와그너 (Charles Wagner)	• 사무엘 오렐리(Samuel O'Reilly)의 문신 코일을 다르게 정렬한 문신 기계로 새로운 특허 • 입술, 뺨, 눈썹에 성형 문신을 최초로 도입(1945년) • 화학적인 문신 제거법 개발
조지 버쳇 (George Burchett)	• 1930년대 눈썹을 짙게 하는 등의 화장문신 • 뺨에 옅은 색조, 입술에 붉은 색조를 넣음 • 군인들의 상처부위에 정상 피부톤과 같은 색조를 문신
지오라 (Giora)	• 1948년에 미용 목적으로 아이라인과 눈썹 논문을 최초로 발표
찰스 즈워링 (Charles Zwerling)	• 「Micropigmentation(미세색소침착술)」 도서 발간(1986년)

Tip

• 반영구화장의 시작은 세계의 문신사들이 미용을 목적으로 하는 문신의 재구성된 염료를 제공하기 시작한 1970년대 말쯤이라고 볼 수 있다.
• 1945년 3월에 발간된 사이언스다이제스트(Science Digest)에 의하면, 의사들이 성형수술 후 가슴에 젖꼭지를 만들어 주고, 색깔을 입히는 데에 찰스 와그너를 불렀다고 한다(스티브 길버트, 2004).
• 조지 버쳇(George Burchett)은 부유한 상류층과 유럽 왕족 사이에서 최초의 스타 문신사이자 가장 선호 받는 인물이었는데, 그의 손님 중에는 스페인의 알퐁소 1세 국왕, 덴마크의 프레데릭 9세 국왕, 영국의 조지 5세 국왕 등도 있었다고 기록되어 있다(스티브 길버트, 2004).
• 록(Rock)스타, 여배우들도 입술 문신을 했는데 키스신이 끝날 때마다 립스틱을 고쳐 바르지 않아도 되었고, 문신을 새기면 아이라이너, 아이브로우, 립스틱을 발랐다 지워야 하는 과정을 생략할 수 있었다고 한다(대니얼 맥닐, 2004).

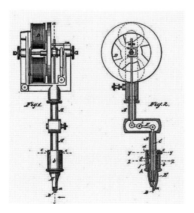
사무엘 오렐리(Samuel O'Reilly)의 기계

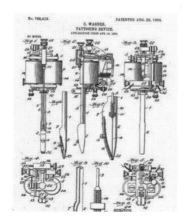
찰스 와그너(Charles Wagener)의 기계

(5) 현재의 반영구화장

① 문신은 한번 새겨지면 자연적으로 지워지지 않는 데 비해, 반영구화장은 시간의 흐름에 따라 지워지는 특징을 가지고 있다.

② 자연스러운 색상표현이 되는 반영구화장은 특수한 메이크업이라는 인식의 변화를 가져다주었다.

③ 반영구화장은 전 세계적으로 인기를 끌면서 빠르게 발전하고 있다.

④ 해외의 반영구화장

독 일	• 1990년대 독일에서 반영구화장 관련 법안이 통과 • 대형 브랜드 회사에서 전문화된 교육아카데미를 도입 • 전문가 과정으로 라이센스를 취득할 수 있도록 함
미 국	• 뉴욕에서는 1997년도에 바디 아트, 영구화장에 대한 법이 제정 • 의사를 제외한 일반인은 3시간 정도의 감염 통제 과정 이수, 건강과 정신, 위생의 감염 제어 필기시험에 합격하면 라이센스를 발급 • 각 주마다 법 규제가 다르며 바디타투와 영구화장 파트를 달리 구분해서 적용하는 곳도 있음(몬타나, 코네티컷)
일 본	• 의사만이 문신 시술을 할 수 있음 • 세무서에 신고 및 고압멸균소독기를 비치하면 의사가 아니어도 시술이 가능

(6) 메이크업의 역사

고대 (B.C 3000 ~A.D 476)	이집트	B.C 3000년경 흰 피부를 위해 백납을 사용, 눈가에 검은색 안료(코올, Kohl)를 칠해 사막의 태양빛, 먼지로부터 눈을 보호
	그리스	화장보다 건강한 아름다움 중시, 목욕 후 향수 사용, 금발을 선호
	로 마	목욕탕에서 향유, 마사지, 향수를 사용하여 피부를 가꿈, 흰 피부에 붉은 색조, 헤나로 머리 염색, 제모
중세 (A.D 476~14세기)		기독교적 금욕주의 영향으로 화장이 금기시됨
근세 (15~18세기)	르네상스	치장문화의 발달, 엘리자베스 1세, 파우더룸
	바로크	귀족적 문화, 과도한 몸치장, 사교를 위한 화장, 뷰티패치의 유행(별 모양, 초승달 모양 등), 강한 향수
	로코코	귀족 문화, 마리 앙투아네트가 대표적, 플럼퍼, 인조 눈썹 사용
근대 (~19세기)		• 위생과 청결이 우선시되어 비누 사용의 보편화 • 자외선차단제 개발
현 대	1930년대	그레타 가르보가 대표적, 길고 가는 아치형 눈썹, 밝은 피부
	1950년대	오드리 햅번, 마릴린 먼로가 대표적, 관능적 미, 아이섀도의 대중화
	1960년대	트위기가 대표적, 팝아트, 유니섹스, 히피 스타일
	1990년대	누드 메이크업 유행

(7) 문신과 반영구화장의 차이점

① 문신과 반영구화장은 시술 부위, 시술 깊이, 지속성에서 가장 큰 차이가 있다.
② 반영구화장은 문신과 달리 일정 기간이 지나면 피부의 재생과정으로 서서히 안료(Pigment)가 소실되며 수정이 용이하고, 시술된 모습이 자연스러운 장점이 있다.

구 분	문 신	반영구화장
유지기간	• 영구적	• 6개월~ 5년 사이에 서서히 소실
적용부위	• 신체 모든 부위	• 눈썹, 아이라인, 입술 • 헤어라인, 미인점, 두피탈모 • 유륜, 유두 • 상처커버, 백반증, 구순열
주입 깊이	• 진피층(1.5~2mm)	• 표피 밑(0.08~0.15mm) • 하부와 진피 상부층 사이(과립층)
감염 위험	• 가능성 있음	• 가능성 있음
사후 관리	• 수정이 어려움	• 보강, 수정 가능
시술 목적	• 독창성, 상징성, 예술성 추구	• 심미성 추구 • 의료적 재건과 심리적 테라피 추구
색소원료	• 검정 : 카본(Carbon Black) • 빨강 : 머큐릭 설파이드(Mercuric Sulfide/Red) • 파랑 : 코발트(Cobalt/Blue) • 노랑 : 카드뮴 설파이드(Cadmium Sulfide/Yellow) • 초록 : 크롬(Chromium/Green) • 암청색 : 카본(Carbon)	• 산화철(Iron Oxide) • 티타늄디옥사이드(Titanium Dioxide) • D&C 색소

02 반영구화장의 개념

(1) 반영구화장의 정의 및 특징

① 반영구화장은 문신으로부터 발달한 기법의 화장술로, 아름다움을 만들어 오랫동안 유지시키는 화장 기법이다.

② 기계 또는 도구를 이용하여 피부의 표피층에 미세안료를 주입하여 피부에 색을 남기는 시술이다.

③ 반영구화장은 피부에 직접 시술하는 만큼 철저한 안전과 위생뿐 아니라 아름답게 표현해 낼 수 있는 메이크업의 기능이 중요하다.

④ 특 징

  ㉠ 피부에 남은 색소는 시간이 지나면서 정상적인 생리 과정을 통해 서서히 흐려진다.

  ㉡ 짧게는 6개월에서 길게는 5년 정도의 기간 동안 유지된다.

  ㉢ 색이 남는 정도는 색소 주입의 깊이에 따라 차이가 나는데, 일반적으로 안료가 피부에 깊이 들어 갈수록 더 오랫동안 피부에 남는다.

(2) 반영구화장의 어원과 명칭

① 어원 : '고정된, 반영구적인, 오래 가는'이라는 '퍼머넌트(Permanent)'에 '결점을 보완하고 장점을 부각시켜 아름답게 하다'라는 의미의 '메이크업(Make-up)'이라는 말이 합쳐져서 생긴 단어이다.

② 명칭 : 사회적, 문화적 인식에 따른 의미에 따라 다양한 명칭이 있다.

명 칭	의 미
마이크로피그멘테이션 (Micropigmentation)	• 작은 입자를 피부에 주입함 • 의료적 의미를 강조
세미퍼머넌트 메이크업 (Semi permanent Makeup)	• '조금, 덜'이라는 이미지를 의미함 • 부드러운 뉘앙스를 강조
컨투어 메이크업 (Contour Makeup)	• 얼굴의 윤곽수정 효과를 강조
롱타임 메이크업 (Long time Makeup)	• 오랜 시간 유지되는 것을 강조
아트 메이크업 (Art Makeup)	• 얼굴에 예술적인 감각을 표현함을 강조

(1) 반영구화장의 기능

① 메이크업, 즉 화장이 지워지지 않도록 하는 것이 그 목적이며, 조화롭고 세련된 화장기술을 위해 디자인의 요소를 잘 표현하는 것이 중요하다.

② 부위별 메이크업 기능

눈 썹	얼굴의 이미지를 가장 많이 좌우한다.
아이라인	눈의 크기와 형태를 달라 보이게 한다.
입 술	입술의 색상을 변화시키고 크기를 조절한다.
미인점	얼굴의 매력 포인트를 표현한다.
헤어라인	얼굴형을 아름답게 보이게 하거나 얼굴을 작아 보이게 한다.

(2) 반영구화장으로 인한 효과

① 화장 시간을 단축 : 매일 하는 화장 시간을 단축

② 땀이나 물에도 지워지지 않음 : 땀을 많이 흘리는 직업이나 물에서 일하는 경우 유용

③ 조화로운 메이크업이 가능 : 메이크업의 기술이 부족한 경우 유용

④ 얼굴의 단점을 보완 : 흐릿한 인상을 선명하게 만들어 주거나 흐린 입술 색을 보완

(3) 반영구화장의 목적별 분류

① 메이크업이라는 미용적 측면과 침습적 시술이라는 의료적 측면을 포함한다.

② 사람의 인체에 행하는 행위이므로 소독과 감염, 위생, 피부질환과 관련된 의학적 지식이 필요하다.

미용 목적으로 시술되는 경우	• 얼굴(눈썹, 아이라인, 입술, 헤어라인 등)에 시행
의료적 목적으로 시술되는 경우	• 색소 이상 질환인 백반증의 색상교정 • 구순열의 입술 형태의 교정 • 사고나 수술 후 남겨진 흉터를 피부색과 유사하게 커버 • 방사선 조사 치료시 피부 표식의 방안으로 이용 • 유방암의 절제 수술 후 유방 복원의 방법으로 유두, 유륜 착색에 이용

04 시술자의 태도와 안전관리

(1) 시술 방법

① 어느 정도의 일정 기간 유지하기 위하여 피부에 상처를 내고 색소나 염료를 피부 속에 투입한다.

② 피부에 균일한 상처를 내고 색을 고르게 입히기 위해서는 상당한 수준의 테크닉을 필요로 한다.

(2) 시술자의 자세

① 용모와 복장은 항상 단정하고 청결하여야 하며, 개인 위생에 필요한 도구를 빠짐없이 챙기도록 한다.

② 반영구화장의 시술 전 상담을 통하여 고객의 알레르기나 부작용 등을 파악하기 위한 병력이나 기타 사항들을 파악하고 기록을 남긴다.

③ 시술 전 반영구화장에 필요한 소독은 필수가 되어야 하고, 일회용 제품과 소독이 필요한 제품을 구분하여 보관한다. 또 일회용 제품은 사용 후 바로 폐기하도록 한다.

④ 시술 전이나 후에 생길 수 있는 부작용에 대하여 충분히 고객에게 설명한다.

⑤ 고객과 충분한 디자인의 상담이 이루어진 후에 시술에 임하도록 한다.

⑥ 상의가 끝나면 먼저 고객의 얼굴에 펜슬로 디자인을 하고, 고객이 만족하면 시술을 결정한다. 만약 고객과의 의견 차이가 심해서 좁혀지지 않는 경우 시술하지 않는 것을 원칙으로 한다.

⑦ 반영구화장에 필요한 위생을 철저하게 지키고, 시술시 어쩔 수 없이 일어날 수 있는 부작용에 대하여 숙지한다(마취연고의 부작용, 감염의 부작용).

⑧ 풍부한 노하우를 가지고 많은 훈련과 연습을 거친 후 시술에 임한다.

(3) 안전관리

① 시술 전 피시술자의 건강상태를 조사하여, 적응증과 비적응증을 판단한 뒤 시술 여부를 결정하여 부작용을 감소시키도록 한다.

② 시술 전 피시술자가 세안할 수 있는 환경을 마련하고, 적절한 소독제로 피부 소독을 실시하여야 한다(호주의 정부건강지침서 SIBBSKS 504A).

③ 시술 전과 시술 후 손을 꼭 씻는다.

④ 매 시술마다 새로운 시술 장갑과 마스크 등 개인 보호구를 착용하고, 매 시술마다 새로운 도구를 이용하여 시술하여야 한다(대한병원감염관리학회 감염관리지침서).

⑤ 단일사용이 불가능한 기기의 경우 보호필름(Barrier Film)을 사용한다.

⑥ 사용한 바늘은 폐기물 처리 기준법에 따라 폐기하고 사용하지 않은 도구는 사용한 도구와 분리 보관하여야 한다(공중위생관리법 제4조).

⑦ 시술장은 적절한 조도와 환기를 유지하여야 한다.

⑧ 시술장은 적절한 환경 소독제로 바닥과 가구를 정기적으로 소독하고, 시술장에서는 음식을 먹거나 음료를 마시지 않아야 하며, 시술실과 대기실은 구분되어야 한다.

⑨ 시술 후 주의사항은 서면을 통하여 피시술자에게 알려주어야 한다.

MEMO

2 PART

안면해부학

학
습
목
표

두개골과 안면구조 및 기능을 알 수 있다.
안면근육의 위치와 기능을 알 수 있다.
혈관의 종류와 기능을 알 수 있다.

안면해부학

01 두개골의 구조

(1) 두개골의 구성

① 성인의 골격은 206개의 뼈로 구성되어 있다.

② 그 중에서 두개골(머리뼈)은 뇌두개골과 안면두개골로 나누어지며, 총 22개의 뼈로 이루어져 있다.

(2) 두개골 부위별 명칭

뇌두개골 (8개)	• 두정골(마루뼈) : 2개 • 측두골(관자뼈) : 2개 • 전두골(이마뼈) : 1개	• 후두골(뒤통수뼈) : 1개 • 사골(벌집뼈) : 1개 • 접형골(나비뼈) : 1개
안면두개골 (14개)	• 비골(코뼈) : 2개 • 누골(눈물뼈) : 2개 • 관골(광대뼈) : 2개 • 구개골(입천장뼈) : 2개	• 상악골(위턱뼈) : 2개 • 하비갑개(아래코선반뼈) : 2개 • 하악골(아래턱뼈) : 1개 • 서골(보습뼈) : 1개

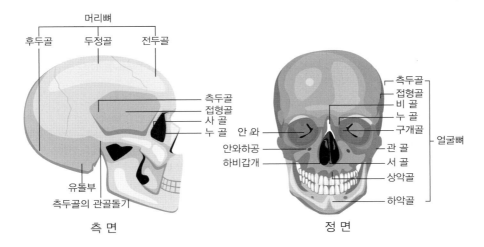

두개골의 구조

(1) 반영구화장과 안면구조

① 얼굴은 눈, 코, 입이 있는 머리의 앞면으로서 신체 표면 중 형태의 변화가 가장 많은 부분으로 첫인 상을 결정짓는 부위이다.

② 얼굴에는 피부, 뼈, 근육, 신경, 혈관이 있어 이러한 부분을 통해 고유한 외관을 유지하고 감각을 느 끼거나 움직일 수 있게 된다.

③ 찡그리거나 입꼬리를 올리는 등 표정을 지음으로써 상대의 기분이나 상태를 파악할 수 있어 의사소 통의 도구가 되기도 한다.

④ 반영구화장 과정 중 얼굴에 대칭을 맞추는 디자인작업을 할 때 골격과 근육의 위치를 아는 것은 매우 중요하다.

⑤ 피부 속에 니들을 넣어 주입하므로 얼굴의 표정 관련 혈관의 분포를 이해하는 것은 매우 중요하다.

⑥ 이러한 지식을 통하여 적절한 힘과 방향을 설정하여 피부를 당기고, 출혈이 없도록 정확한 부위에 색 소 주입이 가능하다.

(2) 안면골격의 기능

① 두개골(머리뼈)에는 중요한 기능이 많이 있다.

② 이 뼈는 머리뼈의 앞부분과 아랫부분을 지칭하는 것으로 총 9종의 15개 뼈로 구성되어 있다.

③ 두개골은 뇌, 눈, 귀와 같은 특수 감각기관을 보호하고 감싼다.

④ 두개골 중에서 비골(코뼈), 누골(눈물뼈), 하비갑개(아래코선반뼈), 상악골(위턱뼈), 구개골(입천장 뼈), 관골(광대뼈)은 각각 쌍을 이루며 서골(보습뼈), 하악골(아래턱뼈)은 1개씩 있다.

⑤ 두개골 분류

비골 (코뼈)	• 두 개의 비골(코뼈)는 얇고 섬세하며 봉합선을 따라 콧대를 형성한다. • 사다리꼴의 얇은 뼈로 좌우 쌍을 이루고 있다.
누골 (눈물뼈)	• 눈 안쪽에 있으며 눈확을 부분적으로 형성한다. • 눈구멍의 안쪽 벽을 이루는 좌우 한 쌍의 판 모양의 얇은 뼈이다. • 뼈 상부는 전두골(이마뼈)에 이어지고, 앞은 상악골(위턱뼈)과 아래는 상악골(위턱뼈) 및 하 비갑개(아래코선반뼈)의 누골돌기(눈물돌기)에, 뒤는 사골(벌집뼈)과 연결된다. • 누골(눈물뼈) 뒷부분은 오목하거나 움푹 패여 눈물주머니(누낭)를 지탱하여 눈물관이 통과 할 수 있는 도관을 마련한다. • 눈을 세척하고 정화한 후의 눈물은 이곳을 지나 아래쪽 관으로 통과한다.
관골 (광대뼈)	• 협골이라고도 한다. • 눈의 옆 아래쪽에 있는 안면골로, 앞부분은 상악골(위턱뼈)에 이어지고 뒷부분은 측두골(관 자뼈)의 관골돌기(협곡돌기)에 이어져 다리 모양의 관골궁을 만든다. • 관골은 얼굴형에 특색을 주는 골격이며, 볼의 형태를 유지한다.

구개골 **(입천장뼈)**	• 접형골(나비뼈)과 상악골(위턱뼈) 사이에 있는 한 쌍의 작은 뼈이다. 입천장의 뒷부분을 형성한다. • 앞뒤에서 보면 L자 상을 나타낸다. • 수평판과 수직판으로 나뉘어서 이름이 붙여져 있다.
상악골 **(위턱뼈)**	• 안면두개 중앙 상악부에서 쌍을 이루는 뼈로서 정중선에서 결합한다. • 위턱뼈는 5개의 부분으로 몸통부위, 관골돌기(광대돌기), 전두돌기(이마돌기), 구개돌기(입천장돌기), 치조돌기(이틀돌기)로 이루어져 있다. • 관자놀이 밑에 있는 얼굴 앞쪽을 형성한다.
하비갑개 **(아래코선반뼈)**	• 좌우 양쪽의 비강 하외측에 있는 패각상을 나타내는 독립한 작은 뼈이다. • 상악골(위턱뼈)과 구개골(입천장뼈)에 부착되어 있다. 이 뼈를 경계로 해서 상하의 중비도와 하비도로 나누어진다.
하악골 **(아래턱뼈)**	• 얼굴에서 가장 길고 강한 뼈이다. • U자 모양으로 이루어져 있으며 분지가 위를 향해 뻗어 있다. • 아래턱은 치아를 지탱하기 위해 치조돌기(이틀돌기)로 형성되어 있다. • 씹는 기능 및 인류의 안면 퇴화와 밀접한 관계가 있다.
서골 **(보습뼈)**	• 납작한 뼈로서 코 벽의 아래쪽 뒷부분을 형성한다. • 위쪽은 접형골(나비뼈), 사골(벌집뼈), 아래쪽은 구개골(입천장뼈), 상악골(위턱뼈) 등과 접하고 있다.
설골 **(혀뼈)**	• 하악골과 흉골의 사이에 있는 U자형을 나타내는 작은 뼈이다.

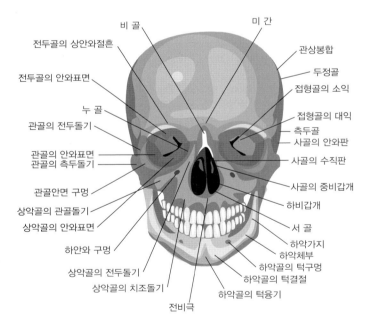

두개골의 전면상

(3) 안면근육

① 얼굴에서는 많은 근육이 얼굴표정과 신체 언어를 표현하고자 사용된다.

② 얼굴근육은 크게 표정을 만드는 얼굴표정근과 씹는 운동을 돕는 씹기근육(저작근), 눈을 움직이는 눈 근육으로 나누며, 안면근육들이 눈이나 입 주변, 턱, 머리까지 매우 복잡한 구조를 이루고 있다.

③ 얼굴의 근육은 뼈와 피부에 접합되어 피부 바로 아래에 위치하며, 얇은 피근으로 이루어져 있다.

④ 근육 안에는 혈관과 신경이 있고, 산소와 영양분은 혈관을 통해 피부로 운반되며, 제7뇌신경(안면신경)에 의해 조절되고 움직인다.

⑤ 안면근육의 종류와 작용

안면근육의 종류	작 용
전두근(이마근)	• 이마에 주름을 형성하고 눈썹을 위로 올리는 작용
후두근 (뒤통수근/모상건막)	• 두피를 움직이게 하는 근육으로 두피를 위로 당기며 두피 주름을 만듦
안륜근(눈둘레근)	• 눈을 감고 뜨는 작용
추미근(눈썹주름근)	• 미간에 주름(세로주름)을 형성하는 작용
비근(코근)	• 콧등과 콧방울에 있는 얼굴 근육으로 콧구멍을 넓히는 작용
구륜근(입둘레근)	• 입 주위를 둘러싸는 근육으로 입을 열고 닫는 작용
협근(볼근)	• 볼의 근육으로 입 안의 압력을 유지하는 작용 • 음식을 씹을 때나 휘파람을 불 때 작용
소근(입꼬리당김근)	• 입꼬리를 당겨 보조개를 형성하는 작용
대관골근 (대협골근/큰광대근)	• 웃거나 미소 짓기 위하여 입가를 당겨 뒤로 들어 올리는 작용
소관골근 (소협골근/작은광대근)	• 뺨에서 윗입술까지 뻗어 있는 얼굴 근육 중 하나 • 윗입술을 당겨 부정적인 표정을 만드는 작용
구각거근 (입꼬리올림근)	• 입꼬리를 위쪽으로 올리는 작용
구각하제근 (입꼬리내림근)	• 입꼬리를 아래로 당기는 작용
하순하제근 (아랫입술내림근)	• 아랫입술을 아래로 당기는 작용
교근(깨물근)	• 씹는 작용(저작 작용)

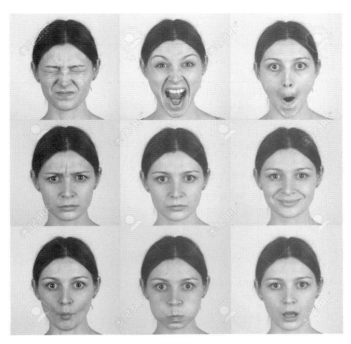

얼굴표정

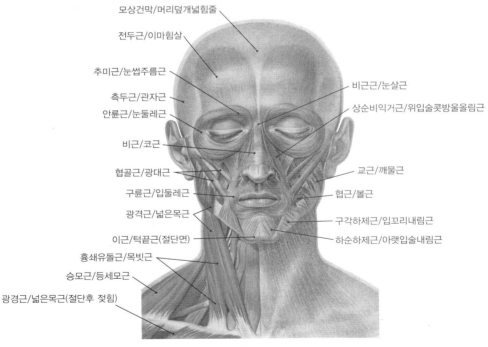

모상건막/머리덮개넓힘줄

전두근/이마힘살

추미근/눈썹주름근

측두근/관자근

안륜근/눈둘레근

비근/코근

협골근/광대근

구륜근/입둘레근

광격근/넓은목근

이근/턱끝근(절단면)

흉쇄유돌근/목빗근

승모근/등세모근

광경근/넓은목근(절단후 젖힘)

비근근/눈살근

상순비익거근/위입술콧방울올림근

교근/깨물근

협근/볼근

구각하제근/입꼬리내림근

하순하제근/아랫입술내림근

안면근육

안심Touch

눈과 이마로 향하는 근육

안륜근 (눈둘레근)	• 눈 주변을 둥글게 둘러싸고 있는 근육 • 눈을 감는 기능 • 근육이 경직되면 눈이 날카롭고, 부드러우면 상냥한 인상이 됨
후두전두근 (뒤통수이마근)	• 전두근(이마근)이 눈썹을 위로 움직이면 후두근이 뒤쪽에서 잡아당겨서 그 기능이 유지되도록 함 • 전두 부위의 수평 방향 주름을 형성
추미근 (눈썹주름근)	• 미간에 세로 주름을 만드는 근육 • 얼굴을 찡그릴 때 사용하는 근육

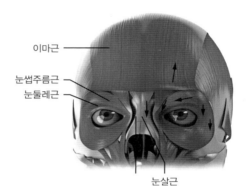

이마근

눈썹주름근
눈둘레근

눈살근

눈과 이마로 향하는 근육

입으로 향하는 근육

구각하제근 (입꼬리내림근)	• 주로 슬픈 표정을 지을 때 사용하는 근육
하순하제근 (아랫입술내림근)	• 위아래 입술을 앞으로 내밀 때 사용하는 근육
소근 (입꼬리당김근)	• 보조개근이라고도 하며 입을 옆으로 늘릴 때 사용하는 근육
대관골근 (큰광대근)	• 대협골근이라고도 함 • 입 주위를 바깥 또는 위쪽으로 올려 웃는 표정을 만드는 데 사용하는 근육
소협골근 (작은광대근)	• 눈꼬리 아래부터 윗입술 쪽으로 비스듬히 위치한 근육 • 볼(뺨)과 윗입술이 동시에 올라가게 하는 근육 • 양쪽 균형 잡힌 웃음을 지을 때 사용
구각거근 (입꼬리올림근)	• 콧볼에서 입꼬리로 향한 근육 • 입 끝을 올리게 함 • 입꼬리 방향 또는 입꼬리를 높이게 하는 근육

상순거근 (위입술올림근)	• 눈 아래 중앙 부근에서 시작하여 윗입술 방향으로 뻗어 있고 뺨의 중앙에만 자리한 근육
구륜근 (입둘레근)	• 입 주변을 원 모양으로 둘러싸고 있는 근육으로 코에서부터 둥글게 원을 그린 부분 전체
협근 (볼근)	• 볼을 오므리고 아랫입술을 내밀게 하는 근육

입으로 향하는 근육

코로 향하는 근육

비근(코근)	콧구멍을 크게 하는 근육
비근근(눈살근)	코끝으로 사선 주름을 만드는 근육
비중격하제근 (코중격내림근)	콧방울을 당겨 콧구멍을 작게 하는 근육

(4) 안면신경

① 뇌신경은 12쌍으로 이루어져 있다.

② 10쌍은 뇌간(뇌줄기)에서 시작한다.

③ 12쌍 모두 머리뼈의 다양한 작은 구멍을 통해 나오며, 중추신경계인 뇌에서 나오는 말초신경으로서 척수를 거치지 않고 직접 퍼지는 신경을 의미한다.

④ 이 뇌신경은 주로 특수감각(시각, 후각, 청각, 미각)과 얼굴의 일부 근육을 지배한다.

⑤ 특히 얼굴과 관련된 안면신경(7번 뇌신경)과 삼차신경(5번 뇌신경)은 반영구화장업무와 관련이 많은 신경이다.

⑥ 안면신경의 기능

  ㉠ 제7뇌신경이라고도 한다.

  ㉡ 혼합신경으로서 얼굴표정근을 조절하며 미각을 전달한다.

  ㉢ 눈물샘과 침샘, 혀의 앞쪽과 얼굴 근육의 운동을 지배한다.

  ㉣ 얼굴신경의 부교감신경 기능은 눈물샘(누선)과 침샘(타액선)을 조절한다.

  ㉤ 안면신경에 마비가 오면 벨마비가 일어나는데, 이는 말초 손상에 따른 얼굴마비와는 달리 이마 근육에 주름이 잡힌다.

  ㉥ 안면신경에는 다섯 개의 분지가 있는데 이 신경이 손상 또는 자극을 받으면 근무력증, 경련, 마비 증상이 일어날 수 있다.

⑦ 삼차신경의 기능

  ㉠ 제5뇌신경이라고도 한다.

  ㉡ 감각과 운동기능을 가지고 있는 혼합신경이며, 뇌신경 중 가장 큰 신경이다.

  ㉢ 삼차신경에는 위턱신경(상악신경), 아래턱신경(하악신경), 눈신경(시신경)의 3개의 신경이 있다.

  ㉣ 안신경과 상악신경은 모두 감각신경이고, 하악신경은 감각신경섬유와 운동신경섬유를 포함한 혼합신경이다.

  ㉤ 얼굴 피부 대부분에는 삼차신경 가지가 뻗어 있다.

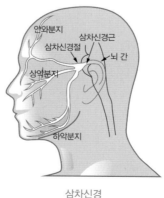

삼차신경

03 혈 관

(1) 혈관의 정의와 종류

① 혈관은 심장과 인체의 개별 장기 및 조직 사이에 혈액이 순환하는 통로이다.

② 특징에 따라 동맥, 정맥, 모세혈관으로 나눈다.

동 맥	• 심장에서 온몸으로 혈액을 보내주는 혈관 • 수축성, 탄력성이 있으며 정맥보다 두껍고 강함 • 많은 혈액을 수용하기 위해 팽창
정 맥	• 온몸을 돌고 심장으로 혈액을 들어오게 하는 혈관 • 동맥보다 약한 탄력조직과 평활근을 가짐 • 혈액의 양과 혈압을 감당할 수 있을 만큼 팽창이 가능 • 혈액의 역류를 막고 심장의 한 방향으로 흐르게 하는 판막이 있음
모세혈관	• 가느다란 혈관으로 단층편평상피세포 • 소정맥 및 소동맥과 결합되어 있음 • 신체의 조직 세포와 혈관 사이에서 이산화탄소와 노폐물, 산소와 영양분을 서로 확산에 의해 교환 • 온몸에 그물 모양으로 퍼져 있음

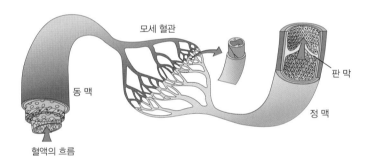

혈관의 종류

얼굴과 관련된 혈관

• 동 맥
- 얼굴과 관련된 동맥으로는 안와상동맥, 활차상동맥, 턱동맥, 외경동맥 등이 있다.
- 안와상동맥, 활차상동맥은 얼굴 근육과 피부에 혈액을 공급하고 턱동맥은 하악골의 이공을 통해 빠져나와 턱 근육에 혈액을 공급한다.
- 하악골 밑을 주행하는 외경동맥의 다른 가지는 상행하여 구륜근(입둘레근)과 비근(코근)에 혈액을 공급하며, 외경동맥은 측두동맥이 된다.
- 반영구화장과 관련된 출혈은 대부분 작은 동맥과 정맥, 세동맥과 세정맥이 서로 연결되어 모세혈관이 형성되기 바로 직전 부분에서 발생한다.
• 정 맥
- 두개골, 안면부, 목의 혈액은 외경정맥에서 나와 해면정맥동과 연결되어 있고 얼굴에는 정맥이 광범위하게 분포되어 있다.
- 반영구화장 작업시 출혈이나 멍이 들지 않도록 주의해야 한다.
• 모세혈관
눈꺼풀에는 많은 모세혈관이 분포하므로 아이라인 작업시 출혈을 주의하고, 멍이 들지 않도록 섬세한 작업이 필요하다.

3
PART

피부학

학 습 목 표

우리 몸의 피부 구조와 기능을 알 수 있다.

표피와 진피의 기능을 알 수 있다.

피부의 부속기관의 기능을 알 수 있다.

피부의 유형과 상태에 따른 시술방법을 고려할 수 있다.

PART 3 피부학

01 피부의 정의와 기능

(1) 피부의 정의

① 피부는 신체의 외부 표면을 덮고 있는 조직으로 물리적, 화학적으로 외부환경으로부터 신체를 보호한다.

② 피부는 표피, 진피, 피하조직(피하지방층)등 3개 층으로 구조적으로 맞물려 구성되어 있으며, 피부의 부속기관으로는 털, 땀샘, 기름샘, 손톱, 발톱 등 부속물을 포함하고 있다.

③ 피부에는 수많은 신경, 혈관, 림프관 등이 분포되어 있다.

④ 피부의 면적은 개인에 따라 차이가 있지만 가장 두꺼운 부위는 손바닥과 발바닥으로 약 6㎜이며 눈 주위가 0.5㎜로 가장 얇다.

⑤ 피부는 성인의 경우 신체의 약 15~17%를 차지하고 있으며 면적은 1.5~2.0m², 무게는 약 4kg, pH 4.5~6.5 약산성으로서 신체에서 가장 큰 기관이다.

⑥ 피부의 가장 상단층인 표피층에 미세한 상처를 내어 색을 입히는 반영구화장을 시술한다.

(2) 피부의 기능

① 피부는 신체의 가장 표면에 존재하며 외부의 자극으로부터 신체를 보호하고 방어하는 기능을 한다.

② 이 외의 주요 작용으로는 체온조절작용, 감각 · 지각작용, 분비작용, 호흡작용, 비타민 D 합성작용, 면역작용 등이 있다.

보호기능	• 몸의 표면을 덮어 내부를 보호한다. • 물리적 자극에 대해 몸을 보호한다. 　– 압박, 충격, 마찰 등의 물리적 자극으로부터 보호 　– 지속적 자극에 대한 각질층의 굳은살과 진피의 탄력성을 통한 스프링 작용, 피하지방의 쿠션 작용을 통한 완충작용이 대표적 • 화학적 자극에 대해 몸을 보호한다. 　– 화학물질에 대한 저항성을 나타내어 보호 　– 피부 표면의 피지막과 각질층의 단백질 성분이 화학적 요인에 저항성을 가지고 있음 • 미생물로부터 몸을 보호한다. 　– 세균침입에 대한 보호 　– 피부 표면의 피지막의 주요성분인 불포화 지방산은 약산성(pH 5.5)으로 세균발육 억제 및 미생물 침입으로부터 보호 • 자외선으로부터 몸을 보호한다. 　– 표피의 멜라닌 색소는 자외선을 흡수하여 피부 속으로 자외선이 침투되지 못하도록 차단하여 피부를 보호

체온 조절기능	• 외부 열을 차단하거나, 내부 열의 발산을 막아 외부 온도의 변화에 적응하는 기능이다. 　－ 기온이 낮을 때 : 입모근이 오므라들어 표면적을 줄이고, 피부의 두께를 늘려 열이 밖으로 나가는 것을 적게 함 　－ 기온이 높을 때 : 자율적으로 열을 발산시키기 위해 혈관을 확장하므로 홍조 발생. 땀샘에서는 땀을 내어 열이 밖으로 나가는 것을 도와 체온을 조절한다.
감각기능	• 감각기관으로 통각, 촉각, 온각, 냉각, 압각이 있으며 진피에 위치한다. 　－ 통각은 피부에 가장 많이 분포하는 가장 예민한 감각이며, 온각은 가장 둔감한 감각 　－ 촉각은 손가락, 입술, 혀끝이 예민하고, 발바닥이 가장 둔함 　－ 온각과 냉각은 혀끝이 가장 예민 　－ 통각, 촉각은 진피 유두층에 위치하며 온각, 냉각, 압각 등은 진피의 망상층에 위치
분비 및 배출기능	• 한선은 땀을 분비하여 체온조절 및 노폐물 배출과 수분 유지에 관여한다. • 특히 손바닥과 발바닥에 많이 분포되어 있다. • 피지선을 통하여 만들어지고 모공을 통하여 배출된다. • 피지는 피부 건조함을 방지하고 유해물질 침투를 방지하여 피부의 항상성을 유지한다.
흡수기능	• 이물질 침투를 막고 선택적으로 투과시킨다. • 세포, 세포간극, 모공을 통하여 영양성분을 흡수한다. • 지용성 비타민(A, D, E, K) 등이 잘 흡수된다. 　－ 강제흡수 : 피부의 수분량과 온도가 높을 때, 혈액순환이 빠를 때, 유효성분의 입자가 작고 지용성일 때 흡수율이 높음 　－ 경피흡수 : 모낭, 피지선, 한선을 통해 유효성분이 진피층까지 침투
호흡기능	• 폐호흡량의 약 1%에 해당하는 외호흡 작용을 한다. • 모세혈관을 통해 산소, 면역물질을 흡수하고 이산화탄소, 각종 노폐물과 유해물질을 방출하면서 에너지를 생성한다.
비타민 D 합성기능	• 자외선 자극에 의해 비타민 D를 생성한다. • 비타민 D는 칼슘의 흡수 촉진과 인의 대사를 도와 뼈의 발육을 도와주고 노화를 예방하는 작용을 한다. • 구루병, 골다공증, 골연화증 등을 예방한다.
저장기능	• 수분, 영양분, 혈액을 저장한다. • 피하지방조직에 10~15kg의 지방 저장이 가능하다.
면역기능	• 표피에 면역반응과 관련된 세포(랑게르한스 세포)가 존재하여 피부의 생체방어 기전에 관여한다.

Tip

비타민 D 합성작용

피부에서 콜레스테롤로부터 만들어진 7-디하이드로콜레스테롤(7-Dehydrocholesterol)이 UVB에 의해 프로비타민 D_3으로 합성된 후 혈액을 통하여 간으로 이동해 비타민 D로 변해 인체 세포가 활용한다.

02 피부의 구조

(1) 피부의 구성

① 피부는 신체의 표면을 덮고 있는 우리 몸에서 가장 넓은 장기이다.

② 피부는 표피, 진피, 피하지방층으로 나누어지며, 부속기관으로 한선, 피지선, 모발, 조갑 등이 있다.

③ 피부의 구성 성분은 수분이 약 70%로 가장 많으며, 단백질 20%, 지질 5%, 기타 물질 약 5% 정도로 이루어져 있다.

④ 그 외 부속기관으로는 모발, 피지선, 한선, 기모근, 손·발톱 등이 있다.

피부	표피	무핵층	각질층
			투명층
			과립층
		유핵층	유극층
			기저층
	진피	유두층	–
		망상층	
	피하조직	–	

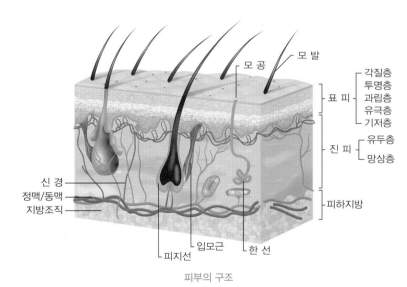

피부의 구조

(1) 표 피

① 피부의 가장 표면에 있는 층으로 유해물질, 세균 등의 외부자극으로부터 피부를 보호하고 신진대사 작용을 한다.

② 표피의 두께는 평균 1.2㎜ 정도 되지만 신체 부위에 따라 차이가 있으며, 눈꺼풀은 약 0.05㎜ 정도로 가장 얇다.

③ 표피의 주요 기능은 피부의 가장 외측에 위치해 외부 자극, 세균, 자외선 등으로부터 피부를 보호하는 장벽(Barrier) 기능을 하며, 혈관은 없다.

④ 중층편평상피세포로 구성되어 있으며, 피부의 재생을 위한 새로운 표피세포는 줄기세포로부터 만들어진다.

⑤ 표피의 구조

각질층	• 죽은 세포와 지질로 구성되어 있으며 약 15~25층의 납작한 무핵세포로 구성된다. • 라멜라 구조이다. • 방수 기능이 있다. 물 손실을 방지하여 수분 항상성을 유지한다. • 박리현상을 일으키는 층이다. • 외부자극으로부터 피부를 보호하고 세균과 이물질 침투를 방어한다. • 주성분으로 케라틴 단백질, 천연보습인자(NMF), 세포간지질이 있다. (세포간지질 성분 : 세라마이드 50%, 지방산 30%, 콜레스테롤에스터 5%)
투명층	• 비교적 피부층이 두터운 부위(손바닥, 발바닥)에 분포한다. • 각질층 바로 아래에 위치하며 편평한 세포로 구성된다. • 생명력이 없는 상피세포로 구성되어 있으며 무색, 무핵 세포층이다. • 반유동성 단백질인 엘라이딘(Elaidin)이 존재한다.
과립층	• 2~5층의 방추형 세포로 구성된다. • 케라토하이알린(Keratohyalin) 과립이 존재한다. • 무핵 세포로 구성되어 있으며 수분의 함유량은 약 30%이다. • 본격적인 각질화가 일어나는 층이다. • 투명층과 과립층 사이에 레인방어막(수분저지막)을 가지고 있어 수분증발을 억제하고, 과잉 수분의 침투를 막으며 유해물질의 침투를 막는다.
유극층	• 표피 중 가장 두꺼운 층으로 다각형 세포로 구성된다. • 각질세포의 성장 및 분열이 가능한 유핵층이다. • 수분을 많이 함유하고 표피에 영양을 공급하는 층(약 70%)이다. • 면역기능을 담당하는 랑게르한스세포(Langerhans Cell)가 존재한다. • 림프액이 흘러 혈액순환, 물질교환이 이루어진다. (혈액순환, 물질교환 – 피부호흡, 노폐물 배출)
기저층	• 표피의 가장 아래층으로 단층의 원주형 세포로 구성된다. • 모세혈관으로부터 영양분, 산소를 공급받으며, 세포분열을 통해 새로운 세포가 형성되는 층이다. • 멜라닌형성세포(멜라노사이트)와 각질형성세포(케라티노사이트)가 존재한다. • 머켈세포인 촉각상피세포가 존재하여 감각을 인지한다.

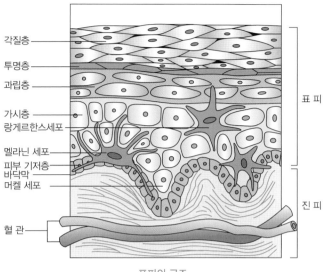

각질층
투명층
과립층
가시층
랑게르한스세포
멜라닌 세포
피부 기저층
바닥막
머켈 세포
혈 관

표 피

진 피

표피의 구조

Tip

각화주기에 대한 이해

- 각화주기 : 표피는 각질층. 투명층, 과립층, 유극층, 기저층으로 이루어져 있으며 이 층들은 독립적으로 발생하는 것이 아니라 기저층에서 만들어진 세포가 분열하고 수분이 감소되면서 유극층, 과립층, 각질층으로 이동하는 것이다. 이런 현상을 '각화현상'이라고 하며, 그 주기를 각화주기라고 한다. 평균 28일을 주기로 탈락한다.

  각화과정
  기저층에서 기저세포 분열 → 유극층에서 유극세포의 합성 → 과립층에서 케라토하이알린 과립 형성 → 각질층에서의 각질세포 변화 → 각질층 형성

- 각화주기와 반영구화장 시술의 이해 : 각화주기는 28일을 주기로 일어나며, 평균 정상피부의 경우 한 달 정도의 시간이 걸린다. 반영구화장 시술을 하고 리터치를 한 달 후에 하는 이유는 피부가 재생이 된 다음 시술을 다시 하기 위해서이다. 만약 한 달 이전에 반영구화장 리터치 시술을 하는 경우 피부가 완전히 재생되지 않은 상태에서 시술시 통증을 더 많이 느낄 수 있으며, 색이 고르게 남지 않을 수 있다.

⑥ 표피층의 구성 세포

랑게르한스세포 (Langerhans Cell)	• 대부분 표피의 유극층 상부 혹은 과립층 하부에 존재하며 표피세포의 약 5%를 차지한다. • 대식세포이며, 백혈구의 한 종류로서 식균작용 후 림프기관으로 이동하고 여기서 병원균에 반응할 면역체계를 자극한다. • 인체 피부의 전반적인 면역학적 반응과 알레르기 반응, 바이러스 감염 방지 등의 역할을 담당한다.
멜라닌세포 (Melanocyte)	• 피부색을 나타내는 주요 색소인 멜라닌을 생성한다. • 표피의 기저층에 위치하며 기저세포의 약 10% 정도를 차지한다. • 피부가 햇빛에 노출되면, 멜라닌세포는 피부를 햇빛의 자외선(UV)으로부터 보호하기 위해 멜라닌을 생성한다.
머켈세포 (Merkel Cell)	• 표피의 깊은 곳 기저층에 위치한다. • 신경섬유말단과 연결되어 있어서 신경의 자극을 뇌에 전달하는 역할을 하는 촉각 수용체로 '촉각세포' 또는 '지각세포'라고도 한다.
각질형성세포 (Keratinocyte)	• 기저층에 위치하며 표피세포의 약 80%를 차지한다. • 분열하는 능력이 있다. • 각질형성세포의 수명은 27~28일이다. • 부위에 따라 조금씩 다르나 매일 수백만 개씩 떨어져 나가고 아래층으로부터 수백만 개의 새로운 세포가 생성되어 올라오게 된다.

⑦ 피부 장벽

㉠ 각질층으로 구성된 피부 보호구조의 명칭으로, 피부 수분의 증발을 억제하고 외부의 미생물, 오염물질의 침입을 막는 역할을 한다.

㉡ 각질세포와 세포간지질로 구성되어 있으며, 케라틴(58%), 천연보습인자(31%), 지질(11%)로 구성되어 있다.

• 세포간지질 성분으로는 세라마이드(40~50%), 지방산(30%), 콜레스테롤(20%)이 있다.

• 물리적 장벽과 수분을 잡아주는 천연보습인자(Natural Moisturizing Factor/NMF)의 주요 성분은 아미노산(40%), 소듐PCA(17%), 젖산(12%), 요소(7%), Cl, Na, Ca, Mg 등이 있다.

⑧ 멜라닌세포 생성기전

자외선 → 눈, 피부를 통해 자극 전달 → 뇌가 인지 후 뇌하수체중엽에서 MSH(Melanocyte Stimulating Hormone) 분비 → 척수신경능에서 멜라노블라스트(Melanoblast, 멜라닌 세포 형성 혈액세포) 생성 후 혈액을 통해서 이동하면서 멜라노고니아(Melanogonia, 멜라닌 세포 전구세포)로 변화 → 표피 기저층에서 멜라노사이트(Melanocyte, 멜라닌 세포)로 존재

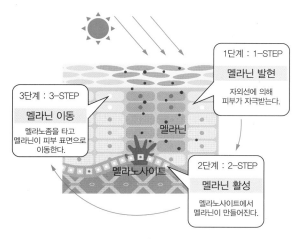

멜라닌 생성과정

⑨ 자외선의 영향

구 분	효 과
긍정적 영향	• 신진대사 촉진 • 살균 및 소독기능 • 노폐물 제거 • 비타민 D 합성
부정적 영향	• 일광화상 • 홍반반응 • 색소침착 • 광노화 • 피부암

⑩ 자외선의 구분

구 분	UVA – 장파장	UVB – 중파장	UVC – 단파장
파 장	320 ~ 400nm	290 ~ 320nm	200 ~ 290nm
특 징	• 진피층까지 침투 • 색소침착 • 광노화 • 피부탄력 감소	• 표피(기저층)까지 침투 • 홍반 발생 • 색소침착(기미)	• 오존층에서 흡수 • 강력한 살균작용 • 피부암 원인

⑪ 자외선차단제

자외선차단지수 (SPF)	UVB를 차단하는 제품의 차단효과를 나타내는 지수로서 자외선차단제품을 도포하여 얻은 최소홍반량을 자외선차단제품을 도포하지 않고 얻은 최소홍반량으로 나눈 값
최소홍반량	UVB를 사람의 피부에 조사한 후 16~24시간의 범위 내에 조사영역의 전 영역에 홍반을 나타낼 수 있는 최소한의 자외선 조사량
최소지속형 즉시흑화량 (MPPD)	UVA를 사람의 피부에 조사한 후 2~24시간의 범위 내에, 조사영역의 전 영역에 희미한 흑화가 인식되는 최소자외선조사량
자외선 A 차단지수	UVA를 차단하는 제품의 차단효과를 나타내는 지수로 자외선 A 차단제품을 도포하여 얻은 최소지속형 즉시흑화량을 자외선 A 차단제품을 도포하지 않고 얻은 최소지속형 즉시흑화량으로 나눈 값
자외선 A 차단등급	UVA 차단효과의 정도는 나타내는 것으로, 약칭은 PA

⑫ 자외선차단 방법

구 분	물리적 자외선차단제(산란제)	화학적 자외선차단제(흡수제)
기 능	자외선을 반사하거나 분산시키는 물리적 특성을 이용하여 자외선차단	자외선을 흡수하여 태양광선 에너지를 잡아두는 방법으로 자외선차단
종 류	아연산화물, 타이타늄산화물, 철산화물, 마그네슘 산화물	PABA 유도체, 살리실산유도체, 시남산유도체, 벤조페논류
단 점	피부 부작용은 없으나 백탁현상으로 인해 사용감이 좋지 않음	흡수가 용이한 복합성 피부에 사용시 자극성 접촉 피부염 유발

04 진 피

(1) 진 피

① 진피는 피부의 90%를 차지하는 치밀한 결합조직으로서, 교원섬유(콜라겐)와 탄력섬유(엘라스틴) 등의 단백질섬유로 구성된 결체조직과 그 사이를 채우고 있는 무정형기질로 이루어져 있다.

② 진피는 경계가 뚜렷하지 않은 유두층과 망상층으로 구분된다.

③ 혈관, 신경관, 림프관, 한선, 피지선, 모발과 입모근을 포함하고 있다.

④ 진피에 있는 감각수용기는 촉각, 압력, 통각, 온각 및 냉기에 대해 특수화되어 있다.

⑤ 진피는 피부에 영양을 공급해주는 혈관들을 가지고 있다. 표피세포의 생장에 필요한 영양물질은 진피에 위치한 모세혈관이 공급한다.

⑥ 진피의 구조

유두층	• 표피와 진피와의 경계인 물결 모양의 탄력조직으로 돌기(유두)를 형성 • 모세혈관이 분포하여 표피에 영양소와 산소운반 작용 • 기저층 세포분열을 도움 • 결합섬유와 탄성섬유로 이루어져 있고 수분이 많음
망상층	• 그물 모양(망상구조)의 결합조직 • 교원섬유와 탄성섬유가 존재 • 탄력성과 팽창성이 큰 지지조직으로 임산부 등 피부 처짐을 막아주는 작용(지탱하는 한계를 지나치면 튼살이 만들어짐) • 진피의 대부분을 이루며 피하조직과 연결 • 혈관, 신경, 림프관, 한선, 피지선, 모공 등이 존재 • 수분을 끌어당기는 초질(하이알루로닉애씨드)이 존재하며, 교원섬유, 탄성섬유를 생산하는 섬유아세포가 존재 * 랑거선(Langer's Line) : 일정한 방향성을 가지고 배열, 랑거선을 따라 절개시 상처의 흔적이 최소화

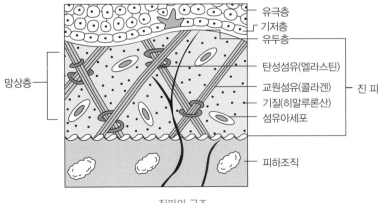

진피의 구조

⑦ 망상층의 구성 물질

교원섬유 (콜라겐)	• 진피의 80~90%를 차지하는 단백질 • 결합섬유로 피부의 기둥 역할 • 탄성섬유(엘라스틴)와 그물 모양으로 서로 짜여 있어 피부에 탄력성과 신축성을 주며, 상처를 재생 • 노화와 자외선의 영향으로 콜라겐의 양이 감소하면 피부 탄력감소 및 주름 형성의 원인 • 3중 나선형 구조로 보습 능력이 우수하여 피부관리 제품에 많이 사용
탄성섬유 (엘라스틴)	• 교원섬유(콜라겐)보다 짧고 가는 단백질 • 탄력성이 강한 단백질로서 피부 탄력을 결정하는 요소 • 피부 이완과 주름에 관여 • 젤라틴화 되지 않으며 각종 화학물질에 대한 저항력이 강함
기 질	• 진피의 결합섬유(콜라겐, 엘라스틴)와 세포 사이를 채우고 있는 젤 상태의 물질 • 뮤코 다당체라고 하며, 친수성 다당체로 물에 녹아 끈적끈적한 점액 상태가 됨 ＊ 구성성분 : 하이알루론산, 황산콘드로이친 등의 등의 글리코사미노글리칸들로 이루어짐

⑧ 진피의 구성세포

섬유아세포 (Fibroblast)	• 진피의 결합 조직 내에 널리 분포 • 진피의 콜라겐, 엘라스틴, 다당류 같은 구조물질을 합성
비만세포 (Mast Cell)	• 진피의 결합조직 내에 분포 • 특히 유두층의 모세혈관 주위에 많이 분포 • 염증 매개물질인 히스타민을 생산하거나 분비하는 작용
대식세포 (Macrophage)	• 진피의 조직 내에 분포하며 면역을 담당하는 세포 • 피부로 침입한 세균 등을 잡아서 소화하여 그에 대항하는 면역 정보를 림프구에 전달하는 작용

05 피하지방 및 부속기관

(1) 피하지방

① 진피와 근육 사이에 위치하며, 피부의 가장 아래층에 해당한다.
② 지방세포가 피하조직을 형성하며, 지방의 두께에 따라 비만의 정도가 결정된다.
③ 여성호르몬과 관련되어 남성보다 여성에게 더 발달되어 있다.
④ 체온조절, 탄력 유지, 외부충격 흡수, 영양분 저장 등의 기능을 한다.
⑤ 외부의 충격으로부터 몸을 보호하는 완충작용을 한다.

Tip

셀룰라이트(Cellulite)

인체 내 노폐물(수분)과 폐기물(아미노산)은 하수도(정맥)을 통해 배농되고, 정맥의 기능이 떨어질 경우 림프를 통해 배농된다. 그러나 이러한 물질들이 정맥과 림프 순환에 문제가 발생하여 밖으로 배설되지 못하고 정체되어 피하지방층에 쌓인 결과물을 셀룰라이트라 하며 주로 허벅지, 무릎 안쪽, 배 등에 발생한다.

(2) 피부 부속기관

아포크린선 (Apocrine Gland, 대한선)	• 겨드랑이, 유두 주위, 배꼽 주위, 성기 주위, 귀 주위 등 특정 부위에 존재 • 소한선보다 크고 피하지방 가까이에 위치하며 모공과 연결 • pH 5.5~6.5로 단백질 함유가 많고 특유의 체취를 발생 • 사춘기 이후에 주로 발달하며 젊은 여성에게 많이 발생 • 성, 인종을 결정짓는 물질이 함유(흑인에게 가장 많이 함유) • 정신적 스트레스에 반응 * 구성성분 : 99%가 수분이며 1%는 NaCl, K, Ca, 젖산, 암모니아, 요산, 크리아티닌
에크린선 (Eccrine Gland, 소한선)	• 입술, 음부, 손톱을 제외한 전신에 분포 • 실뭉치 모양으로 진피 깊숙이 위치하며, 피부에 직접 연결 • pH 3.8~5.6의 약산성에 무색, 무취이며 체온 조절 • 온열성 발한, 정신성 발한, 미각성 발한 발생 • 체온 유지 및 노폐물 배출 * 구성성분 : 지질(중성지방, 지방산, 콜레스테롤), 수분, 단백질, 당질, 암모니아, 철분, 형광물질
피지선 (Sebaceous Gland)	• 피부의 진피층에 존재하며 모공의 중간 부분에 부착 • 피지는 사춘기 이후 왕성해지며 피부와 털에 광택을 부여하며 수분 증발 억제<table><tr><td>큰 피지선</td><td>얼굴의 T-zone 부위, 목, 등, 가슴 등에 발달</td></tr><tr><td>작은 피지선</td><td>손바닥과 발바닥을 제외한 전신에 분포</td></tr><tr><td>독립 피지선</td><td>털과 연결되어 있지 않은 피지선(입술, 성기, 유두, 귀두, 눈 점막 부위)</td></tr><tr><td>피지선이 없는 곳</td><td>손바닥, 발바닥</td></tr></table>

(1) 피부 유형 분류

정상 피부	• 피부결이 섬세하고 부드러우며 표면이 매끄러움 • 유/수분의 균형이 가장 이상적인 피부상태 • 번들거림과 끈적임이 없으며 피부탄력이 좋고, 잔주름이 없음
건성 피부	• 피부결이 섬세하고 피부조직이 얇으며, 건조시 갈라지는 형태로 보임 • 유/수분량의 균형이 깨진 상태로 각질층 수분함유량이 10% 이하인 피부 • 피부에 윤기가 없고 메말라 보이며 세안 후 얼굴이 당김을 느낌 • 모공이 작아서 거의 보이지 않음 • 잔주름이 생기기 쉬운 피부 • 화장이 들뜨기 쉬운 피부 • 건성 피부, 표피수분부족 건성 피부, 진피수분부족 건성 피부로 나뉨
지성 피부	• 피부 결이 거칠고 울퉁불퉁하며 피부가 두꺼움 • 피지의 분비량이 많아 얼굴이 번들거리고 여드름이나 트러블이 생기기 쉬운 피부 • 천연피지막이 잘 형성되어 피부가 촉촉하며 노화의 진행이 느린 편 • 피부색이 칙칙한 편이며 화장이 잘 지워짐
중성 피부	• 피지와 땀의 분비 활동이 정상적인 피부 • 피부생리기능이 정상적이며 피부결이 매끄러우며 깨끗 • 피부에 탄력이 있고 혈색이 있음 • 모공이 눈에 띄지 않음
복합성 피부	• 지성과 건성 등 2가지 이상의 다른 피부유형이 공존하는 피부 • 코와 이마 부위는 피지가 많고 모공이 큰 경우가 많음 • 볼 부위는 피지가 적고 수분이 부족하여 건조한 경우가 많음
민감성 피부	• 피부조직이 얇아 외부자극에 쉽게 반응 • 각질층이 얇고 홍조를 보임 • 피부저항력이 약해 쉽게 붉어지고, 붉은 염증, 알레르기 등의 반응이 나타나기 쉬운 피부타입
모세혈관 확장 피부	• 피부결이 얇고 아주 섬세하며 피부 두께도 얇음 • 외부의 온도변화에 쉽게 붉어짐 • 모세혈관이 약화되거나 파열, 확장되어 실핏줄이 보임
노화 피부	• 피부의 유/수분 부족으로 피부조직의 탄력성이 저하된 피부 • 피부 전체에 윤기가 없으며 잔주름과 굵은 주름이 분포 • 피부 표면이 건조하고 거친 타입 • 과색소침착 또는 저색소침착이 나타나기도 함
여드름 피부	• 피부결이 거칠고 염증과 흉터로 인해 울퉁불퉁하며 피부가 두꺼움 • 피지 분비가 많아 피부가 번들거림 • 모공 입구의 폐쇄로 피지 배출이 잘 안 됨 (비염증성 여드름 : 블랙헤드, 화이트헤드 / 염증성 여드름 : 구진, 농포, 결절, 낭종)
아토피 피부	• 작은 자극에도 민감한 반응을 보임 • 홍반과 함께 가려움을 느낌 • 발열, 천식, 건선, 수포, 진물 등이 나타나며 피부건조증이 주된 증상

(2) 피부 분석

① 피부상태 측정

    ㉠ 일반적으로 유분 분비량, 수분 상태, 유/수분 증발량, 멜라닌 양, 홍반량, 색상, 민감도 등을 측정하여 피부 상태를 평가한다.

    ㉡ 피부 측정이 이루어지는 공간은 항온·항습하고 직사광선이 없는 동일한 조도를 가진 환경이 적절하다.

    ㉢ 세안 후에 측정을 해야 멜라닌 양, 홍반량, 피부 색상 등에 대한 정확한 데이터를 얻을 수 있다.

    ㉣ 수분, 유분, 수분 증발량은 피부에 특별한 조치를 하지 않고 그대로 측정을 하며 측정 시간과 측정값을 기록한다.

    ㉤ 피부 상태를 정확히 분석하여 고객 상태에 적합한 관리를 시행한다.

② 피부유형 분석방법

문진법	• 고객에게 질문하여 피부유형을 판독 • 식생활, 식습관, 사용화장품, 사용약제 등을 확인하여 고객의 피부상태를 파악
견진법	• 피부분석기를 통해 피부상태, 모공상태, 유/수분 밸런스를 파악해서 피부를 판독 • 모공, 예민도, 혈액순환 등을 육안으로 판독
촉진법	• 직접 피부를 만지거나 피부에 자극을 주어 판독 • 피부의 탄력성, 예민도, 피부결 상태, 각질상태 등을 알 수 있음
기기판독법	• 피부분석기, 확대경, 유/수분 측정기, 우드램프(자외선을 이용한 피부 분석기) 등을 활용하여 판독

③ 피부유형 분석의 기준

피지분비상태	정상피부, 건성 피부, 지성 피부, 지루성 피부, 여드름 피부
피부조직	정상피부, 얇은 피부, 두꺼운 피부
수분량	표피수분부족 건성 피부, 진피수분부족 건성 피부
색소침착	과색소침착피부, 저색소침착피부
혈액순환	모세혈관 확장증, 홍반, 주사
두피상태	지성, 건성, 중성, 비듬, 지루성, 예민, 두부백선, 두부건선, 탈모
모발상태	연주모, 결정성열모증, 황결핍, 맥륜모 등

④ 피부측정항목과 측정방법

측정항목	측정방법
피부수분	전기전도도를 통해 피부의 수분량을 측정
피부탄력도	피부에 음압을 가했다가 원래 상태로 회복되는 정도를 측정
피부유분	카트리지 필름을 피부에 일정시간 밀착시킨 후, 카트리지 필름의 투명도를 통해 피부의 유분량을 측정
피부표면	잔주름, 굵은주름, 거칠기, 각질, 모공크기, 다크써클, 색소침착 등을 현미경과 비전프로그램을 통해 관찰
피부색	피부의 색상을 측정하여 밝기로 나타냄

멜라닌	피부의 멜라닌양을 측정하여 수치로 나타냄
홍반	피부의 붉은 기(헤모글로빈)를 측정하여 수치로 나타냄
피부 pH	피부의 산성도를 측정하여 pH로 나타냄
피부건조	피부로부터 증발하는 수분량인 경피수분손실량을 측정하며, 피부장벽기능을 평가하는 수치로 이용
두피상태	두피의 비듬, 피지를 현미경과 비전프로그램을 통해 확인
모발상태	모발의 강도, 굵기, 탄력도, 손상정도, 수분함량을 측정

(3) 피부타입별 반영구화장 시술

① 반영구화장 시술시 피부타입에 따라 많은 결과의 차이가 나타나기 때문에 최우선적으로 시술대상자의 피부 상태를 올바르게 평가하는 것이 시술자의 가장 중요한 과제이다.

② 시술 전 시술대상자의 피부를 전체적으로 분석하는 과정은 매우 중요한데, 같은 힘이라 할지라도 두꺼운 피부의 경우 색이 잘 남지 않을 수 있고, 너무 얇은 피부의 경우에는 매우 진하게 남을 수 있기 때문이다.

③ 상처가 있던 피부는 조직이 다른 피부 부위보다 단단하여 색이 잘 남지 않는 경우가 많고, 레이저를 이용하여 눈썹 문신을 제거한 경우에도 피부조직이 다른 조직에 비해 번들거리는 경우가 있어서 색이 잘 남지 않는다.

④ 따라서, 피부에 따라 니들의 깊이, 강도, 머신의 밸런스 등을 조절하여야 만족스러운 시술을 할 수 있다.

⑤ 피부타입별 반영구화장 시술

정상피부	• 정상피부는 시술하기에 편하고 색이 잘 남는다. • 힘을 많이 주어 시술하지 않고, 일정한 힘으로 시술한다.
건성 피부	• 각질이 많이 일어나 있는 경우 색이 잘 남지 않을 수 있다. • 이런 경우에는 각질을 제거한 후에 시술을 하는 것이 도움이 된다.
민감성 피부	• 작은 자극에도 민감하게 반응할 수 있으며, 마취연고 사용시 다른 피부유형에 비해 쉽게 붉어질 수 있다. • 색이 잘 들어가지 않아도 힘을 주어 시술을 하게 되면 피부가 얇기 때문에 너무 깊이 색이 남을 수 있고, 색이 번질 수도 있다.
지성 피부	• 지성 피부는 피지가 많이 분비되고 모공이 넓기 때문에 색이 많이 빠질 수 있으며, 피부결이 매끄럽지 않아 바늘이 피부에 걸릴 수 있다. • 두꺼운 피부의 경우 바늘을 조금 깊게 넣어 시술하며 시술 부위에 여드름이 난 경우에는 여드름을 피해서 시술한다. • 여드름이 난 피부 주변은 마취연고를 바르더라도 마취가 되지 않고, 아픔을 참고 시술을 한다고 해도 여드름이 난 부분은 색이 남지 않기 때문에 피부 트러블이 사라진 후에 시술할 것을 권유한다.
노화 피부	• 피부의 탄력성이 없으므로 시술에 어려움을 느낄 수 있으며, 피부의 재생속도가 정상피부에 비해 느리므로 리터치 기간을 조금 더 길게 보는 것이 좋다. • 노화 피부는 생각보다 색이 진하게 남는 경우가 많으므로, 색이 너무 진하게 남지 않도록 주의하여 시술한다.

07 피부의 질환

(1) 일반적 요인

일반적인 피부질환의 요인으로는 알레르기 반응, 선천적인 병변, 분비기능의 장애, 바이러스에 의한 감염, 외상, 종양 등이 있다.

(2) 원발진과 속발진

① 원발진 : 건강한 피부에 처음으로 나타나는 병적인 변화로, 1차 병변이라고도 한다.

구 분	특 징
반 점	피부 표면에 융기나 함몰이 없이 피부 색깔의 변화만 있는 것(주근깨, 기미 등)
반	반점보다 넓은 피부상의 색깔 변화
팽 진	피부 상층부의 부분적인 부종으로 인해 국소적으로 부풀어 오르는 증상으로 가려움증을 동반하며, 불규칙적인 모양
구 진	지름 0.5~1cm 이하의 발진으로 안에 고름이 없는 것
결 절	주로 손등과 손목에 나타나며 구진보다 크고 단단한 발진
수 포	단백질 성분의 맑은 액체가 고여 생기는 물집
농 포	피부에 약간 돋아 올라 보이며 고름이 차 있는 발진
낭 종	액체나 반고체의 물질이 들어 있는 혹
판	구진이 커지거나 서로 뭉쳐서 형성된 넓고 평평한 병변
면 포	얼굴, 이마, 콧등에 나타나는 나사 모양의 굳어진 피지덩어리
종 양	직경 2cm 이상의 큰 결절

② 속발진 : 원발진에 이어서 나타나는 병적인 변화로, 2차 병변이라고도 한다.

구 분	특 징
인 설	피부 표면의 상층에서 떨어져 나간 각질 덩어리
가 피	피부 표면에 상처가 나거나 헐었을 때 조직액·혈액·고름 등이 말라 굳은 것
표피박리	손톱으로 긁어서 생기는 표피선상의 작은 상처나 심한 마찰상
미 란	수포가 터져 피부가 함몰되고 습한 상태
균 열	외상 또는 질병으로 인해 피부가 갈라진 상태
궤 양	표피뿐만 아니라 진피까지 괴사된 것으로 고름이나 출혈 동반
농 양	피부에 고름이 생기는 상태
변 지	손바닥이나 발바닥에 생기는 굳은살
반 흔	외상이 치유된 후 피부에 남아있는 변성 부분
위 축	진피의 세포나 성분 감소로 인해 피부가 얇아진 상태
태선화	장기간에 걸쳐 반복하여 긁거나 비벼서 표피가 건조하고 가죽처럼 두꺼워진 상태

(3) 피부질환

① 바이러스성 피부질환

구 분	특 징
단순포진	• 입술 주위에 주로 생기는 수포성 바이러스 질환 • 흉터 없이 치유되나 재발이 잘 됨 • 증상 : 통증, 발진, 소양증, 압통, 수포 • 치료 : 항염증제, 스테로이드제,아시클로버 사용
대상포진	• 지각신경 분포를 따라 군집 수포성 발진이 생기며 통증 동반 • 높은 연령층의 발생 빈도가 높음
사마귀	• 파보바이러스 감염에 의해 구진 발생
수 두	• 가려움을 동반한 발진성 수포 발생
홍 역	• 파라믹소 바이러스에 의해 발생하는 급성 발진성 질환
풍 진	• 귀 뒤나 목 뒤의 림프절 비대 증상으로 통증을 동반 • 얼굴과 몸에 발진이 나타남

② 진균성(곰팡이) 피부질환

구 분	특 징
칸디다증	• 피부, 점막, 입안, 식도, 손 · 발톱 등 발생 부위에 따라 다양한 증상
백선(무좀)	• 곰팡이균에 의해 발생 • 증상 : 피부 껍질이 벗겨지고 가려움증 동반 • 주로 손과 발에서 번식 • 종류 : 족부백선(발), 두부백선(머리), 조갑백선(손 · 발톱), 체부백선(몸), 고부백선(성기 주위), 안면 백선(얼굴), 수부백선(손바닥), 수발백선(수염)
어루러기	• 말라세지아균에 의해 피부 각질층, 손 · 발톱, 머리카락에 진균이 감염되어 발생

③ 색소이상 증상

㉠ 과색소침착 : 멜라닌 색소 증가로 인해 발생

구 분	특 징
기 미	• 경계가 명백한 갈색의 점 • 자외선 과다 노출, 경구 피임약 복용, 내분비장애, 선탠기 사용 등이 원인 • 중년 여성에게 주로 발생 • 표피형, 진피형, 혼합형 등이 있음
주근깨	• 유전적 요인에 의해 주로 발생
검버섯	• 얼굴, 목, 팔, 다리 등에 경계가 뚜렷한 구진 형태로 발생
갈색반점	• 혈액순환 이상으로 발생
오타모반	• 청갈색 또는 청회색의 진피성 색소반점
릴 흑피증	• 화장품이나 연고 등으로 인해 발생하는 색소침착
벨록피부염	• 향료에 함유된 요소가 원인인 광접촉 피부염

ⓛ 저색소침착 : 멜라닌 색소 감소로 인해 발생

구 분	특 징
백반증	• 원형, 타원형 또는 부정형의 흰색 반점이 나타남 • 후천적 탈색소 질환
백피증	• 멜라닌 색소 부족으로 피부나 털이 하얗게 변하는 증상 • 눈의 경우 홍채의 색소 감소

④ 기계적 손상에 의한 피부질환

구 분	특 징
굳은살	외부의 압력으로 인해 각질층이 두꺼워지는 현상
티 눈	각질층의 한 부위가 두꺼워져 생기는 각질층의 증식 현상으로 통증 동반
욕 창	반복적인 압박으로 인해 혈액순환이 안 되어 조직이 죽어서 발생한 궤양
마찰성 수포	압력이나 마찰로 인해 자극된 부위에 생기는 수포

⑤ 열에 의한 피부질환

ㄱ 화 상

구 분	특 징
제1도 화상	• 피부가 붉게 변하면서 국소 열감과 통증 수반
제2도 화상	• 진피층까지 손상되어 수포가 발생한 피부 • 혼반, 부종, 통증 동반
제3도 화상	• 피부 전층 및 신경이 손상된 상태 • 피부색이 흰색 또는 검은색으로 변함
제4도 화상	• 피부 전층, 근육, 신경 및 뼈 조직이 손상된 상태

ㄴ 한진(땀띠) : 땀샘이 막혀 땀이 원활하게 표피로 배출되지 못하고 축적되어 발진과 물집이 생기는 질환

ㄷ 열성 홍반 : 강한 열에 지속적으로 노출되면서 피부에 홍반과 과색소침착을 일으키는 질환

⑥ 한랭에 의한 피부질환

구 분	특 징
동 창	한랭 상태에 지속적으로 노출되어 피부의 혈관이 마비되어 생기는 국소적 염증반응
동 상	영하 2~10℃의 추위에 노출되어 피부의 조직이 얼어 혈액 공급이 되지 않는 상태
한랭두드러기	추위 또는 찬 공기에 노출되는 경우 생기는 두드러기

⑦ 기타 피부질환

구 분	특 징
접촉성 피부염	• 비감염성, 염증성 피부 질환으로 피부발적, 부종, 수포형성, 소양증 등이 나타남
주 사	• 피지선과 관련된 질환 • 혈액의 흐름이 나빠져 모세혈관이 파손되어 코를 중심으로 양 뺨에 나비 형태로 붉어진 증상 • 주로 40~50대에 발생
한관종	• 물사마귀알이라고도 함 • 2~3mm 크기의 황색 또는 분홍색의 반투명성 구진을 가지는 피부양성종양 • 땀샘관의 개출구 이상으로 피지 분비가 막혀 생성
비립종	• 직경 1~2mm의 둥근 백색 구진 • 눈 아래 모공과 땀구멍에 주로 발생
지루피부염	• 기름기가 있는 비듬이 특징이며 호전과 약화를 되풀이하고 약간의 가려움증을 동반하는 피부염
하지정맥류	• 다리의 혈액순환 이상으로 피부 밑에 형성되는 검푸른 혈관 부종
소양감	• 자각증상으로서 피부를 긁거나 문지르고 싶은 충동에 의한 가려움증
흉 터	• 세포 재생이 더이상 되지 않으며 기름샘과 땀샘이 없는 것

⑧ 여드름

의 의	• 발생부위는 주로 코의 양쪽, 볼, 이마, 등, 가슴 등 • 여드름은 모낭피지선의 만성 염증성 질환으로서 면포, 구진, 농포 형성을 특징하는 질환
원 인	• 유전적인 요인 : 남성호르몬 테스토스테론이 혈류 속에 들어가 피부모낭의 피지선을 자극하여 과다한 피지가 분비되어 여드름이 발생 • 여드름균 : 피부상재균의 90%를 차지하는 모낭에 상주하는 혐기성 박테리아균 • 기타요인 : 정서적 요인으로 스트레스는 안드로겐의 분비를 증가시켜 여드름을 악화 • 스테로이드 등 각종 약제, 화장품 등도 여드름을 유발하는 요인
종 류	• 비염증성 여드름 : 면포 • 염증성 여드름 : 구진, 뾰루지, 종포, 결절 등
유발 물질	• 미네랄 오일, 페트롤라툼(바세린), 라놀린, 올레익애씨드 등 여드름을 발생시키는 물질 • 여드름을 유발하는 화장품 원료는 폐색막을 형성하여 피부의 호흡과 분비기능을 방해하여 여드름을 발생
치료성분	• 벤조일퍼옥사이드, 황(3~10%), 살리실릭애씨드, 다양한 피지억제작용 추출물, 비타민 B6(피지분 비정상화) 등

(1) 문신 및 반영구화장과 상처

① 문신 및 반영구화장은 피부에 미세하게 상처를 내고 색을 입히는 과정이다.

② 따라서 상처가 아물고 재생이 되는 과정에 대한 이해가 반드시 필요하다.

③ 상처가 아무는 데 걸리는 시간에서 중요한 것은 상처의 깊이, 상처의 위치, 상처의 크기이다.

④ 상처가 깊을수록 더디게 아물고 가벼운 상처는 비교적 빨리 아문다.

⑤ 문신 및 반영구화장의 상처는 가벼운 찰과상 정도의 상처인데, 찰과상이라 함은 피부 표면이 긁히거나 벗겨지는 상처를 말한다. 따라서 대부분은 별도의 관리를 하지 않아도 저절로 아물게 된다.

⑥ 피부의 재생은 딱지가 지고 나면 그 안에서 살이 재생되는 것을 말한다.

⑦ 상처 부위의 딱지는 딱지 안쪽에서 상처가 재생되고, 딱지가 떨어질 때쯤에는 거의 치유가 되어 있는 상태이다.

⑧ 딱지가 자연적으로 떨어지기 전에는 상처가 치유되지 않았으므로, 인위적으로 딱지를 떨어뜨리지 않도록 주의하여야 한다.

(2) 상처의 치유

① 상처 치유의 3단계

염증기 (1단계)	• 상처를 치유하기 위한 준비가 시작되는 단계로서 3~4일 동안 지속된다. • 혈관을 수축시켜 출혈을 감소시키는 과정으로서, 상처가 부종 · 발적 · 열감의 증상을 보인다. • 혈소판이 엉겨 붙어 출혈을 막는 지혈작용과 백혈구 등 염증세포가 모여들어 외부에서 침입한 균과 죽은 조직을 제거하는 과정이 일어난다. • 시술 후 2~3일 정도 시술 부위가 더 붉게 보이는 것은 이 때문이다.
증식기 (2단계)	• 상처 치유에 필요한 기초를 형성한다. • 상처주위의 상피세포가 이동, 증식하여 손상된 부위를 덮는다. • 새로운 혈관을 생성하여 상처 치유에 필요한 산소와 영양소를 공급한다. • 새로운 조직을 만드는 콜라겐 복합체를 형성하여 조직을 튼튼하게 만든다.
치유기 (3단계)	• 치유의 마지막 단계로서, 치유된 상처가 주위의 조직과 같이 비슷해지는 단계이다.

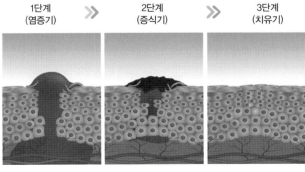

1단계 (염증기) » 2단계 (증식기) » 3단계 (치유기)

상처 치유의 3단계

② 상처 치유와 혈액

혈소판	• 상처가 나면 상처 부위에 혈소판이 모여 그 상처를 덮는다. • 1차적으로 혈소판이 상처의 덮개 즉, 딱지를 만들고 그 다음 그 밑에서 피부세포가 재생된다.
적혈구	• 적혈구는 헤모글로빈이 있어서 산소를 공급하는 역할을 한다. • 산소는 상처의 치유에 직접적인 상관관계가 있는데, 순환혈류량이 감소되면 산소분압이 저하되어 치유가 늦어지게 된다. • 상처의 치유는 혈액순환이 좋은 얼굴 부분이 몸보다 빠르고, 혈액순환이 더딘 발이나 관절 말단 부분이 더 오래 걸린다.
백혈구	• 백혈구는 체내에 침투한 병원균을 찾아 방어하는 역할을 한다. • 체내에서 백혈구가 감소하면 균에 대항하여 싸울 능력이 떨어지므로, 자연히 감염의 위험성도 증가한다.

(3) 시술 후 감염

① 감염은 반영구 시술 후 상처의 치유 과정에서 간혹 일어날 수 있으며 그 가능성은 매우 낮으나, 만약 감염이 되었다면 초기에 적절한 조치를 하는 것이 매우 중요하다.

② 감염의 증상

   ㉠ 대표적인 증상으로 발열, 붉어짐, 부종, 발열 등을 들 수 있다.

   ㉡ 시술 후 일시적인 붓기나 붉어짐이 계속해서 가라앉지 않는 경우와 시술 후 열감과 붓기를 계속해서 동반하는 경우 감염을 의심해볼 수 있다.

③ 감염의 구분 : 감염은 크게 1차 감염과 2차 감염으로 구분할 수 있다.

1차 감염	• 숙주와의 직접적인 접촉이나 감염으로 인해 질병을 일으키는 병원균이다. • 반영구화장 시술시에 직접적인 피부접촉으로 인해 감염되는 것을 말한다. • 오염된 기구의 사용이나 비위생적인 장소에서의 시술은 1차 감염을 일으킬 수 있으므로 주의해야 한다.
2차 감염	• 상처가 생긴 부위에 세균이 침입하여 감염을 일으키는 것을 말한다. • 물에도 세균이 있기 때문에 반영구화장 시술 후 시술 부위가 물에 닿는 것은 감염의 가능성이 있으나 그 가능성이 매우 낮으므로, 잠깐 물에 닿는 것은 별 문제가 되지는 않는다. • 딱지가 생긴 후에 장기간 물에 닿는 것은 딱지가 물에 불어 축축한 상태가 되고, 그 과정에서 2차 감염을 일으킬 수 있으므로 피하는 것이 좋다.

4
PART

두피와 모발

학	두피층과 두개골의 구조를 알 수 있다 .
습	모발의 구조 및 기능을 알 수 있다 .
목	모발의 성장주기를 알 수 있다 .
표	탈모의 종류와 개념을 숙지한다 .

PART 4 두피와 모발

01 두피의 개념과 구조

(1) 두피의 개념

① 우리 인체를 감싸고 있는 부위를 총체적으로 피부라고 말한다.

② 그중에서 좀 더 세부적으로 분리하면 두개골을 감싸는 부위를 두피라고 하며, 두피는 기존 피부 표피의 개념과 달리 모발로 둘러싸인 부분을 구분하여 말한다.

③ 기능적인 면에서도 작용하는 생리가 다르므로 그에 맞는 시술법을 적용해야 한다.

(2) 두피층의 구조

① 두피는 전두골의 시작점인 눈썹에서부터 후두골 기저면까지의 부위를 말한다.

② 두피의 해부학적인 구조를 보면 제일 바깥쪽을 피부가 덮고 있고, 그 다음은 치밀한 결합조직으로 되어 있다.

③ 그 밑은 건막층으로 연결되어 있으며, 이 세 층은 단단히 붙어 있는 형태라서 하나의 구조로 본다.

④ 건막층과 두개골 사이에 느슨한 결합조직이 구성되어 있다.

⑤ 두피를 이루는 5개의 층 구조

피부층	• 머리의 가장 바깥 부위에 위치 • 모발이 존재하는 부위
치밀결합조직	• 동맥, 정맥 및 신경이 분포 • 머리 부위의 손상시 혈관의 손상으로 심한 출혈이 발생할 수 있음
건막층	• 피부층, 치밀결합조직층 중에 가장 깊은 부위 • 머리 정수리의 전반적인 부위를 차지
성긴결합조직	• 건막층과 두개골 사이에 존재 • 조직이 느슨하므로 감염이 이 부위를 따라 퍼질 수 있음
두개골	• 가장 깊은 층에 위치 • 봉합의 상태로 이루어져 있음 • 봉합의 상태로 있으며 두개골 자체적으로 움직임을 가짐 • 두개골의 운동성으로 두개골을 굴곡, 신전시켜 뇌호흡을 촉진

02 두개골의 구조

(1) 두개골의 구조

① 두피는 보통 모발이 생성되어 있는 곳으로 안면과 분리하여 부른다.

② 두피 내에 존재하는 두개골의 기능과 뇌의 기능, 그리고 이것들과 연계되어 흐르는 두개골계의 상호적 긴장성을 조절하여 인체 내에 흐르는 생체 에너지를 활성화함으로써 정신적·육체적인 문제를 개선할 수 있다.

③ 두개골 분류

뇌두개골	• 전두골 1개 • 후두골 1개 • 측두골 2개	• 두정골 2개 • 접형골 1개 • 사골 1개
안면골	• 누골 2개 • 비골 2개 • 관골 2개 • 구개골 2개 • 상악골 2개	• 하비갑개 2개 • 서골 1개 • 하악골 1개 • 설골 1개

④ 전두골(이마뼈)

  ㉠ 전두골은 이마를 형성하는 뼈로서 두 개 바닥의 앞부분과 눈의 위쪽을 형성한다.

  ㉡ 미간 내에는 한 쌍의 빈 공간이 있어 전두동이라 하고, 이곳은 비강과 통하여 있다.

  ㉢ 전두골은 본래 한 쌍의 뼈로 전두봉합에 연결되어 있지만, 출생 후 1~2년 내 손실되어 하나의 뼈가 된다.

⑤ 두정골(마루뼈)

  ㉠ 두정골은 두개골의 위쪽 부분을 형성하는 네모 모양의 한 쌍의 납작뼈로 이루어져 있다.

  ㉡ 두정골의 외면은 매끄럽고 둥글며 중간부위에 한 쌍의 두정공이 있고, 두정부와 측두면의 경계 및 측두근과 부착되는 상·하 측두근이 있다.

  ㉢ 그리고 좌측과 우측의 두정골 중앙에는 융기된 골화점이 있는데, 이것을 두정융기라고 한다.

  ㉣ 두정골의 안쪽 면은 오목하고 대뇌의 주름에 적당한 함몰과 융기가 있다.

⑥ 후두골(뒤통수뼈)

  ㉠ 후두골은 두개관과 두개골 바닥의 기저부를 구성하는 마름모 모양의 뼈이다.

  ㉡ 전면은 접형골, 외측은 측두골, 상면은 두정골과 결합한다.

  ㉢ 두개 바닥의 중앙에 두개강과 연결하는 대후두공이 있으며, 척주관에 이어진다.

  ㉣ 이를 중심으로 후두린, 외측부, 기저부로 나뉜다.

  ㉤ 후두린 : 대후두공 후방의 편평한 부위를 말하며 외면 중앙에 항인대의 부착부가 되는 외후두융기가 있고, 이를 중심으로 좌·우, 상·하에 목의 근육과 인대들이 부착되는 상항선과 하항선이 뻗어 있다.

ⓗ 외측부 : 대공의 양측을 말하며 제1경추인 환추와 접해 있는 환축관절을 후두과라고 한다. 이는 두개골과 척주를 연결하는 유일한 곳이다.

ⓢ 기저부 : 대공의 앞부분으로 후두골기저돌기가 뻗어 나와 접형골과 이어져서 사대를 형성하며, 이곳에 교와 연수가 위치한다.

⑦ 측두골(관자뼈)
㉠ 두개골의 외측 부분과 두개 바닥의 일부를 이루는 한 쌍의 뼈로 외측 안쪽에 청각 및 평형감각기가 있다.
㉡ 측두골은 크게 세 부분으로 이루어져 있으며 복잡한 구조를 가졌다.

⑧ 접형골(나비뼈)
㉠ 두개 바닥의 중앙부에 위치하는 나비 모양의 뼈로서 접형골체, 큰날개와 작은 날개 그리고 날개돌기가 있다.
㉡ 접형골체의 상면에는 말안장 모양의 홈이 있으며 그 중앙부의 오목한 곳에는 내분비기관인 뇌하수체를 수용하는 뇌하수체오목이 있다.
㉢ 접형골체의 속은 비어 있어 접형동이라 하며 비강과 연결되어 있다.

⑨ 사골(벌집뼈)
㉠ 사골은 비강과 비중격 및 전두개의 중앙부를 구성하는 십자 모양으로 형성되어 있다.
㉡ 여기에는 10~20여 개의 작은 구멍이 있어 함기성이 강한 입방형의 뼈로서 수평판, 수직판, 외측괴로 구분한다.

수평판	• 전두골과 접하여 전두개와의 바닥을 형성하는 부위로 후신경이 통과하는 다수의 후신경공이 열려 있다. • 위쪽 중앙에는 닭 벼슬 모양의 계관이 돌출되어 있어 뇌경막인 대뇌겸이 부착되어 있다.
수직판	• 사골의 정중앙면에서 수직으로 돌출된 사각형의 얇은 골판으로 비중격 상부를 형성하며, 아랫면은 서골과 관절한다.
외측괴	• 양쪽 아래쪽으로 튀어나와 사골의 대부분을 이루는 부위로 속이 벌집 모양으로 형성되어 공기를 함유하고 있으며 매우 복잡한 구조를 하고 있기 때문에 사골봉소 또는 사골미로라고 불린다.

⑩ 두개골 봉합
㉠ 봉합이란 관절의 일종으로 섬유성 결합조직막의 결합이다.
㉡ 천문과 관련된 주요 봉합에는 두정골과 두정골 사이의 시상봉합, 두정골과 전두골 사이의 관상봉합, 두정골과 측두골 사이의 인상봉합, 두정골과 후두골 사이의 람다봉합 등이 있다.
• 시상봉합 : 두정골과 두정골 사이의 봉합
• 관상봉합 : 두정골과 전두골 사이의 봉합
• 인상봉합 : 두정골과 측두골 사이의 봉합
• 람다봉합 : 두정골과 후두골 사이의 봉합

(1) 모발의 분류

① 형태와 길이에 따른 분류

형태에 따른 분류	길이에 따른 분류
• 직 모 • 반곱슬모 • 곱슬모	• 장모 : 두발, 수염, 음모 • 단모 : 속눈썹, 눈썹, 콧털

구 분	직 모	약곱슬모	곱슬모	심한 곱슬모
가는모				
중간모				
굵은모				

② 모발의 기능

보호기능	• 유해한 외부환경(외부의 충격, 기온, 자외선, 이물질 등)으로부터 인체 보호 • 두발의 경우는 외부의 충격으로부터 뇌를 보호하는 중요한 기능이 있으며, 모발의 위치에 따라 이물질, 땀의 유입, 벌레의 유입 등에서 인체를 보호하는 기능
감각기능	• 모근의 지방선과 입모근 일부분에 있는 지각신경이 방사상으로 분포되어 작은 자극에도 반응하는 감각수용기로서 촉각을 감지하여 인체를 보호
장식기능	• 아름다움과 개성을 나타내는 방법으로 성적 매력, 미용적 효과 등을 나타냄
배출기능	• 몸 안의 독소를 몸 밖으로 배출하는 기능

Tip

모발의 배출기능

모발은 수은 등 유해 금속을 체외로 배출하는 역할을 한다. 모발 중 미량금속 측정으로 혈액과 요의 검사와 같이 체외물질 대사 이상을 관찰하고 질병을 예견할 수 있다.

(2) 모발의 구조

① 구 조
  ㉠ 털은 몸 전체에 분포되어 있으나 머리에 가장 많이 분포하고 있다.
  ㉡ 모발 중 눈으로 보이는 부분이 모간이다.
  ㉢ 모간은 모수질, 모피질, 모표피의 3층으로 이루어져 있다.
  ㉣ 두피의 아래층에 모근이 있으며, 모근은 진피층까지 도달해 있다.
  ㉤ 모근은 모낭에 둘러싸여 있다.

② 모간부
  ㉠ 모발 중 눈으로 보이는 부분으로, 피부를 기준으로 하여 피부 바깥 부분에 있는 모발을 지칭한다.
  ㉡ 모간부의 분류 및 특징

모표피	• 모발의 가장 바깥층을 둘러싸고 있는 비늘 모양의 얇은 층으로, 모피질을 보호하는 역할을 함 • 멜라닌을 함유하지 않으며, 무색투명한 케라틴으로 구성되어 있음 • 경케라틴 층으로 화학적 저항성이 강한 층 • 투명하고 전체 모발의 10~15%를 차지하며 두꺼울수록 모발은 단단하고 저항성이 높음 • 물리적 자극에 손상, 박리, 탈락 등이 발생 • 손상이 클수록 화학성분이 쉽게 흡수되며 알칼리에 쉽게 팽윤되어 모표피가 열리고 산과 접촉하면 단단하게 폐쇄됨 • 손상시 스스로 재생되지 않음
모피질	• 피질세포(케라틴 단백질)와 세포 간 결합물질(말단결합/펩티드)로 구성 • 모발의 85~90%를 차지하는 두꺼운 부분으로, 모발의 색을 결정하는 과립상의 멜라닌을 함유 • 수많은 섬유질이 꼬아져 있고 섬유질과 섬유질 사이에는 간층물질(CMC 세포막복합체)로 차 있으며 접착제 역할을 함 • 물과 쉽게 친화하는 친수성으로 펌, 염색 시에 모피질을 활용 • 탄력, 강도, 감촉, 질감, 색상을 좌우하며 모발 성질을 나타내는 중요한 부분
모수질	• 모발의 중심 부위에 있는 공간으로 이루어진 벌집 모양의 다각형 세포 • 굵은 모발은 수질이 있으나 가는 모발에는 수질이 없음 • 모수질이 있는 모발이 웨이브 펌이 잘 되는 경향이 있음 • 크고 작은 동공은 공기와 수분을 함유하여 보온의 역할을 함(공기가 많을수록 모발에 광택) • 멜라닌 색소 함유

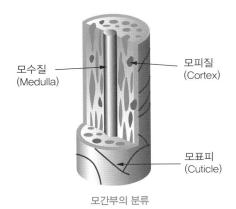

모수질 (Medulla)　　모피질 (Cortex)　　모표피 (Cuticle)

모간부의 분류

③ 모표피 구성

표소피(에피큐티클)	• 인지질과 다당류가 결합하여 생긴 얇은 막으로 수증기는 통과하나 물은 통과하지 않는 특이한 성질이 있음 • 화학적 작용에는 강하나 물리적인 작용에는 약함
외소피(엑소큐티클)	• 시스틴 함량이 많은 연질의 케라틴으로 구성 • 화학물질에 의해 모발에 이상 반응이 발생하기 쉬운 층
내소피(엔도큐티클)	• 시스틴 함량이 적음 • 단백질 침식성의 약품인 친수성 · 알칼리성 용액에는 약함

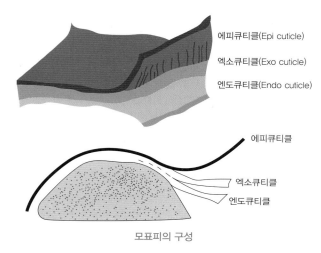

모표피의 구성

④ 모근부의 분류 및 특징

㉠ 모구, 모유두, 모모세포, 색소형성세포 등이 위치하고 있으며, 모낭은 모근을 감싸고 있다.

㉡ 모 낭
  • 모근을 감싸고 있음
  • 모발이 모유두에서 모공까지 도달할 수 있도록 보호
  • 손, 발바닥, 입술, 귀두를 제외한 전신의 모든 피부에 분포하고 있으며 손상되고 나면 재생할 수 없음

㉢ 모 구
  • 모낭의 아래쪽에 전구 모양, 모발 성장에 관여함
  • 모기질 세포와 멜라닌 세포로 구성되며 표피의 배아층에 해당

㉣ 모유두
  • 영양분을 모세혈관으로부터 받아서 모모세포에 전달
  • 모구에 산소와 영양을 공급하여 모발의 발생과 성장을 도움
  • 주변에 모세혈관 및 감각신경이 분포되어 있음
  • 성장기에는 모낭과 붙어 있으나 휴지기에는 모낭과 분리

Tip

모낭의 형성

모낭은 모발 생성을 위한 기본 단위로서 피부의 함몰로 생긴 것이다. 모낭은 피부층을 뚫고 들어가 단단한 세포기능을 형성하는데 '전모아기 → 모아기 → 모항기 → 모구성 모항기 → 완성 모낭'의 다섯 단계를 통해 성장한다.

모유두의 기능 정지 및 퇴화요인

외부 요인으로 인해 모유두에 화상, 염증 등의 상처를 입거나 화학적 시술시에 과다한 과산화수소나 알칼리제의 사용 등으로 손상이 되면 탈모 증상을 일으킨다.

Ⓟ 모기질
- 모발형성의 주세포로 모유두를 덮고 있음
- 모발의 색을 나타내는 색소형성 세포가 있음
- 모유두에서 영양을 받아 세포분열 및 증식을 함

Ⓠ 모모세포(기저세포)
- 모유두를 둘러싸고 있음
- 세포분열이 왕성하게 일어나는 곳
- 모유두에 접한 부분으로 실질적으로 모발이 만들어짐
- 모발의 주성분이 되는 케라틴 단백질 생성

Ⓡ 색소 형성 세포

　모모세포에 위치하고 있으며, 모발의 색을 결정하는 멜라닌 색소를 생성

Ⓢ 피지선
- 모낭벽에 위치
- 피지를 분비하여 수분과 함께 엷은 막을 만들어 모발의 건조를 막고 윤기와 부드러움을 줌
- 모발 생성 과정에서 가장 먼저 생성
- 남성 호르몬과 관련 깊고 신경의 지배는 받지 않음
- 모발의 살균, 중화, 모표피의 보호 및 광택 기능을 함

Ⓣ 입모근(기모근)
- 스스로의 의지로 움직이지 않는 불수의근
- 교감신경에 의한 근육이 자율적으로 조절하여 수축시 털을 세움
- 수축시 모발을 수직으로 곤두세우며 피지 분비 촉진
- 눈썹, 속눈썹, 코 등에 존재하지 않음

Tip

불수의근

의지와는 관계없이 움직이는 근육으로 수의근에 대비되는 말이다. 내장벽을 이루는 근육 등이 불수의근에 속한다. 불수의근은 자율신경의 지배를 받으며 일반적으로 수의근에 비해 운동 속도가 늦고 호르몬이나 신경의 조절 또는 긴장 상태의 변화에 따라 움직인다.

ⓩ 소한선
- 전신에 고르게 분포
- 머리, 겨드랑이, 손바닥 등의 부위에 많이 있음
- 모낭과 연결되어 있지 않음
- pH 4.0~5.0의 약산성이며 무색무취의 땀이 분비됨

㉠ 대한선
- 겨드랑이, 음부 등 한정된 부위에 존재
- 모낭과 연결되어 있어 피부 표면과 연결되어 점액질의 땀을 분비
- 액취증의 주원인

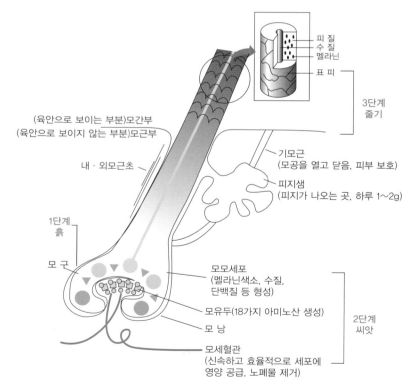

모근부, 모간부의 구조

(1) 모발의 성장주기(모주기)

① 사람의 모발은 한 가닥마다 각기 성장기, 퇴행기, 휴지기라는 3단계의 일정한 시기를 거친다.

② 이를 헤어 사이클 또는 모주기라고 한다.

성장기	• 전체 모발의 85~90% • 모발이 계속 자라는 시기로 모낭의 기저부위에서 모모세포 분열이 활발함 • 평균 성장기 3~5년
퇴행기	• 전체 모발의 1~2% • 성장기가 끝나고 모발의 형태를 유지하면서 모유두가 모구부에서 분리되어 대사 과정이 느려지는 시기로 모발이 천천히 성장 • 세포분열이 정지 상태로 더 이상 케라틴을 만들어 내지 않음 • 약 1~2개월 진행
휴지기	• 전체 모발의 10~15% • 세포분열이 감소하다가 완전히 멈추는 상태 • 모낭에서 모유두가 완전히 분리되어 모낭이 쪼그라들고, 모근이 위쪽으로 밀려 올라가 모발이 빠지는 시기 • 약 2~3개월 진행
발생기	• 모구와 모유두에서 새로운 모발을 형성하면서 기존의 모발을 밀어 올려 털이 빠져나가도록 하는 시기

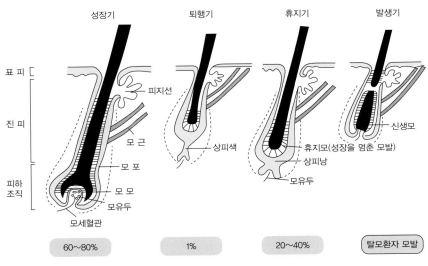

모발의 성장주기

(2) 모발과 호르몬

호르몬	작용
안드로겐	• 안드로겐 농도가 증가하면 모낭은 그 모낭의 유전 정보의 통제하에서 더 많은 모낭이 종모가 되도록 자극함 • 남성의 턱수염과 코 밑 수염은 안드로겐에 의존하여 성장 • 안드로겐은 이마와 정수리 부위의 털에는 종모 → 솜털로 바꾸어 남성형 탈모를 유발함
코티솔	• 휴지기에서 생장기로의 시작을 방해함 • 머리털과 몸의 털 모두 성장 억제 효과가 있음
에스트로겐 (여성호르몬)	• 모낭의 활동 시작을 지연시킴 • 생장기 모발의 성장 속도를 늦춤 • 생장기간을 연장시킴 • 머리털과 몸의 털에서 성장 억제 효과가 있음
프로게스테론 (여성의 항체 호르몬)	• 모발 성장에 대한 직접적인 영향은 경미함
갑상선 호르몬	• 모낭 활동을 촉진 • 휴지기에서 생장기로 전환을 유도함 • 머리털과 몸의 털 모두 성장 촉진 효과가 있음
뇌하수체 호르몬	• 뇌하수체 기능 감소증에서 모발 성장이 감소됨

---

05 탈 모

(1) 탈모의 원인과 분류

① 탈모는 모발 생성 장애, 내인성 요인에 의한 증상이다.

② 탈모의 분류

원형 탈모증	• 신경성 탈모증상으로서 원인은 대체로 자가 면역기전임 • 원형 탈모증은 모낭과 조갑을 침범하는 염증성 질환 • 동전처럼 원의 모양으로 털이 빠지며 경계가 뚜렷함 • 두피 외 수염, 눈썹, 기타 부위에서도 나타남
남성형 탈모증	• 머리의 앞부분과 중심부위에 진행성으로 광범위한 탈모를 보임 • 주로 남성에게서 발생
여성형 탈모증	• 측두 부위가 남성들보다 덜 빠지고 두정 부위에서 균등하게 탈모 • 호르몬 균형이 깨지면서 안드로겐이 과다해져 탈모증세가 나타남
결절성 탈모증	• 모발을 세게 묶거나 당겨서 약해진 모근으로 인해 일어나는 탈모증
접촉성 피부염에 의한 탈모증	• 피부에 접촉해 있는 화학적 제품 등으로 피부염이 발생하며 염증이 심해져 생기는 탈모 증상

지루성 및 비강성 탈모증	• 지루성 및 비강성 탈모의 경우 두피의 피지 과다분비로 인해 발생하는 탈모증 • 비듬균으로 인한 염증과 피지막의 변성이 모공을 통하여 모근에 작용한 결과, 모모세포의 변화 로 성장기 모가 휴지기 모로 변한 것 • 남성 호르몬의 영향을 많이 받기 때문에 남성형 탈모증을 동반해 나타나는 경우가 많음

③ 모발의 결합구조

측쇄결합	• 시스틴결합 : 2분자 시스테인이 산화됨은 탈수를 동반한 반응에 의해 상호 S–S–로 결합한다. 모발의 물리적 · 화학적 성질에 대한 안정성을 높여주며 황을 함유한 단백질 특유의 측쇄결합으로 모발 케라 틴을 특징짓는다. • 이온결합 : 아미노산 사슬의 양전하와 음전하 사이의 결합으로 형성된다. 케라틴 섬유강도의 약 35% 정도 기여함으로써 산, 알칼리에 쉽게 파괴된다. • 수소결합 – 측쇄결합 속의 비공유결합인 수소결합은 물에 의해 절단되기 쉬운 –OH, –NH$_2$, –COOH 등의 친 수성 작용기가 물분자와 흡착되어 주쇄와 주쇄 사이를 넓혀 느슨한 그물 구조를 형성하며 부풀어 있다. – 두 원자 간의 전기음성도 차이가 크게 나면 양전하(+)와 음전하(–) 사이에 정전기적 인력에 크게 작용하여 분자 간에 수소결합이 형성된다. 그러나 수소결합은 화학결합보다는 분자 간의 힘이 훨 씬 약하다.
주쇄결합	• 펩타이드 결합 : –CO–NH–기의 펩타이드가 연결된 중합결합으로 모발 케라틴 내 3종류 아미노산 사 이에서 일어나는 결합력이다.

Tip

탈모방지 기능성 화장품의 주성분
탈모방지 화장품에는 덱스판테놀, 비오틴, 엘(L)–멘톨, 징크피리치온이 주로 사용된다.

멜라닌 : 피부와 모발의 색을 결정하는 색소

유멜라닌	• 갈색과 검정색 중합체 • 입자형 색소(흑색에서 적갈색까지의 어두운 색의 모발)
페오멜라닌	• 적색과 갈색 중합체 • 분사형 색소(적색에서 밝은 노란색까지의 밝은 색의 모발)

안심Touch

5
PART

공중보건 위생학

학
습
목
표

공중보건 및 공중보건학의 정의와 공중보건의 특성에 대하여 이해한다 .

공중보건의 목적 , 공중보건의 기능에 대하여 이해한다 .

공중보건학의 분야 , 공중보건학의 발전 , 공중보건의 과제에 대하여 이해한다 .

보건교육의 정의 및 보건교육의 원리에 대하여 이해한다 .

보건교육의 일반적 내용 등에 대하여 자세히 학습한다 .

공중위생관리법 기본사항에 대하여 숙지한다 .

PART 5 공중보건 위생학

01 공중보건의 이해

(1) 보건 · 공중보건 · 공중보건학의 정의

① 보건의 정의
- ㉠ 보건이란, 개인 및 가족의 건강을 유지 · 증진시키고, 건강 생활을 확립하기 위해 개인의 자율적인 노력을 이끌어 주면서 타율적으로 지원하는 것을 말한다.
- ㉡ 보건은 공중보건보다는 그 의미가 좁으며, 협의의 포괄적 공중보건을 의미한다.

② 공중보건의 정의
- ㉠ 공중보건이란, 공중의 보건, 즉 전 국민의 보건을 향상시키는 것이라 할 수 있다.
- ㉡ 세계보건기구(WHO)의 정의에 따르면, 공중보건이란 질병을 예방하고 건강을 유지 · 증진시킴으로써 육체적 · 정신적 능력을 발휘할 수 있게 하기 위한 과학적 지식을 사회의 조직적 노력으로 사람들에게 적용하는 기술이다.

③ 공중보건학의 정의
- ㉠ 공중보건학이란, 조직적인 지역사회의 노력을 통하여 질병을 예방하고 수명을 연장시키며, 신체적 · 정신적 효율을 증진시키는 기술이며 과학이다.
- ㉡ 보다 구체적으로 살펴보면 공중보건학이란 조직적인 지역사회의 노력에 의하여, 즉 환경위생관리, 감염병 관리, 개인위생에 관한 보건교육, 질병의 조기 발견과 예방적 치료를 할 수 있는 의료 및 간호 서비스의 조직화, 모든 사람들의 자기의 건강을 유지하는 데 적합한 생활수준을 보장받도록 사회제도를 발전시킴으로써 질병을 예방하고, 수명을 연장하며, 신체적 · 정신적 효율을 증진시키는 기술이며 과학이다.

Tip

공중보건의 특성
- 공중보건의 속성과 연구 방법은 적극적이고 포괄적이다.
- 예방의학이나 전통의학보다 개방적이며 진취적이다.

의료와 보건의료 정의
- 의료 : 질병을 치료하는 활동을 의미한다.
- 보건의료 : 질병을 예방하고 치료하는 활동을 의미한다.

(2) 공중보건의 목적

① 공중보건은 질병 예방, 수명 연장, 신체적·정신적 건강 및 효율의 증진을 목적으로 한다.

② 이러한 목적을 달성하기 위한 접근 방법으로 조직화된 지역사회의 노력을 제시하였고, 공중보건사업의 대상은 개인이 아닌 지역사회 주민이며, 공중보건사업을 수행하기 위해서는 보건교육을 통한 접근방법이 가장 중요하다.

③ 여기에서 지역사회란 일정한 지역에 거주하는 주민들로서 공동 의식을 갖고 상호 관련성이 있는 사람들의 집단이다.

(3) 공중보건의 기능

① 공중보건의 기능은 공중보건의 중심적 목적인 인구의 건강 향상을 성취하기 위하여 수행되어야 할 행동으로 이해된다.

② 이 행동은 기능을 범주화한 것으로 각국의 공중보건의 실적과 투자 소요의 평가 등에 도움을 준다.

③ 범미보건기구(Pan American Health Organization)는 미국의 질병관리본부(CDC), 세계보건기구(WHO) 등과 합동으로 연구를 수행하여 공중보건의 필수 기능을 다음과 같이 11개로 정하여 제시하고 있다.

ㄱ 건강 상태 모니터링과 분석

ㄴ 공중보건의 위험 요소와 위해를 줄 수 있는 인자에 대한 감독 및 연구

ㄷ 건강 증진

ㄹ 사회적 참여와 역량 강화

ㅁ 공중보건 관계 분야 간의 협력과 국가적 차원에서의 보건정책의 기획, 계획, 관리 능력 개발

ㅂ 공중보건규칙 제정과 준수

ㅅ 보건의료 서비스의 균등한 분배와 개선을 위한 평가

ㅇ 공중보건 인력 개발과 교육

ㅈ 개인과 인구집단의 보건 서비스의 질 관리

ㅊ 혁신적인 보건의료 문제해결 방안에 대한 연구, 개발 중 중재

ㅋ 응급 및 재난 상황에서 피해를 최소화하기 위한 대책 개발

(4) 공중보건의 분류

① **환경보건 분야** : 환경위생, 식품위생, 환경보전과 환경오염, 산업보건 등

② **질병관리 분야** : 역학, 감염병 관리, 기생충 질병관리, 만성 질병관리 등

③ **보건관리 분야** : 인구보건, 가족보건, 모자보건, 보건행정, 보건영양, 학교보건, 보건교육, 보건통계 등

④ **사회보장 분야** : 국민건강보험, 의료급여, 산업재해보상보험, 노인장기요양보험, 고용보험, 국민연금, 국민기초생활보장, 노인복지서비스 등

Tip

보건의료 서비스의 제공

건강 개념이 숙주, 외부 환경, 개인 행태 요인을 중요시하는 사회·생태학적으로 해석되고, 건강과 질병이 연속적으로 인식됨에 따라 이에 대한 건강관리에서도 질병의 자연사의 각 단계인 건강한 상태부터 질병, 회복의 모든 상태에 대하여 대처하는 포괄적인 보건의료 서비스가 제공되어야 한다.

(5) 공중보건의 특성 및 대상

① 공중보건은 예방 의학이나 전통 의학보다 개방적이고 진취적이며, 공중보건의 속성과 연구 방법은 적극적이고 포괄적이다.

② 공중보건학의 대상은 지역사회의 인간집단−지역사회의 건강을 통해서 개인의 건강을 확보하려는 사회의학을 말한다.

③ 공중보건 서비스의 특성

　㉠ 공중보건은 주로 국민의 세금으로 정부 조직이나 공공 보건기관을 통해 서비스를 제공하여 목적을 달성한다.

　㉡ 공중보건 서비스, 공공 보건의료 서비스는 효율성, 지속성, 포괄성, 접근성, 공공 재화, 공공성의 특성을 갖는다.

④ 공중보건학의 특성

　㉠ 공중보건학의 연구 대상, 중점 사항, 진단 방법 등에 따른 특성 분류

　　• 첫째, 공중보건학은 지역사회의 주민을 그 대상으로 한다.

　　• 둘째, 공중보건학은 질병 예방에 중점을 둔다.

　　• 셋째, 건강 상태를 진단하는 방법에서 공중보건학은 지역사회의 보통 사망률, 질병 이환율, 의료 이용률 등의 보건 통계자료를 이용하여 진단한다.

　　• 넷째, 공중보건학은 보건교육, 감염병 관리, 환경위생, 영양 관리 등의 보건환경 관리와 서비스를 통하여 지역사회의 보건문제를 해결한다.

⑤ 공중보건의 대상

　㉠ 지역사회 주민 또는 국민 전체, 나아가서 인류를 대상으로 한다.

　㉡ 공중보건사업의 대상은 그 최소 단위가 지역사회이다.

　㉢ 공중보건은 국민 개개인을 대상으로 하는 사업이 아니다.

(6) 보건지표

① **건강 지표** : 세계보건기구가 제시한 개인이나 인구 집단의 건강 수준을 수량적으로 나타내는 지표

② **국가의 보건 수준 비교시 이용되는 3대 지표** : 평균수명, 비례사망지수, 영아사망률

③ 나라 간 건강 수준을 비교하는 지표 : 평균수명, 비례사망지수, 조사망률 등

평균수명	사람이 앞으로 평균적으로 몇 년을 살 수 있는지에 대한 기대치
비례사망지수	50세 이상의 사망자 수의 비율, 보건 수준을 나타내는 지표
보통사망률(조사망률)	인구 1,000명당 1년간의 발생 사망자 수를 표시하는 비율
영아사망률	출생한 1,000명에 대한 생후 1년 미만의 사망 영아 수, 국가나 지역 사회의 보건 수준을 나타내는 대표적인 지표

02 보건교육

(1) 보건교육의 정의

① 보건교육이란, 지역사회 간호 업무 중 가장 포괄적이고 중요한 것으로, 인간이 건강을 유지 · 증진하고 질병을 예방함으로써 적정 기능 수준의 건강을 향상 · 유지하는 데 필요한 지식, 태도, 습성(실천, 행동) 등을 바람직한 방향으로 변화시키는 것이다.

② 즉, 교육과정을 통해 더 나은 육체적 · 정신적인 건강을 유지하고 더 나아가서 사회적 안녕을 유지하도록 도와주는 것이라고 할 수 있다.

③ 일반적으로 보건교육에 대한 개념을 고찰한 결과, 보건교육이란 단순히 지식을 전달하거나 가지고 있는 데 그치는 것이 아니라 건강을 자기 스스로 지켜야 한다는 태도를 가지고 건강에 올바른 행동을 일상생활에서 습관화하도록 돕는 교육과정이라고 할 수 있다.

④ 따라서 보건교육은 건강증진을 실현하는 중요 수단으로서 건강증진의 일부에 포함된다고 볼 수 있다.

⑤ 예를 들어, 음주를 하거나 담배를 피우는 성인에게는 절주의 인식 습득과 절주에 관련한 정보 제공, 금연의 인식 습득과 금연에 관련한 정보 제공 등의 절주 및 금연 보건 교육을 실시한다.

(2) 보건교육의 목적

① 보건교육을 통하여 지역사회 구성원 구성원 스스로 건강문제를 해결할 수 있는 능력, 즉 건강 문제의 인식 및 실천을 갖도록 하는 데 있으며, 질병 발생 전의 예방이 우선되어야 한다.

② 질병 예방 → 건강의 유지와 증진 → 건강문제 관리(행동과 태도의 변화) → 질병 유발인자의 제거 및 개선

Tip

세계보건기구(WHO)에서 제시한 보건교육의 기본 목적
- 개인이나 집단이 자신의 건강을 스스로 관리할 수 있는 능력을 갖도록 돕는다.
- 지역사회 구성원의 건강은 중요한 자산임을 인식하게 한다.
- 지역사회가 자신들의 건강문제를 인식하고 해결함으로써 지역사회 건강을 증진시키도록 한다. 여기에는 지역 사회 건강 자원을 적절하게 활용할 수 있고 이에 따라 건강 문제 해결이 쉽도록 지역사회 자원의 개발이 촉진 될 수 있도록 하는 것도 포함된다.

「국민건강증진법」 시행령(21. 6. 30. 시행)에 제시된 보건교육 내용
- 금연 · 절주 등 건강생활의 실천에 관한 사항
- 만성퇴행성질환 등 질병의 예방에 관한 사항
- 영양 및 식생활에 관한 사항
- 구강건강에 관한 사항
- 공중위생에 관한 사항
- 건강증진을 위한 체육활동에 관한 사항
- 기타 건강증진사업에 관한 사항

미국보건교육전문가위원회의 보건교육사의 역할
- 건강 정보 수집 및 분석가
- 프로그램 기획자
- 교육 방법 개발자
- 교육 자료 개발자
- 건강 홍보 관리자
- 보건교육 및 건강 증진 프로그램 수행자
- 보건교육 및 프로그램 효과 평가자
- 보건교육 및 건강 증진 교육 서비스 조정자
- 건강 정보 보관 및 관리자
- 보건의료인 보수교육자

보건교육을 통한 질병 예방과 건강 문제 관리
- 질병 예방 : 보건교육을 통한 질병 예방은 질병이나 환경적 위험 등과 같이 건강을 위협한다고 규명된 것이 있 을 때 이러한 불건강 문제를 예방하기 위해 위험요소를 변화시키는 것으로 개인, 가족, 지역사회 내에서 특정한 질병이나 장애, 불구가 발생하는 것을 줄이기 위한 직접적인 활동을 말한다.
- 건강문제 관리 : 보건교육을 통한 건강문제 관리는 건강문제를 가진 상황에서 심각성 정도를 감소시켜서 개인 으로 하여금 빨리 정상적인 기능을 수행할 수 있도록 돕는 것을 말한다.

(3) 보건교육 계획

세계보건기구(WHO) 보건교육 전문위원회에서는 보건교육의 계획과 추진에 지침이 되는 원칙을 다음과 같이 제시하고 있다.

① 보건교육의 계획은 보건사업 전체의 일부분으로 수행되어야 한다.

② 대상 지역사회나 대상 주민에 대한 예비조사를 시행한다. 특히 주민의 희망사항이 무엇인지에 대한 파악이 중요하다.

③ 대상 주민의 문화적 배경, 즉 종교, 전통, 습관, 행동, 규범 등에 대한 이해가 필요하다.

④ 대상 주민과 함께 계획하고, 필요한 인적·물적 자원을 조사한다.

⑤ 대상 주민의 실정에 맞는 보건교육을 실시한다.

⑥ 실제 보건교육을 실시하기 전에 소규모로 연습을 해 본다.

⑦ 보건 관계 직원과 그 밖의 다른 요원 사이에 서로 팀워크를 이루도록 한다.

⑧ 보건 관계 요원은 교육의 방법, 매체의 사용법을 충분히 알고 있어야 한다.

⑨ 필요한 경비는 우선순위에 따라 배정하도록 한다.

⑩ 보건교육 전문가의 지도를 받는다.

⑪ 보건교육 후 반드시 사업에 대한 평가를 실시하고, 그 평가를 토대로 하여 재계획을 수립한다.

Tip

정신보건학의 목적
- 정신 장애 예방
- 건전한 정신 기능을 유지하고 증진
- 정신적 장애를 조기 치료
- 치료자를 사회생활로 복귀

정신 장애

선천적	정신 결함(지적 장애)
후천적	정신 질환 • 신경증(심리적 불안 장애) • 정신병증(정신 분열, 환각, 망상 등)

정신 장애의 원인
- 유전적
- 심리적
- 사회적
- 신체적
- 그 외 복합적 요인

03 질병과 질병 관리

(1) 역학과 역학조사

① 역학 : 인간 집단을 대상으로 질병의 발생·분포 및 유행 경향을 밝히고 그 원인을 규명하여 질병 관리와 예방 대책을 수립하는 학문
② 역학조사시 고려사항
　ⓐ 질병의 분포
　ⓑ 질병의 결정 요인
　ⓒ 질병 발생 빈도 측정

(2) 질병 발생 요인

① 숙주적 요인

생물학적 요인	선천적 요인	성별, 연령, 유전 등
	후천적 요인	영양상태
사회적 요인	경제적 요인	직업, 거주환경, 작업환경
	생활양식	흡연, 음주, 운동

② 병인적 요인

생물학적 병인	세균, 곰팡이, 기생충, 바이러스 등
물리적 병인	열, 햇빛, 온도 등
화학적 병인	농약, 화학약품 등
정신적 병인	스트레스, 노이로제 등

③ 환경적 요인
기상, 계절, 매개물, 사회환경, 경제적 수준 등

(3) 질병의 원인

① 클라스(F.G. Clark)와 고든(J. Gordon)은 역학적 견지에서 병원체, 숙주, 환경 세 요인의 상호작용에 의하여 질병이 발생한다고 하였다.
② 병원체 요인 : 질병 발생의 직접적인 원인이 되는 요소이다.

정신적	정신질환, 스트레스, 고혈압, 신경성 두통, 소화 불량 등
생물학적	세균, 박테리아, 바이러스 등 감염성 병원체
화학적	중금속, 화학약품, 물·음식 오염과 관계가 있는 유해가스 등
물리적	온도, 습도, 방사선, 외상, 화상, 동상, 온열, 암 등

③ 숙주 요인 : 병원체 요인에 의해 침범을 받아도 이에 대한 반응은 사람에 따라 다르게 나타난다.

④ 환경 요인 : 병원과 숙주 간에 매개 역할을 하거나 이들에게 영향을 주는 요소이다.

생물학적 환경	매개 곤충, 매개 동물 등
물리화학적 환경	지형, 기후, 상하수도, 계절, 화학물질 등
사회문화적 환경	생활 관습, 위생 상태의 차이, 전쟁, 불경기 등
경제적 환경	직업, 경제 상태 등

(4) 감염 경로

병 인	병원체, 병원소
숙 주	숙주의 감수성, 면역
환 경	숙주의 감수성, 면역

(5) 병원체의 종류와 감염

바이러스	일본 뇌염, 인플루엔자, 수두, 홍역, 유행성 간염, 소아마비 등
세 균	세균성 이질, 장티푸스, 콜레라, 페스트, 결핵 등
원충류	말라리아, 아메바성 이질, 아프리카 수면병
기생충	회충, 구충, 선모충, 조충류
리케차	발진티푸스, 발진열
곰팡이	무좀, 버짐, 부스럼

04 감수성과 면역

(1) 감수성

① **감수성의 의미** : 감수성은 숙주에 침입한 병원체에 대항하여 감염이나 발병을 저지할 수 없는 상태를 말한다. 즉, 질병이 발생하기 쉬운 상태를 말하는데 이는 숙주의 성, 연령, 영양 상태, 유전적 소인, 면역 상태에 따라 좌우된다.

② **감수성의 특징**

　㉠ 남성은 일반적으로 여성에 비해 흡연과 음주의 양이 훨씬 많고, 위험한 직업 등으로 인해 나쁜 환경에 더 노출되어 있기 때문에 여성에 비해 대부분의 질병에 대한 감수성이 높다.

　㉡ 영양 상태가 좋지 않은 개발도상국에서는 홍역에 의한 사망률이 5%인 데 반해, 선진국에서는 0.02%이다.

(2) 면 역

① **면역의 의의** : 외부로부터 이물질이 생체 내로 침입하였을 때 생체를 특별히 보호하는 작용

② **면역 반응의 특징** : 특이성 면역 반응, 기억 현상, 자기 관용성, 협조 현상

③ **면역의 종류**

　㉠ 선천면역 : 자연면역이라고도 하며, 인체가 어떠한 면역에도 일체 접촉이 없었음에도 불구하고 체내에 자연적으로 형성된 면역 반응을 말한다. 여기에는 종족면역, 인종면역, 저항력의 개인차가 있다.

　㉡ 후천면역 : 획득면역이라고도 하며, 이물질에 대하여 선천면역이 없는 경우에는 인위적으로 적응을 시켜서 후천적으로 면역력이 형성되게 한다. 후천면역은 능동면역과 수동면역으로 나눈다.

선천면역	종, 인종, 민족, 개인의 특성	
후천면역	**능동면역**	• 자연 능동면역 : 감염 후 면역 획득 • 인공 능동면역 : 예방접종 후 면역 획득
	수동면역	• 자연 수동면역 : 태반으로부터 면역 획득 • 인공 수동면역 : 다른 사람의 혈청 또는 감마 글로불린 주사

Tip

면역의 종류와 예

선천면역			종족 간 면역 및 개인 간 면역의 차이	
후천면역	능동면역	자연 능동면역	홍역, 장티푸스 등	
		인공 능동면역	백 신	BCG, 홍역, 폴리오, 장티푸스 등
			톡소이드	파상풍, 디프레리아
	수동면역	자연 수동면역	경태반 면역(폴리오, 홍역, 디프테리아)	
		인공 수동면역	면역 혈청, 감마글로불린, 항독소 등	

수동면역의 특징
• 수동면역은 능동면역보다 효력이 빨리 나타나서 빨리 사라진다.
• 인공수동면역은 예방접종이 되어 있지 않은 지역에 감염병이 퍼지기 시작하였을 때 면역 획득 방법으로 가장 좋다.

(3) 피부의 면역 체계

① 항원 : 면역계를 자극하여 항체 형성 유도, 면역 반응을 유발시키는 이물질이나 면역원을 말한다.

② 항체 : 혈액에서 형성된 당단백질, 혈액과 림프에 저장되어 있으며 면역 반응이 일어나는 부위로 이동한다.

③ 림프구 : 항체를 형성하여 감염에 저항한다. 골수에서 유래되며, B림프구와 T림프구의 상호작용이 일어난다.

B림프구	면역 글로불린, 독소와 바이러스를 중화, 세균을 죽이는 면역 기능 수행
T림프구	혈액 내 림프구의 90% 구성, 항원을 직접 공격하여 파괴, 세포성 면역 반응을 유도

④ 식세포 : 미생물이나 이물질을 잡아먹는 식균 작용을 하는 세포의 총칭으로, 체내 1차 방어계를 뚫고 들어온 이물질을 제거한다.

05 보건행정과 다양한 보건

(1) 보건행정

① 보건행정의 정의

㉠ 공중의 건강의 유지, 증진을 위하여 행하는 공중의 보건에 관한 행정

㉡ 사회 복지를 위하여 공적 또는 사적 기관이 공중보건의 원리와 기법을 응용하는 것

② 보건행정의 특징

공공성 및 사회성	공공복지 증진
봉사성	공공기관의 적극적인 서비스
조장성 및 교육성	지역 주민의 교육 및 참여로 목표 달성
과학성 및 기술성	의료과학, 행정 기술 바탕
합리성	최소 비용, 최대 목표 달성

③ 세계보건기구가 규정한 보건행정 범위

㉠ 보건 관련 기록 자료 보존

㉡ 공중보건 교육

㉢ 환경 위생

㉣ 감염병 관리

㉤ 모자 보건

㉥ 의료, 의료 서비스

㉦ 보건 간호

④ 사회보장 : 질병, 노령, 장애, 실업, 사망 등의 사회적 위험으로부터 모든 국민을 보호하고, 빈곤을 해소하며, 국민 생활의 질을 향상시키기 위하여 제공되는 사회 보험, 공공부조, 공공 서비스 등을 의미한다.

⑤ 국제 보건기구

세계보건기구(WHO)	국제 연합 산하의 전문기관으로 모든 인류의 최고 건강 수준 달성을 목적으로 1948년 4월에 설립
유엔아동기금(UNICEF)	원조 물품을 접수하여 필요한 국가에 원조하고, 정당한 분배와 이용을 확인하며 특히 모자 보건 향상에 기여
유엔식량농업기구(FAO)	인류의 영양 기준 및 생활 향상을 목적으로 설치된 기구

(2) 산업보건과 직업병

① 산업보건의 개념

세계보건기구(WHO), 국제노동기구(ILO)가 규정하기를, 모든 산업장의 근로자들이 정신적 · 육체적 · 사회적으로 최상의 안녕 상태를 유지 및 증진하기 위해 작업 조건으로 인한 질병을 예방하며, 건

강에 유해한 작업 조건으로부터 근로자들을 보호하고 정서적·생리적으로 알맞은 작업 조건에서 일하도록 배치하는 것

② 사업장의 환경 관리

    ㉠ 노동 조건의 합리적인 선정으로 건강 상태 유지

    ㉡ 근로자의 정신적, 육체적 및 사회적 복지를 증진

    ㉢ 적성에 맞는 직업에 종사함으로써 작업 능률 향상

    ㉣ 사고 예방

③ 산업 재해

업무에 관계되는 건설물, 설비, 원재료, 가스, 증기, 분진 등 예기치 않게 발생하는 인명피해 및 재산상의 손실을 의미한다.

환경적 요인	• 시설 미비, 공기구·기계 불량 • 안전장치 미비, 과도한 작업량 • 불량한 작업 환경, 작업장의 정리·정돈 태만
인적 요인	• 관리적 요인(작업 미숙) • 생리적 요인(피로, 수면 부족, 음주, 질병 등) • 심리적 요인(갈등, 착오, 안전불감증, 무기력 등)

④ 주요 직업병

기압 이상 장애	고기압 : 잠수병(잠함병), 저기압 : 고산병(항공병)
진동 이상 장애	레이노 증후군(Raynaud's Phenomenon)
분진 작업 장애	진폐증(규서 폐증) : 유리 규산, 석면 폐증
저온 작업 장애	참호족, 동상
소음 작업 장애	소음성 난청(직업성 난청)
중독에 의한 장애	납·수은·비소·카드뮴·크롬 중독 등

(3) 환경보건과 수질 오염

① 환경보건의 개념 : 인간의 신체 발육, 건강 및 생존에 유해한 영향을 미치거나 미칠 가능성이 있는 인간의 물리적 생활 환경에 있어서 모든 요소를 조절하는 것(WHO)

② 자연 환경의 적정 조건

기 온	대기의 온도, 적절한 실내 온도 약 18℃
습 도	공기 중에 있는 습기(대기 중의 수증기량), 18~20℃에서 60~70%의 습도가 쾌적
기 류	바람(기압과 기온의 차이로 형성), 최적 기류는 기온 18℃ 내외, 기습 40~70%, 실내 0.2~0.5m/sec

③ 수질 오염의 지표

생화학적 산소 요구량(BOD)	하수 오염의 지표, 물속의 유기 물질을 미생물이 산화 · 분해하여 안정화시키는 데 필요로 하는 산소량(BOD가 높을수록 오염)
용존 산소(DO)	물속에 녹아 있는 유기 산소량(BOD가 높으면 DO는 낮음)
화학적 산소 요구량(COD)	물속 유기 물질의 오염된 양에 상당하는 산소량
부유 물질(SS)	물에 용해되지 않는 물질

(4) 가족보건

① 가족계획
  ㉠ 계획적인 가족 형성
  ㉡ 모자 보건 향상, 경제생활 향상, 양육 능력 조절, 여성 인권 존중을 위해 필요
② 모자보건
  ㉠ 모성의 건강 유지와 육아에 대한 기술 터득
  ㉡ 정상적 자녀 출산
  ㉢ 예측 가능한 사고나 질환, 기형을 예방
  ㉣ 모성의 생명과 건강을 보호
③ 노인보건
  ㉠ 정의 : 노인(연령 만 65세 이상)에 관한 보건에 대해 다루는 분야
  ㉡ 노화의 특성

보편성	모두에게 동일
점진성	나이가 증가함에 따라
내인성	내적 변화
쇠퇴성	사망의 상태에 이름

  ㉢ 노인보건의 중요성
    • 평균수명이 늘어남에 따라 노인 인구 증가
    • 노화 기전이나 유전적 조절 등에 관심 증가
    • 노인성 질환은 장기적 치료가 필요함에 따라 의료비 증가
    • 노인 부양 부담 증가에 따른 갈등 최소화
    • 노인 질병 예방 및 건강 증진
      – 생활의 질 저하 예방
      – 가족 구성원의 생활과 경제적 지지체계의 붕괴 예방

1차 예방	예방접종(인플루엔자, B형 간염, 대상포진 등), 상담을 통한 음주, 흡연량, 치아 검사, 우울증, 영양 상태, 운동량 등을 체크
2차 예방	선별, 치료
3차 예방	노인 재활, 독립성 되찾기

(1) 공중위생의 목적과 공중위생영업

① 공중위생의 목적 : 공중이 이용하는 영업의 위생관리 등에 관한 사항을 규정함으로써 위생 수준을 향상시켜 국민의 건강 증진에 기여
② 공중위생영업 : 다수인을 대상으로 위생관리 서비스를 제공하는 영업(숙박업, 목욕장업, 이용업, 미용업, 세탁업, 건물위생관리업 등을 의미)

(2) 이·미용 안전관리

① 이·미용 안전사고
 ㉠ 사고의 정의
  • 상해인 것을 알 수 있는 예기치 못한 사건(WHO)
  • 사람을 사망이나 부상을 입게 하거나 재산에 손실을 주는 예기치 못한 사건(미국안전협회)
 ㉡ 이·미용 안전사고 및 응급 처치

기기에 의한 화상	• 물로 세척 후 깨끗한 수건으로 화상 부위 도포 • 화상으로 인해 생긴 물집은 터트리지 않음 • 손가락, 발가락에 화상을 입었을 시 달라붙지 않도록 떨어뜨림 • 전신 화상일 경우 옷을 억지로 벗기지 말고 냉찜질하고 병원으로 후송 • 화상 부위는 심장보다 높게 함
화학 약품으로 인한 호흡 곤란	• 화학 물질 사용시 환기팬 가동 • 문을 열어 오염된 공기 제거 • 오염된 손은 깨끗이 세척 • 필요시 마스크 착용, 보호 안경 착용
커트 과정 중 자상 출혈	• 소독된 거즈로 상처 부위를 지혈, 압박 • 상처 부위 청결
눈과 귀 등의 이물질	• 눈 : 식염수를 이용해 세척, 깨끗한 물속에서 세척, 제거할 수 없을 경우 병원으로 후송 • 귀 : 벌레가 들어간 경우 밝은 빛을 비추거나 미지근한 물을 넣어 줌
감 전	• 전기로부터 감전자를 분리 • 호흡하지 않을 경우 인공호흡 실시 • 병원 후송 • 전기 기구의 피복 손상, 먼지, 누전 차단기 등을 정기적으로 확인
골 절	• 골절 위치에 부목을 대고 외형상 변형이 오지 않게 처치 • 전문의에게 이송

② 이 · 미용사의 업무
  ㉠ 이 · 미용 종사 기능사
    • 이용사 또는 미용사 면허를 받은 자
    • 이용사 또는 미용사의 감독을 받아 이용 또는 미용 업무의 보조를 하는 경우
  ㉡ 미용사의 업무 범위

종합면허	일반(미용사), 피부, 네일, 메이크업
미용사 일반	펌, 커트, 드라이, 염색, 샴푸, 두피, 의료기기나 의약품을 사용하지 아니하는 눈썹 손질
피 부	의료기기나 의약품을 사용하지 아니하는 피부상태 분석, 피부관리, 림프 관리, 왁싱 등
메이크업	얼굴 등 신체의 화장, 분장 및 의료기기나 의약품을 사용하지 아니하는 눈썹 손질
네 일	손톱과 발톱 정리 및 손질

  ㉢ 영업소 외에서의 이 · 미용 업무
    • 질병 및 그 밖의 사유로 영업소에 나올 수 없는 자에 대해 미용을 하는 경우
    • 혼례 기타 의식에 참여하는 자에 대해 그 의식 직전에 미용을 하는 경우
    • 사회복지시설에서 봉사활동으로 미용을 하는 경우
    • 방송 등의 촬영에 참여하는 사람에 대하여 그 촬영 직전에 미용을 하는 경우
    • 특별한 사정이 있다고 시장 · 군수 · 구청장이 인정하는 경우
③ 이 · 미용사의 면허
  ㉠ 이 · 미용사의 면허 발급 등
    • 보건복지부령이 정하는 바에 의하여 시장 · 군수 · 구청장의 면허를 받아야 함
    • 면허를 받을 수 없는 경우 : 피성년후견인, 정신질환자, 감염병 환자, 마약 등 약물 중독자, 면허가 취소된 후 1년이 경과되지 아니한 자
  ㉡ 이 · 미용사의 면허 취소 등
    • 시장 · 군수 · 구청장이 면허를 취소하거나 6월 이내의 기간을 정하여 그 면허의 정지를 명할 수 있는 경우
    • 피성년후견인, 마약, 기타 대통령령으로 정하는 약물 중독자에 해당하게 된 때
    • 면허증을 다른 사람에게 대여한 때
    • 자격이 취소된 때
    • 이중으로 면허를 취득한 때(나중에 발급받은 면허)
    • 면허정지처분을 받고도 그 정지기간 중에 업무를 할 때
    • 「성매매알선 등 행위의 처벌에 관한 법률」이나 「풍속영업의 규제에 관한 법률」을 위반하여 관계 행정기관의 장으로부터 그 사실을 통보받을 때
    • 면허 취소 · 정지 처분의 세부적인 기준은 그 처분의 사유와 위반의 정도 등을 감안하여 보건복지부령으로 정함

ⓒ 면허증의 반납
- 면허가 취소되거나 면허의 정지 명령을 받은 자는 지체없이 관할 시장 · 군수 · 구청장에게 면허증을 반납하여야 함
- 면허의 정지 명령을 받은 자가 반납한 면허증은 그 면허정지 기간 동안 관할 시장 · 군수 · 구청장이 이를 보관하여야 함

④ 영업자 위생관리 의무
ⓐ 의료 기구와 의약품을 사용하지 아니하는 순수한 화장 또는 피부 미용을 할 것
ⓑ 미용 기구는 소독을 한 기구와 소독을 하지 아니한 기구로 분리하여 보관할 것
ⓒ 면도기는 1회용 면도날만을 손님 1인에 한하여 사용할 것
ⓓ 미용사 면허증을 영업소 안에 게시할 것

(3) 영업의 신고 및 폐업

① **공중위생영업의 신고** : 시장 · 군수 · 구청장에게 영업 시설 및 설비 개요서, 교육필증, 면허증 원본을 제출해야 함
② **변경신고 해당사항** : 영업소의 명칭 또는 상호, 영업소의 소재지, 신고한 영업장 면접의 1/3 이상의 증감, 대표자의 성명 또는 생년월일, 미용업 업종 간 변경
③ **공중위생영업의 폐업 신고** : 공중위생영업을 폐업한 날부터 20일 이내, 신고서를 시장 · 군수 · 구청장에게 제출
④ **영업의 승계** : 이용업 또는 미용업의 경우에는 면허를 소지한 자에 한하여 공중위생영업자의 지위를 승계, 지위를 승계한 자는 1월 이내에 보건복지부령이 정하는 바에 따라 시장 · 군수 또는 구청장에게 신고해야 함

07 행정지도 및 감독

(1) 행정지도

① 영업소 출입 검사

　㉠ 특별시장·광역시장·도지사 또는 시장·군수·구청장은 공중위생관리상 필요하다고 인정하는 때에는 공중위생영업자 및 공중 이용 시설의 소유자 등에 대하여 필요한 보고를 하게 하거나 소속 공무원으로 하여금 공중위생영업 장부나 서류를 열람하게 할 수 있음

　㉡ 관계 공무원은 그 권한을 표시하는 증표를 지녀야 하며, 관계인에게 이를 내보여야 함

② 영업 제한 : 시·도지사는 공익상 또는 선량한 풍속을 유지하기 위하여 필요하다고 인정하는 때에는 영업 시간 및 영업 행위에 필요한 제한이 가능

③ 영업소 폐쇄

　㉠ 시장·군수·구청장은 공중위생영업자가 명령에 위반하거나 또는 관계 행정 기관의 장의 요청이 있는 때에는 6월 이내의 기간을 정하여 영업의 정지 또는 일부 시설의 사용 중지를 명하거나 영업소 폐쇄 등을 명할 수 있음

　㉡ 영업의 정지, 일부 시설의 사용 중지와 영업소 폐쇄 명령 등의 세부적인 기준은 보건복지부령으로 정함

　㉢ 폐쇄 명령을 받고도 계속하여 영업을 하는 때에는 관계 공무원으로 하여금 영업소의 간판이나 기타 영업 표지물 제거, 위법 영업소임을 알리는 게시물 등의 부착, 영업에 필요한 기구나 시설물을 사용할 수 없게 하는 봉인을 할 수 있음

(2) 공중위생감시원

① 임명 : 특별시장·광역시장·도지사 또는 시장·군수·구청장이 소속 공무원 중에서 임명

② 자격 : 다음 자격자만으로 수급이 곤란할 때는 교육 훈련 2주 이상 수료자를 공중위생행정에 종사하는 기간 공중위생감시원으로 임명할 수 있음

　㉠ 위생사 또는 환경기사 2급 이상의 자격증이 있는 자

　㉡ 대학에서 화학, 화공학, 환경공학 또는 위생학 분야를 전공하고 졸업한 자 또는 이와 동등 이상의 자격이 있는 자

　㉢ 외국에서 위생사 또는 환경기사의 면허를 받은 자

　㉣ 1년 이상 공중위생행정에 종사한 경력이 있는 자

③ 명예 공중위생감시원은 시·도지사가 다음에 해당하는 자 중에서 위촉

　㉠ 공중위생에 대한 지식과 관심이 있는 자

　㉡ 소비자 단체, 공중위생관련 협회 또는 단체의 소속 직원 중에서 당해 단체 등의 장이 추천하는 자

(3) 업소 위생등급

① 구분 : 최우수 업소(녹색), 우수 업소(황색), 일반 관리 대상 업소(백색)

② 주요 내용

 ㉠ 위생 평가 후 결과를 영업자에게 통보, 이를 공표해야 함

 ㉡ 시ㆍ도지사 또는 시장ㆍ군수ㆍ구청장은 위생 서비스 평가의 결과 위생 서비스의 수준이 우수하다고 인정되는 영업소에 대하여 포상을 실시할 수 있음

 ㉢ 영업소에 대한 출입ㆍ검사와 위생 감시의 실시 주기 및 횟수 등 위생관리 등급별 위생 감시 기준은 보건복지부령으로 정함

③ 영업자 위생 교육

 ㉠ 매년, 3시간(교육 방법과 절차는 보건복지부령으로 정함)

 ㉡ 위생 교육 실시 단체의 장은 위생 교육을 수료한 자에게 수료증을 교부하고, 교육 실시 결과를 교육 후 1개월 이내에 시장ㆍ군수ㆍ구청장에게 통보하여야 하며, 수료증 교부 대장 등 교육에 관한 기록을 2년 이상 보관ㆍ관리하여야 함

(4) 벌 칙

① 1년 이하의 징역 또는 1천만원 이하의 벌금

 ㉠ 공중위생영업의 신고를 하지 아니한 자

 ㉡ 영업 정지 명령 또는 일부 시설의 사용 중지 명령을 받고도 그 기간 중에 영업을 하거나 그 시설을 사용한 자

 ㉢ 영업소 폐쇄 명령을 받고도 계속하여 영업을 한 자

② 6개월 이하의 징역 또는 500만원 이하의 벌금

 ㉠ 변경 신고를 하지 아니한 자

 ㉡ 공중위생영업자의 지위를 승계한 자로서 신고를 하지 아니한 자

 ㉢ 건전한 영업 질서를 위하여 공중위생영업자가 준수하여야 할 사항을 준수하지 아니한 자

③ 300만원 이하의 벌금

 ㉠ 면허가 취소된 후 계속하여 업무를 행한 자 또는 면허 정지 기간 중에 업무를 행한 자

 ㉡ 면허를 받지 아니하고 이용 또는 미용의 업무를 행한 자

(5) 과징금

① 대통령령으로 정한 행정법 위반에 대한 금전적 제제로, 시장ㆍ군수ㆍ구청장은 영업 정지가 이용자에게 심한 불편을 주거나 그 밖에 공익을 해할 우려가 있는 경우에는 영업 정지 처분에 갈음하여 3천만원 이하의 과징금을 부과할 수 있음

② 징수 절차

 ㉠ 과징금 납입 고지서에는 이의 제기 방법과 기간이 적혀 있어야 함

 ㉡ 과징금을 기일까지 납부하지 않은 경우 납기일이 경과한 날부터 15일 이내, 10일 이내의 납입 기한을 정해 독촉장을 발부해야 함

(6) 과태료

① 300만원 이하의 과태료
- ㉠ 공중위생관리상 필요하다고 인정해 보고를 요청했으나 보고를 하지 아니하거나 관계 공무원의 출입 · 검사 기타 조치를 거부 · 방해 또는 기피한 자
- ㉡ 개선 명령에 위반한 자
- ㉢ 이용업 신고를 아니하고 이용 업소 표시등을 설치한 자

② 200만원 이하의 과태료
- ㉠ 미용 업소의 위생관리 의무를 지키지 아니한 자
- ㉡ 영업소 외의 장소에서 이용 또는 미용 업무를 행한 자
- ㉢ 위생 교육을 받지 아니한 자

(7) 행정처분

① 미용사 면허에 관한 규정을 위반한 때

미용사 자격이 취소된 때	면허 취소
면허 정지 처분을 받고 그 정지 기간 중 업무를 행한 때	면허 취소
면허증을 다른 사람에게 대여한 때	1차 위반시 면허 정지 3개월, 2차 위반시 면허 정지 6개월, 3차 위반시 면허 취소

② 시설 및 설비 기준을 위반한 때
- ㉠ 1차 위반시 개선 명령
- ㉡ 2차 위반시 영업 정지 15일
- ㉢ 3차 위반시 영업 정지 1개월
- ㉣ 4차 위반시 영업장 폐쇄 명령

③ 소독한 기구와 하지 않은 기구를 구별 보관하지 않은 경우, 일회용 면도날을 재사용한 경우
- ㉠ 1차 위반시 경고
- ㉡ 2차 위반시 영업 정지 5일
- ㉢ 3차 위반시 영업 정지 10일
- ㉣ 4차 위반시 영업장 폐쇄 명령

④ 손님에게 성매매 등의 음란 행위를 알선 · 제공한 영업소
- ㉠ 1차 위반시 영업 정지 3개월
- ㉡ 2차 위반시 영업장 폐쇄 명령

⑤ 영업소 이외의 장소에서 업무를 행한 때, 손님에게 도박 및 사행 행위를 하게 한 때, 무자격 안마사로 하여금 업무를 하게 한 때
- ㉠ 1차 위반시 영업 정지 1개월
- ㉡ 2차 위반시 영업 정지 2개월
- ㉢ 3차 위반시 영업장 폐쇄 명령

MEMO

6
PART

보건위생

감염원의 종류에 대해서 이해한다 .

감염경로를 인지하고 , 감염의 예방과 관리를 실천하는 방법을 익힌다 .

환경관리를 위한 표준주의에 대해 배운다 .

PART 6 보건위생

01 감염원

(1) 감염원의 정의
① 감염원은 숙주를 침범하여 질병을 일으키는 원인이 되는 미생물로서 병원균 또는 병원체라고 한다.
② 전염병은 병원체가 없이는 일어날 수 없으므로 전염병이 발생했을 때 병원체의 종류가 무엇인지 밝혀내는 것은 가장 먼저 이루어져야 할 중요한 일이다.
③ 미생물은 어디에나 존재하며 인간의 눈으로 직접 볼 수 없고 현미경으로만 관찰 가능하다.

(2) 감염원의 종류
① 세균(Bacteria)
   ㉠ 다양한 형태의 세균이 병을 일으킬 수 있으나, 모든 세균이 문제가 되는 것은 아니고 일부 병원성 세균이 문제가 된다.
   ㉡ 단세포 미생물로 독립적인 대사 활동이 가능하다.
   ㉢ 대부분 동식물의 생체와 사체 또는 유기물에 기생한다.
   ㉣ 그 외 흙이나 물속 같은 외부환경에서도 산다.
   ㉤ 적절한 온도와 습도의 환경에서 급속하게 증식한다.
   ㉥ 세균의 모양에 따라 구균, 간균, 나선균으로 나뉜다.

  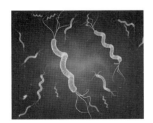

구 균   간 균   나선균

종 류	모 양	예 시
구 균	둥근 모양	포도상구균, 폐렴균, 임균
간 균	막대기 모양	한센균(나병균), 디프테리아균, 장티푸스균, 결핵균
나선균	S자형 또는 나선형	콜레라, 매독

Tip

포도상구균

구균 중 포도송이 모양인 포도상구균은 인체의 비강과 피부에 항상 존재하며 손을 통해 인체로 들어와서 장염, 위장염(식중독) 등을 일으키는 주 원인균이다.

연쇄상구균

연쇄 모양인 연쇄상구균은 호흡기를 통해 감염되어 인두염, 봉와직염과 같은 화농성 질병, 류마티스염, 급성 신우심염 등과 같은 비화농성 질병 등을 일으킨다.

탄저균

간균의 대표적인 종류인 탄저균은 토양에서 서식하며, 감염된 동물의 털에 존재하는 아포를 흡인함으로써 주로 감염된다.

② 바이러스(Virus)

㉠ 다른 유기체의 살아 있는 세포 안에서만 기생, 증식하는 전염성 감염원이자 생물과 무생물의 중간적 존재(비세포성 반생물)이다.

㉡ 크기가 작아 전자현미경으로만 관찰이 가능하다.

㉢ RNA나 DNA의 유전물질과 그것을 둘러싸고 있는 단백질 껍질(Capsid, 캡시드)로 구성되는 간단한 구조를 가진다.

㉣ 자신의 대사계가 없기 때문에 살아있는 세포에 기생하다가 숙주의 상태가 저하되면 발병하는데 동물매개 등의 다양한 경로를 통해 사람에게 감염될 수 있다.

㉤ 대표적 질환으로 간염, 에이즈, 홍역, 감기, 광견병, 일본뇌염, 사마귀, 헤르페스 등이 있다.

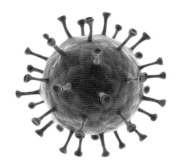

바이러스

③ 리케챠(Rickettsia)
- ㉠ 세균과 바이러스의 중간 크기로, 바이러스와 다르게 살아있는 세포 밖에서는 증식하지 못한다.
- ㉡ 즉, 운동성은 없으나 살아있는 세포 내에서만 증식한다.
- ㉢ 대개 곤충류가 매개하는데 이, 벼룩, 진드기 등의 흡혈성 절지동물에 기생하며 이들을 통해 감염된다.
- ㉣ 대표적인 질환으로 유행성발진티푸스, 양충병, 쯔쯔가무시병 등이 있다.

④ 진균(Fungus)
- ㉠ 대표적으로 곰팡이를 들 수 있다.
- ㉡ 잘 알려진 진균류는 효모, 버섯 등이 있으며 습한 환경에 많이 서식한다. 주로 사람 사이에 또는 사람과 동물 사이의 직접 접촉을 통해 감염된다.
- ㉢ 대표적인 질환으로는 구강칸디다증, 칸디다성 질염, 손톱무좀 등이 있다.

⑤ 클라미디아(Chlamydia)
- ㉠ 인간에게만 영향을 끼치는 병원균이나 조류나 포유류에만 병원성을 띠는 것이 있다.
- ㉡ 대표적인 질환으로 클라미디아 감염은 인간에게 가장 흔한 세균성 성병이며 성병성 림프육아종, 앵무새병, 클라미디아성 폐렴 등이 있다.

⑥ 미코플라즈마(Mycoplasma)
동물이나 식물에 기생하거나 땅 속에 존재한다. 바이러스와 세균의 중간 성질을 가진 미생물로서 호흡기 감염병을 유발시킨다. 대표적인 질환으로 미코플라즈마 폐렴 등이 있다.

⑦ 조류(Algae)
- ㉠ 물속에 사는 식물 · 원생생물 · 세균계의 생물이며 식물성 플랑크톤이라고 말한다.
- ㉡ 해수, 감수, 습지 등에서 살고 있으며 광합성을 한다.

⑧ 원생동물(Protozoa)과 후생동물(Metazoa)
- ㉠ 원생동물은 하나의 세포로 구성된 현미경적 크기의 원시적인 동물로, 단세포조직이다.
- ㉡ 기생충학에서는 원충이라고도 칭한다.
- ㉢ 대표적 질환으로 아메바성 이질, 말라리아, 질크리코모나스 등이 있다.
- ㉣ 후생동물은 원생동물을 제외한 다세포 동물이라고 한다.

병 인		예시 및 관련 질병
세 균	간 균	디프테리아, 장티푸스, 결핵, 파상풍, 탄저균, 대장균
	구 균	폐렴상구균, 포도상구균, 연쇄상구균, 임질
	나선균	콜레라, 매독균
바이러스		폴리오, 에이즈, 광견병, 트라코마, 일본뇌염, 두창, 홍역, 유행성 이하선염
리케챠		발진열, 발진티푸스, 양충병, 쯔쯔가무시증
진균(사상균)		곰팡이, 무좀, 칸디다 곰팡이 질환
원충성		아메바성 이질, 말라리아, 질 트리코모나스
후생동물		회충, 요충, 십이지장충

(3) 감염경로

① 감염을 일으킨 개체나 환경 중에 존재하는 병원체가 비감염 개체에 도달하여 감염을 일으키는 것으로, 경우에 따라서는 복수의 감염경로를 통해 감염이 발생하는 경우도 있다.

② 시술자는 이런 감염경로를 인지하고 있어야 하며, 철저한 예방과 관리를 실천해야 한다.

③ 감염경로 및 잠복기간

감염원	• 감염증 환자와 병원체로 오염된 모든 것은 감염원이 될 수 있다.
감염경로	• 병원체가 감염원으로부터 생체 내에서 침투하는 경로를 말한다. • 주요 감염경로 : 비말감염, 접촉감염, 경구감염, 경피감염
매개체	• 감염증은 여러 경로로 병원체가 생체에 침투하여 발병한다. • 공기, 음식물, 오염물, 토양, 소변, 혈액 등이 매개 역할을 하게 되며, 이를 매개체라고 한다. • 감염증마다 매개체가 다르다.
잠복기간	• 병원체가 생체 내에 침투하여 감염을 일으켜서 발병하기까지의 기간을 잠복기라고 한다. • 질병마다 일정한 잠복기를 가진다.

④ 감염경로별 대표 질환

감염경로			대표 질환
접촉감염 (Contact)	직접 접촉	피부나 점막에 의한 직접 접촉	성 병
	간접 접촉	손, 청진기 등의 의료기구, 난간이나 손잡이 등의 물체 표면 등의 중간매체를 통한 전파	로타바이러스, 옴, B형 간염, C형 간염, AIDS
공기감염 (Airborne)	• 비말로 공기 중에 흩어진 병원체가 공기 중에서 수분이 증발하여 5마이크로미터 이하의 가벼운 입자(비말핵)의 상태로 장시간 부유 • 90센티미터 이상의 장거리를 이동, 사람이 숨을 쉬는 과정에서 입자를 흡입함으로써 감염 • 감염원과 멀리 떨어져 있어도 감염 가능, 환기 중요		홍역, 수두, 결핵
비말감염 (Droplet)	• 사람이 기침, 재채기를 할 때 나오는 작은 입자를 비말이라 하며, 다른 사람의 점막에 부착하여 감염 • 5μm 이상으로 90㎝ 미만을 이동 • 직접 튀지 않더라도 주변을 오염시켜 손을 통한 접촉전파를 만들어 낼 수 있음		호흡기 바이러스, 백일해, 감기, 독감
수인감염 (Vehicles)	• 오염된 물, 감염 동물 유래 고기와 분변 등의 매개물에 의해 전파		살모넬라, 콜레라
매개충감염 (Vectors)	• 곤충이나 동물이 전파(모기, 파리, 쥐, 진드기)		말라리아, 일본뇌염

Tip

• 접촉에 의한 감염은 가장 빈도가 잦은 전파 수단이다.
• 높은 전염력을 지녔거나 피부를 통해 전염될 수 있는 감염은 다음과 같다.

> 피부디프테리아, 점막하 단순포진 바이러스, 농가진, 농양, 봉와직염, 욕창, 이 기생충, 옴, 영유아의 황색포도알균 종기증(StapHylococoal Firmeulosis), 황색포도알균 열상 피부 증후군(Stapylococeal Scaled Akin Synchrone), 대상포진(파종성 대상포진 또는 면역저하자, 바이러스 출혈성 결막염, 바이러스 출혈성 감염(에볼라, 라사, 마버그 바이러스)

⑤ 비말에 의해 전파되는 세균성 감염

종 류	경 로	특징 및 증상	치료 및 예방
결 핵	비말감염 (결핵환자의 비말 흡입, 객담으로 오염된 먼지입자 흡입 및 오염식기, 오염식품, 분변 등으로 전염)	• 결핵균은 가느다란 막대 모양의 간균으로 인체의 여러 부위에 침범 예 피부결핵, 장결핵 • 예방접종이 가장 중요 • 무증상이다가 전신 권태감, 미열, 기침, 가래, 객혈	BCG 예방접종, 생후 4주 이내 접종
레지오넬라	비말감염 (온수시설, 에어컨과 같은 냉방시설의 냉방탑수, 가습기 등의 균이 비말 형태로 인체로 흡입)	• 갑작스런 고열(39~40도), 마른 기침, 전신 권태감, 근육통, 허약감 • 24시간 후에는 고열과 간헐적인 오한	주기적인 청소와 소독(염소고온살균, 자외선 및 오존처리 등), 환경수 감시
인플루엔자	비말감염	• 유행성 감기 독감 • 산발적, 지역적으로 유행하는 것이 특징	약이 없으므로 대중요법(습도, 수분섭취량 높이기, 안정)
디프테리아	비말감염, 간접접촉감염	• 늦가을이나 초겨울, 어린이에게서 호발 • 감기증상(두통, 인후통, 권태감), 코, 인두, 편도선에 위막을 형성	DPT 예방접종, 산소공급, 기관절개술
백일해	비말감염(객담, 오염에 의함)	• 어린이에게서 호발하며, 독특한 기침을 100일간 한다고 하여 100일해라 함 • 초기 증상은 대개 콧물, 발열, 가벼운 기침 등으로 일반적인 감기의 증상과 매우 비슷하지만, 몇 주 동안 심한 기침 발작이 뒤따른다.	예방접종(DPT), 발생시 보건당국에 보고, 환자 격리, 환자의 배설물이나 오염된 물건을 소독
성홍열	비말감염	• 화농성 연쇄상구균에 의한 전염병으로 갑작스런 고열, 구토, 딸기모양의 혀가 특징 • 목 안이 충혈되어 진한 붉은색이며 연구개(물렁입천장)와 목젖 위에 출혈 반점	환경위생과 개인위생 철저, 항생제 투여

⑥ 비말에 의해 전파되는 바이러스성 감염

종 류	경 로	특징 및 증상	치료 및 예방
감 기	비말전파, 간접전파, 공기전파	인후통의 두통, 재채기, 기침, 콧물, 두통, 오한, 열	• 손 씻기, 대중요법, 특별 한 치료 방법 없음
유행성 이하선염 (볼거리)	비말전파, 직접전파	• 오한, 미열, 귀밑샘이 부어오르며 씹을 때나 삼킬 때 통증 • 양쪽 또는 한쪽 이하선이 붓는 증상	• 사춘기 이전에 예방접종 • 발열 초기부터 해열 후 1주일까지 격리 • 절대안정, 유동식 제공 • 필요시 진통제 투여, 종 창 부위에 냉습포 적용
홍 역	비말전파	• 1~5년 간격으로 주기적으로 유행하며, 소아의 급 성 전염병 • 발열, 발진 • 전구기 : 전염력이 가장 강한 시기로 3~5일 지속, 발열, 기침, 콧물, 결막염 • 발진기 : 홍반성 구진이 앞머리에서부터 생긴 후 24 시간 이내에 얼굴, 팔, 몸통으로 확산 • 대퇴부, 발까지 생긴 후 소멸, 발진 출현 후 2~3일 간 40도 이상의 고열 • 회복기 : 발진이 없어지고, 해열, 합병증(기관지염, 폐렴, 뇌염)이 나타남	• MMR 예방접종(12~15 개월, 만 4~6세) • 건강관리 종사자들의 홍 역 면역 상태에 대한 문 서작성 필수(예방접종이 가장 효과적) • 회복기때 균의 전파가 가능하므로 3주간 격리
풍 진	비말전파, 직접접촉	• 임산부 감염 시 태아에게 감염되어 선천성 심장기 형, 소두증, 난청, 백내장을 유발 • 열, 림프절, 종창, 발진	• 예방접종 • 안정과 대중요법
수 두	직접접촉, 비말전파	• 헤르페스 바이러스에 의해서 흔하게 발생하는 질병 으로 감염력이 매우 높음 • 물방울 모양의 수포성 발진이 온몸에 생기며 가려 움을 동반	• 예방접종 • 2차감염을 예방하기 위 해 손톱 깎기

⑦ 다제내성균

　　㉠ 다제내성균은 한 가지 이상의 항균제에 내성을 지닌 미생물을 말한다.

　　㉡ 메티실린 내성 황색포도알균(MRSA), 반코마이신 내성 장구균(VRE)과 같은 병원체는 대부분의
　　　항생제에 내성인 경우가 많아 다제내성균에 해당한다.

황색포도알균	• 강한 사람의 피부 점막 상기도 비뇨기 소화기 등에 정상적으로 존재하고, 바닥 집기 등의 주변 환경에 항상 존재하고 있으며 피부 상처나 호흡기를 통하여 감염된다. • 황색포도알균은 사람의 콧구멍에 주로 존재한다. • 균수가 많을 때에는 신체의 다른 부위가 오염되어 접촉에 의해 균을 퍼뜨린다. • 감염된 환자나 보균하고 있는 의료 종사자의 손을 통한 접촉, 비말 등을 통해 전파되거나 의료기 구, 침대 등의 환경으로부터 전파된다.

장구균	• 장구균은 장내에 많고 비뇨 · 생식기나 구강에는 드물다. • 대변과 소변에 의해 오염된 환경에 의한 수동전파(의료진의 손, 전화 청진기, 문 손잡이)가 이루어진다. • 반코마이신에 대한 내성률이 있다.
녹농균	• 환경 중에서 주로 물기가 많은 세면대 샤워 꼭지, 욕조 등에 서식한다.

02 감염관리

(1) 감염관리 개요

① 반영구화장 고객과 시술자, 방문자 등 작업 분야의 환경에 노출된 사람을 보호하는 것이 목적이며 이를 위해 예방계획을 마련하여 감염관리 규정, 지침, 정책 등을 따른다.

② 감염관리 방법으로는 가장 기본적이면서 중요한 손 씻기와 개인위생 장비(장갑, 마스크)의 올바른 사용, 환경과 위생관리, 소독과 멸균 등의 방법이 있다.

(2) 손 위생(Hand Hygiene)

① 신체에서 손은 모든 표면과 접촉하는 부위로서, 각종 세균과 바이러스를 전파시키는 역할을 하기 때문에 손을 씻음으로써 질병의 70% 이상을 예방할 수 있다.

② 손 위생은 오염된 손으로 자신의 코, 입, 점막으로 미생물을 옮기는 것을 막고, 환경을 오염시키거나 다른 사람에게 원인 미생물을 옮기는 것을 막을 수 있는 중요한 방법이다.

손 씻기 (Hand Washing)	• 비누, 향균 비누와 물을 이용하여 손을 씻는 것으로 손 위생의 핵심 • 물과 비누 사용시 40~60초 시행
손 소독 (Antiseptic Hand Rubbing)	• 물 없이 피부 소독제를 사용(20~30초) • 손 소독 후 건조가 중요

③ 손 위생의 방법

물과 비누를 이용한 손 위생 방법	• 흐르는 물에 손을 적신 후 30초~1분 이상 문지르며 비누거품을 충분히 낸다. • 뜨거운 물을 사용하면 피부염 발생 확률이 증가하므로 미지근한 물을 사용한다. • 손을 씻는 동안 물이 팔에서 아래로 흐르도록 한다(손을 팔꿈치 아래에 둔다). • 가장 오염된 부분으로 여기는 손톱 밑이나 손가락 사이를 주의깊게 씻으며 손톱으로 긁지 않는다. • 물로 헹군 후 손이 재오염되지 않도록 일회용 타월로 건조시킨다. • 손 씻기를 마친 후에는 수도꼭지를 사용한 타월로 감싸서 잠근다. • 타월은 반복사용하지 않으며 여러 사람이 공용으로 사용하지 않는다.

물 없이 하는 손 소독 방법 (소독제 이용)	• 손이 마른 상태에서 손 소독제를 모든 표면을 다 덮을 수 있도록 충분히 뿌린다. • 충분한 양으로 손의 모든 표면에 소독제가 접촉되도록 한다. • 손의 모든 표면과 손목을 20초 이상 건조될 때까지 문지른다.

④ 올바른 손 씻기 5단계 방법

> ❶ 손에 충분히 비누와 물을 묻히고 거품을 낸 후, 손바닥을 서로 비빈다.
> ❷ 한쪽 손바닥으로 다른 쪽 손등을 비빈 후 바꿔가며 반복한다.
> ❸ 손가락을 깍지 끼고 서로 비빈다.
> ❹ 손가락을 반대쪽 손바닥에 놓고 문지르며 손톱 밑을 깨끗이 한다.
> ❺ 엄지손가락을 감아쥐고 회전하듯이 문지른다.

⑤ 손 씻기의 유의사항
　㉠ 비누 거품을 충분히 내어 손과 팔목을 꼼꼼히 문질러 닦고, 미지근하고 깨끗한 물로 헹군다.
　㉡ 손가락 끝, 손가락 사이를 유의해서 깨끗이 씻어야 하며, 손톱 밑을 씻을 때에는 손톱용 브러시를 사용하는 것이 바람직하다.
　㉢ 일회용 종이 타월이나 손 건조기를 이용하여 물기를 건조시킨다.
　㉣ 손 씻기에 따른 세균의 제거 효과는 비누를 사용하여 흐르는 물로 20초 이상 씻어서 오염물질을 떨어뜨리고, 속건성 알코올 소독제로 병원균을 완전히 제거하는 것이 가장 효과적이며 위생적인 손 세척 방법이다.
　㉤ 알코올 소독제만을 사용하더라도 효과는 있지만, 이 방법은 오염물질을 떨어뜨릴 수 없기 때문에 비누액과 흐르는 물에 의한 손 세척을 대신할 수는 없다.

⑥ 손 위생이 필요한 경우
　㉠ 손 위생은 행위 바로 직전 또는 직후에, 장갑의 착용과 관계없이 실시해야 한다.
　㉡ 고객 접촉 전후 : 반영구화장 디자인 과정, 사진 촬영
　㉢ 시술 전 : 머신이나 펜을 잡기 전
　㉣ 오염물 접촉 후 : 면봉, 화장솜 등의 오염물을 정리하고 난 후
　㉤ 침습적 의료기구의 제거 후
　㉥ 마스크, 장갑의 착용 전후
　㉦ 주변 물품의 접촉 후 : 고객의 침상 정리, 반영구화장 작업대 정리, 모니터 접촉 등

Tip

손 위생

- 고객과 직접 접촉하지 않고 주변 환경만 접촉한 경우에도 균이 있을 수 있으므로 손 위생을 실시한다.
- 한 고객과 접촉한 후 다른 고객과 접촉하는 경우 손 위생을 실시한다.
- 동일한 고객이라도 한 부위에서 다른 부위로 이동 시 손 위생을 실시한다.
- 눈에 보이는 위험이 없어도 고객의 피부, 점막, 체액 등과 접촉을 한 후에는 손 위생을 한다.
- 업무가 시작되고 끝날 때, 각종 기구를 만지고 난 후, 코를 풀거나 재채기를 한 후, 식사 전, 화장실 사용 후, 장갑 사용 전후 손 위생을 실시한다.

⑦ 손 세척의 분류

일상 손 세척 (대상 : 일반)	위생적인 손 세척 (대상 : 의료종사자, 시술자, 식품취급자)
• 비누액과 흐르는 물을 사용하여 손의 오염을 씻어 내는 것을 목적으로 함 • 식사 전 • 화장실을 다녀오고 난 후	• 통과균의 완전제거를 목적으로 함 • 표층의 상재균도 일부 제거 • 소독제 또는 항균제를 함유한 비누액이나 세정제를 이용하여 흐르는 물에서 손을 세척하거나 알코올 제제에 의한 소독이 이에 해당 • 의료종사자, 반영구화장 시술자를 대상

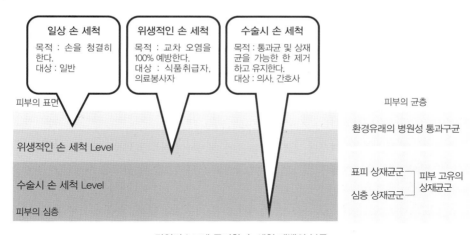

감염리스크에 근거한 손 세척 레벨의 분류

Tip

고객과 접촉하기 전에는 시술자의 손에 있는 병원체가 전파되는 것을 예방하기 위함이고, 체액이나 고객과의 접촉 후에 손 위생을 실시하는 것은 고객의 병원체로부터 시술자를 보호하기 위함이다.

⑧ 손 위생 제제의 종류

  ㉠ 일반 비누
  - 비누는 지방산과 수산화나트륨 또는 수산화칼륨을 함유한 세정제로, 고체 비누, 티슈 형태, 액상 비누 등이 있다.
  - 비누의 세정력은 손에 묻은 지질과 오염물, 유기물을 제거하는 세정제의 성질에 따라 다르다.
  - 항균 성분이 없는 일반 비누의 경우에는 일시적 집락균을 제거할 수 있는데, 15초간 물과 비누로 손을 씻을 경우 0.6~1.0g 정도가 감소한다.
  - 그러나 많은 연구에서 일반 비누를 이용한 손 씻기는 병원성 세균 제거를 하지 못하고, 오히려 세균의 수를 증가시킨 것으로 밝혀졌는데, 이는 피부 자극과 건조 때문인 것으로 보인다.

  ㉡ 알코올
  - 알코올은 단백질 변성 기전으로 소독 효과를 나타낸다.
  - 알코올 손 위생제는 에탄올, 아이소프로판올 또는 엔프로판올로 한 가지나 두 가지가 포함되어 있다.
  - 1994년 FDA TFM에서는 60~95% 에탄올을 Category I (의료진의 손 위생 제제로 안전하고 효과적임)로 분류하였다.
  - 알코올은 실험에서 다제내성균(MRSA, VRE)을 포함한 증식형 그람양성 및 음성균, 결핵균, 다양한 바이러스에 효과적인 것으로 증명되었으며, 지질 피막 바이러스(Herpe-Simplex Virus, HIV, Influenza Virus, RSV, Vaccina Virus 등)에도 효과적이다.
  - Hepatitis B Virus, Hepatitisc Virus는 피막 바이러스이면서 알코올에 감수성이 떨어지지만, 60~70% 농도에서는 사멸된다.
  - 세균에 대한 효과는 좋지만, 세균의 포자, 원충의 난모세포, 비피막(비지질) 바이러스에 대해서는 효과가 떨어진다.
  - 알코올은 피부에 적용시 신속한 살균효과를 가져오지만, 잔류 효과가 없다. 그러나 알코올 제제 사용 후에는 미생물이 다시 자라는 속도가 느리다.
  - 알코올 용액에 클로르헥시딘, 4급암모늄 등을 첨가하여 잔류 효과를 기대할 수 있다.
  - 알코올은 세정제로는 좋지 않으며, 단백 물질로 오염되었을 때 알코올 제제의 사용은 권장되지 않고 있다.
  - 알코올 제제 사용량이 너무 적으면 효과가 일반 비누보다 낮다. 손을 골고루 문질렀을 때 보통 10~15초 후 건조되는 정도의 양이 적당하다.
  - 알코올 함유 티슈의 경우 알코올 함량이 적어 물과 비누보다 효과가 낮다.
  - 알코올 제제는 피부 보호 성분이 포함되어 있어 물과 비누 또는 소독 비누를 사용할 때보다 피부 자극이나 손상이 적고, 사용이 편리하여 손 위생 이행을 증가시키며, 결과적으로 미생물 전파의 예방 효과가 크다.

  ㉢ 클로르헥시딘(CHG, ChlorHexidine Glyconate)
  - 클로르헥시딘은 양이온 항균제(Bisbiguanide)로 세포질 막의 파괴와 세포성분의 침전을 유발하여 소독 효과를 나타낸다.

- 즉각적인 효과는 알코올에 비해 느리며, 그람양성균에 효과가 좋고, 그람음성균과 진균에는 다소 효과가 떨어지며, 결핵균에 대해서는 최소 효과만 가진다.
- 아포에는 효과를 발휘하지 못하며, 피막 바이러스(Herpes-Simplex Virus, HIV, Influenza-Virus, RSV, CMV 등)에 효과를 가지지만, 비피막 바이러스(Rotavirus, Adenovirus, EnteroVirus)에는 대체로 효과가 떨어진다.
- 혈액과 같은 유기물질에 의한 효과 감소는 크지 않다.
- 양이온분자이기 때문에 천연 비누, 음이온 무기물질, 비이온성 표면활성제, 음이온 에멀전 성분을 포함한 핸드크림 사용 시 효과가 떨어질 수 있다.
- 0.5%, 0.75%, 1% 클로르헥시딘 제제는 일반 비누보다 소독 효과가 좋지만, 4%보다는 효과가 떨어진다.
- 2%는 4%에 비하여 다소 효과가 떨어지며, 4% 클로르헥시딘은 7.5% 포비돈 아이오딘에 비하여 세균 감소 효과가 매우 높다.
- 잔류 효과가 높다. 알코올 제제에 저농도(0.5~1.0%)의 클로르헥시딘을 섞으면 알코올 단독 제제보다 잔류 효과가 좋아진다.
- 안전한 소독제이다. 매우 드물게 피부를 통한 흡수가 있을 수 있다.
- 1% 이상 농도는 결막염이나 각막 손상을 발생시킬 수 있으므로 눈에 직접 접촉하지 않도록 주의해야 하며, 내이독성을 유발할 수 있으므로 내이 또는 중이 수술에 사용해서는 안 되고, 뇌 조직이나 수막에 직접 접촉은 피해야 한다.
- 피부 자극은 농도에 따라 달라지지만, 가장 소독 효과가 좋은 4% 농도로, 자주 손을 씻었을 때에는 피부염을 유발할 수 있다. 클로르헥시딘으로 인한 직접적 알레르기는 거의 없다.

ⓔ 아이오딘/아이오도퍼(Iodine/Iodophor)
- 아이오딘 분자는 미생물 세포벽을 뚫고 아미노산과 불포화지방산의 결합을 통해 세포를 불활성화시켜 단백질 합성 저해와 세포막 변성에 의한 소독 작용을 한다.
- 아이오도퍼는 아이오딘과 아이오다이드 또는 트리아이오다이드와 폴리머케리어 원소 혼합물로 분자량이 크다.
- 아이오딘 분자량이 아이오도퍼의 소독력을 결정한다.
- 아이오딘으로 흔히 사용하는 것은 포비돈 아이오딘이다.
- 아이오도퍼는 아이오딘에 비하여 피부 자극이나 알레르기 반응이 적으나, 다른 소독제에 비하여 접촉성 피부염을 일으킬 수 있다.
- 소독력은 pH, 온도, 노출 시간, 총 유효 아이오딘 농도, 유기물 및 무기물(알코올, 세제 등)존재량에 영향을 받는다.
- 아이오딘은 그람양성균, 그람음성균, 몇몇 아포형성세균에 우수한 효과를 보이며, 항산균, 바이러스, 진균에도 효과가 좋다.
- 그러나 상용으로 사용되는 아이오도퍼 농도에서는 아포를 살균할 수 없다.
- 5~10% 포비돈 아이오딘은 FDA TFM에서 Category I (의료진의 손 위생 제제로 안전하고 효과적임)로 분류하였다.

안심Touch

- 아이오도퍼는 적용 후 소독효과의 발현은 알코올보다 느리고, 지속시간은 30분에서 6시간까지 다양하게 보고되어 있다.
- 손소독제로 사용되는 아이오도퍼는 대부분 7.5~10% 포비돈 아이오딘을 포함한다.

ⓗ 클로르자이레놀(Chlorxylenol)
- 클로르자이레놀은 파라클로로메타자이레놀(PCMX : Para-Chloro-Meta-Xylenol)로 알려져 있으며, 할로젠 대체 페놀화합물로 화장품이나 항균 비누의 보존제로 사용되어 왔다.
- 클로르자이레놀은 1.3~3.75% 농도가 유효하며, 소독력은 세균의 효소를 불활성화하고 세포벽 변성을 통해 나타난다.
- 그람양성균에는 효과적이나, 그람음성균과 마이코박테리아, 일부 바이러스에는 효과가 약하다.
- EDTA를 첨가할 경우 녹농균을 포함하여 다른 세균에 효과가 증가하였다.
- 클로르헥시딘이나 아이오도퍼보다 소독 발현 시간은 늦고, 지속 효과는 클로르헥시딘에 비하여 짧다.
- 1994년 FDA TFM에서 Category Ⅲ(안전성과 효과 분류에 자료가 불충분)로 분류하였다.
- 유기물에 영향이 적으나, 비이온성 계면활성제에 의해 중화된다.
- 피부에 흡수되지만, 피부 문제의 발생이 거의 없다.

⑨ 손 위생제의 보관
ⓐ 액체 제제는 폐쇄된 용기에 보관하여야 한다.
ⓑ 일회용 용기를 사용하는 것이 좋다.
ⓒ 재활용 용기는 다시 보충하기 전에 철저히 씻고 말려야 한다.
ⓓ 비누와 타월 디스펜서가 적절히 작동하고, 적당하게 공급되는지를 규칙적으로 확인한다.
ⓔ 알코올 통은 화재의 위험이 없는 안전한 곳에 보관한다.
ⓕ 고체 비누는 물이 잘 빠지는 용기에 건조하게 보관한다.

(3) 개인 보호구(Personal protective equipment, PPE)

① 개인 보호구는 작업자가 전염 가능한 환경에서 작업할 때 유해 물질을 차단해 주는 용품들로서 장갑, 마스크, 고글, 가운, 시술용 앞치마 등이 있다.
② 시술시에는 반드시 가운, 장갑, 마스크를 착용하도록 하며, 추가적으로 시술용 앞치마와 고글 등을 착용하여야 한다.
③ 개인 보호구 탈의 과정에서 의복과 피부를 오염시키지 않도록 주의한다.
④ 탈의 후 손 위생을 준수한다.

마스크, 장갑, 고글

⑤ 장 갑

착용 목적	• 고객의 혈액이나 체액, 분비물, 배설물 등으로부터 손의 오염을 예방하고 미생물의 침투로부터 시술자를 보호한다. • 의료인의 손에 있는 피부 상재균이 고객에게 전파되는 기회를 차단한다. • 날카로운 기구에 의한 상처로부터 시술자의 피부를 보호한다.
착용 시기	• 고객의 혈액, 체액, 분비물, 점막, 손상된 피부와 접촉하기 전, 오염된 기구 환경 등과 접촉하기 전(기구관리, 세척, 폐기물 관리) 착용한다. • 감염력이 높거나 위험성이 높은 병원체의 존재 가능성이 있을 때 착용한다. • 대규모 유행 또는 응급상황 때 착용한다. • 시술 전 착용한다.
주의사항	• 일회용 장갑은 재사용하지 않는다. • 고객마다 다른 장갑을 사용한다. • 작업 부위마다 다른 장갑을 사용한다. • 장갑 착용시 마스크, 가운, 장갑의 순으로 착용한다. • 장갑을 벗을 때에는 장갑 표면과 접촉하지 않도록 주의하면서 벗는다. • 다음과 같은 경우에는 즉시 폐기하고 필요할 때 장갑을 새로 착용한다. 　− 사용 중 찢어지거나 손상된 경우 　− 오염물이 많이 묻었을 때 　− 사용 목적이 끝났을 때 • 장갑 착용 전, 제거 후 손 위생을 준수한다.
권고사항	• 손 위생이 필요한 상황에서 장갑이 알코올 손소독제 또는 물과 비누를 이용한 손 위생을 대체할 수는 없다. • 부적절한 장갑의 사용은 자원의 낭비를 초래하고, 교차 전파를 감소시키는 데 효과가 없으며 또한 손 위생을 해야 하는 기회도 놓치게 한다. • 시술자는 장갑 착용 및 교환, 필요하지 않은 상황을 구별할 수 있는 것이 중요하다. • 또한 장갑을 착용하고 제거해야 하는 상황을 정확하게 알아야 한다. • 알코올 성분의 손 소독제와 반응을 피하기 위해서 파우더가 없는 장갑을 선택하는 것을 권고한다.

Tip

장갑 착용이 필요하지 않은 경우(접촉주의가 필요한 경우는 제외)
• 전화기의 사용
• 사진 촬영
• 기록 작성
• 비침습적 행동
• 손상되지 않은 피부와의 접촉

⑥ 가운(앞치마)

착용 목적	• 고객의 혈액이나 체액, 분비물, 배설물 등으로부터 직원의 피부나 옷의 오염을 예방하고 미생물의 침투로부터 직원을 보호한다. • 의료인의 옷 또는 피부에 있는 미생물이 환자에게 전파되는 기회를 차단한다.
착용 시기	• 환자의 혈액, 체액, 분비물, 배설물이 튀어 직원의 피부나 옷을 오염시킬 우려가 있을 경우 착용한다. • 접촉주의 환자를 만지기 전 착용한다.
주의사항	• 일회용 가운은 재사용하지 않는다. • 고객과의 접촉 부분, 상황에 따라 적절한 가운을 선택해야 한다. • 접촉면이 넓거나 오물이 많은 경우 외에는 비닐 앞치마를 착용한다. • 가운의 안쪽 면이 바깥으로 향하도록 뒤집어서 벗는다. • 고객의 주변 환경을 떠나기 전 가운이나 앞치마를 제거하고 손 위생을 실시한다. • 가운을 벗을 때에는 가운 앞면과 소매는 오염된 것으로 간주하고 만지지 않는다.

⑦ 마스크

착용 목적	• 환자의 혈액이나 체액, 분비물, 배설물이 튀어 얼굴이나 눈 코 입의 점막을 오염시키는 것을 예방한다. • 의료진의 비말에 있는 미생물이 고객에게 전파되는 기회를 차단한다. • 호흡기계 감염을 예방한다. • 구취로 인한 불쾌감을 예방하는 효과도 있다.
일반 마스크	• 고객의 혈액, 체액, 분비물 등이 얼굴이나 점막, 코, 입에 튈 가능성이 있을 때 사용한다. • 비말 전파를 할 수 있는 사람이 1m 이내에 접근할 때 사용한다. • 침습적 시술을 할 때 사용한다.
N95 마스크	• 공기 전파가 가능한 질환이 의심되는 사람과의 접촉 가능성이 있을 때 사용한다(활동성 결핵, 펜데믹 인플루엔자, 사스, 조류인플루엔자 등).
올바른 사용방법	• 사용 용도에 따라 적절한 종류의 마스크를 선택한다. • 착용시 콧등을 눌러 들뜨지 않도록 착용한다. • 입과 코를 완전히 가리도록 한다. • 마스크는 1회만 사용하며 일단 입이나 코에서 떼면 재사용하지 않는다. • 마스크는 목에 걸치고 다니거나 주머니에 넣고 재사용하지 않는다. • 마스크가 축축해졌으면 반드시 곧바로 교환한다. • 일회용 마스크는 사용 후 쓰레기통에 버린다. • 마스크의 바깥쪽은 오염된 것으로 간주하여 만지지 않도록 한다. • 다음과 같은 경우에는 즉시 폐기하고 필요할 때 마스크를 새로 착용한다. − 사용 중 찢어지거나 손상된 경우 − 오염물이 많이 묻거나 젖었을 때 − 사용 목적이 끝났을 때 • 마스크를 벗은 다음 손 위생을 시행한다.

⑧ 보안경

착용 목적	• 얼굴이나 눈 안의 점막을 오염시키는 것을 예방하고 미생물의 침투를 예방한다.
사용 시기	• 혈액이나 체액이 튀거나 분무 될 가능성이 있는 경우 사용한다.
주의사항	• 사용 용도에 따라 적절한 종류의 안면 보호용구를 선택한다. • 마스크를 착용한 다음 안면 보호용구를 착용한다. • 보호용구 착용 시 얼굴에 잘 맞도록 조절하여 업무 중 벗겨지지 않도록 한다. • 보호용구 앞면은 균에 오염된 것으로 간주하여 처리하고 손으로 만지지 않아야 한다. • 안면 보호용구를 벗은 다음 적절한 세척과 소독을 하지 않은 채 목에 걸치거나 주머니에 넣고 다니지 않아야 한다.

(4) 작업자의 감염관리

① 필요성

ㄱ 일반인보다 병원성 미생물에 노출될 위험성이 높다.

ㄴ 감염된 채로 근무할 경우 고객이 감염될 수 있다.

② 목적 : 고객과 직원에게 감염성 질환이 전파될 위험성을 최소화함으로써 모두를 보호한다.

③ 감염관리 프로그램

건강검진	감염의 전파를 방지하기 위하여 직원이 안전하고 효율적으로 직무를 수행하고 직원 자신이나 다른 사람에게 감염의 위험이 없도록 하기 위하여 실시하는 것이다. • 채용 시 건강검진 • 매년정기건강검진(국민건강보험) • 특수부서 건강검진 • 특수 건강검진
예방접종	• 직원의 노출 가능성이 높으므로 노출되기 전에 실시하는 것이다. • 예방접종 상태 확인, 과거력, 검사 결과를 통해 조기치료 및 관리를 실시하는 것이다.
감염예방교육	• 매년 감염예방에 대한 재교육을 실시한다. • 직원감염관리와 관련된 내용 모두 공식적인 문서로 남기고 기록한다.

PART 6

> **Tip**
>
> 신입직원 건강검진
> • 신입직원이 안전하고 효율적으로 직무를 수행할 수 있는지를 판단하고, 업무와 관련한 직원 자신이나 다른 사람, 환자, 방문객 등에게 감염의 위험이 없는 곳으로 배치하기 위하여 실시한다.
> • 건강검진에서 감염질환의 유무와 예방접종을 모두 시행하였는지를 확인하며, 업무시 발생하게 될지도 모르는 업무 관련 질병 상태 평가의 기본 자료가 된다.
>
> 정기 건강검진
> 매년 1회 의료기관에 근무하는 모든 직원을 대상으로 건강 검진을 실시하며, 감염성 질환이 있는지, 감염성 질환에 대한 감수성 여부를 확인한 후 필요에 따라 예방접종이나 치료를 한다.

특수부서 건강검진

간염이나 결핵 등 전파되기 쉬운 질병을 가진 사람을 대하는 부서를 대상으로 정기적 간염 항체검사 및 흉부 방사선검사를 실시하여 직원의 건강 상태를 파악한다.

특수 건강검진

취급 또는 노출되기 쉬운 유해물질을 다루는 특수부서를 대상으로 고용노동부 지정 병원에서 정기적으로 검진을 실시한다.

03 소독관리

(1) 소독과 멸균

① 미생물은 인간에게 해를 끼치지 않는 비병원성 미생물과 인간에게 해를 끼치는 병원성 미생물로 나뉜다.

② 이 중 질병을 일으킬 수 있는 병원성 미생물의 생장과 증식을 적극적으로 차단하여 감염력을 없애는 것이 중요하다.

③ 미생물도 생명체이기 때문에 생육환경의 필수 조건인 적당한 온도, 수분, 영양물질 등이 필요하다.

④ 이렇게 미생물이 살아가는 데 필요한 요소들을 제한하면 미생물은 억제 또는 사멸되게 된다.

⑤ 미생물의 생장억제나 사멸의 정도에 따라 세척, 소독, 멸균 등으로 나눌 수 있다.

⑥ 용어 구분

멸 균	• 병원성이나 비병원성 미생물 및 포자(아포)를 가진 것을 완전 사멸시키는 무균상태(모든 세균을 완전히 죽이는 것)
살 균	• 미생물을 물리적 · 화학적 처리로 급속 사멸시키는 것
소 독	• 아포를 제외한 병원성 미생물을 파괴시켜 감염 능력을 소멸시킨 상태(미생물 완전제거 안됨)
방 부	• 병원체 발육과 번식을 억제시켜 증식을 억제하는 것
세 척	• 물과 기계적 마찰, 세정제로 표면에 묻은 오염을 씻어내는 것 • 오염된 표면은 소독이나 멸균 전에 반드시 세척이 되어 있어야 함(소독, 멸균 효과 최대화)
아 포	• 세균의 체내에서 형성되는 타원형의 구조로서 포자라고도 함 • 아포는 고온, 건조, 동결 등의 물리적 조건에 저항력이 강하고, 약품 등의 화학적 조건에서도 저항이 강하기 때문에 오래 생존
소독제	• 무생물에 사용하며, 세균의 아포를 제외한 모든 병원균을 불활성화시키는 살균제
화학멸균제	• 곰팡이와 세균의 포자를 포함하여 모든 형태의 미생물을 파괴하는 데 사용되는 화학제제 • 노출시간이 달라지면 강한 수준의 소독제가 될 수도 있음

(2) 소독의 종류와 방법

① 물리적 소독과 화학적 소독

물리적 소독	온도(건열, 습열)와 빛(자외선, 방사선)을 이용하는 방법
화학적 소독	소독력이 있는 화학제품을 이용하여 소독하는 방법

② 물리적 소독의 종류

㉠ 건열멸균 : 습열에 적합하지 않고 고열에 잘 견디는 거즈, 탈지면, 수술기구에 이용

화염멸균법	• 알코올램프, 램프 등으로 도자기, 금속제품을 불꽃에서 소독 • 물체를 20초 이상 직접 접촉, 미생물을 태움 • 이 · 미용기구 소독에 적합
건열멸균법	• 오븐 형태의 멸균기(140℃에서 3시간, 170℃에서 1~2시간 가열) • 바세린거즈, 수분을 포함하지 않는 파우더, 오일, 종이, 유리기구, 금속기구, 자기류 • 장점 : 독성이 없고 환경에 유해하지 않으며 경제적, 부식력이 적어 날카로운 기구에 사용 • 단점 : 열이 침투하는 시간이 오래 걸리고, 고무와 같이 열에 약한 재질에 사용할 수 없음
소각멸균법	• 불에 태워서 없애는 방법 • 환자복, 오염된 가운, 환자의 객담 등

㉡ 습열멸균 : 끓는 물이나 증기를 이용하여 멸균

자비소독법	• 끓는 물 100℃에서 15~20분간 소독 • 아포 형성균은 100℃의 끓는 물에도 죽지 않음 • 이 · 미용업소에서 가장 많이 사용(수건)
고압증기멸균법	• 120℃ 고압수증기로 30분, 135℃ 3~5분 • 멸균방법이 쉽고 가장 많이 사용 • 독성이 없고 비용이 저렴하여 의류, 거즈소독에 사용 • 아포를 포함한 모든 미생물을 죽임
유통증기멸균법	• 100℃ 유통증기에서 30~60분 가열 • 식기류, 도자기, 주사기, 의류소독
간헐증기멸균법	• 100℃ 유통증기에서 30~60분간 3회 이상 살균
저온살균(파스퇴르)	• 62~63℃에서 30분간 가열 • 저온살균 결핵균은 사멸되지만 대장균은 사멸되지 않음
고온살균	• 71℃에서 15분 • 대량소독이 필요한 경우 사용

Tip

자비소독시 주의사항
• 물품이 물에 완전히 잠기도록 한다.
• 유리 제품은 처음부터 찬물에 넣은 다음 끓기 시작 후 10분간 끓여 소독하고, 유리 제품이 아닌 것은 물이 끓기 시작할 때 소독기에 넣는다.
• 금속이 녹스는 것을 방지하기 위해 2% 중조, 2% 크레졸비누액, 5% 석탄산, 2% 붕산을 첨가한다.

• 고압증기멸균

방 법	• 고압증기멸균기에서 고압증기 형태의 습열을 이용하여 물리적으로 멸균하는 방법(고압증기 멸균기 120~130℃, 15~17lB/inch³의 압력에서 약 20분 이상 멸균
적용물품	• 열이나 습기에 견디는 물품 例 수술용 기계 및 기구, 일반기구 및 물품, 린넨류 등
장 점	• 아포까지 파괴함 • 관리방법이 편리하고 독성이 없음 • 비용이 저렴하여 대부분의 물품을 멸균하는 데 이용함
단 점	• 열에 약한 플라스틱, 고무제품, 내시경 등의 멸균에는 적합하지 않음 • 부식되기 쉬운 제품이나 예리한 칼날 등은 무뎌질 수 있음
주의사항	• 두 겹의 방포로 포장하며, 품명과 날짜를 기입 • 무거운 것은 아래, 가벼운 것은 위에 넣기 • 물건들을 너무 꽉 채우지 않고 증기가 침투할 수 있게 느슨하게 쌓기 • 소독 물품을 철저히 세척하고, 물기 없이 닦기 • 뚜껑이 있는 용기는 반드시 뚜껑을 열어 싸기 • 물건들을 차곡차곡 채우지 않고 증기가 침투할 수 있게 느슨하게 쌓기 • 젖은 것은 오염된 것으로 간주하므로 멸균 후 완전히 건조 • 겸자는 끝을 벌려서 싸고, 날이 있는 기구는 거즈로 싸기 • 고압증기로 멸균된 소독품은 14일이 지나면 다시 소독

고압증기멸균기

ⓒ 무가열멸균 : 열을 가하지 않고 균을 사멸시키거나 균의 활동을 억제

자외선 살균법	1㎡당 85mw 이상의 자외선을 20분 이상 쬐어줌
일광소독	한낮의 태양열에 건조 소독

③ 화학적 소독의 종류

종 류	특 징
과산화수소 (Hydrogen Peroxide)	• 사용 농도 : 3% ,피부 자극이 적음 • 구강이나 상처소독에 많이 사용
석탄산 (Phenol)	• 페놀, 사용 농도 : 1~3%, 손 소독시 2% • 독성이 강하며 피부 점막에 자극성이 있다. • 금속에 부식성 의류, 실험대, 오물, 용기, 브러시, 고무, 실내, 기구, 변소, 배설물, 수지 등에 사용

알코올 (Alcohol)	• 사용 농도 : 70% • 대중적으로 가장 많이 사용(작용시간 빠름, 착색되지 않음) • 피부소독 가능, 기구 소독 • 작용시간 빠름 • 착색되지 않음
크레졸 (Cresol)	• 물에 잘 용해되지 않아 3% 크레졸 비누액 으로 사용 • 손 소독, 오물, 객담 처리 등에 사용 • 강한 소독력, 석탄산 2배의 효과
승홍수	• 사용 농도 : 0.1~0.5% • 피부 소독 • 금속에 부식성
역성비누 (Invert Soap)	• 사용 농도 : 0.01~0.1% • 무독성, 무자극성 • 식품 소독에 사용 • 세정력 없음
차아염소산나트륨 (Sodium Hypochlorite)	• 락스의 주성분, 1%로 희석하여 사용 • 표백, 방취, 방부용
포름알데히드 (Formaldehyde)	• 포르말린액을 가열한 무색의 자극성 기체 • 넓은 실내 소독, 멸균력이 강하고 점막 자극이 심함
훈증소독법	• 위생 해충 구제에 많이 이용(선박에서 위생 해충 또는 쥐의 구제에 많이 사용)

㉠ 에틸렌옥사이드 멸균(Ethylene Oxide gas sterilization, EO gas)

에틸렌옥사이드 멸균기

방 법	• 에틸렌옥사이드 가스(산화에틸렌가스)를 이용한 화학적 멸균 방법으로 낮은 온도(38~55℃)에 서 멸균하므로 냉멸균(Cold Sterilization)이라고도 함 • 45~55℃에서 1시간 30분~2시간 동안 멸균
적용물품	• 열에 약한 물품(플라스틱, 고무제품) • 습도에 민감하고 섬세한 물품, 반영구화장용 니들
장 점	• 침투력이 우세하고 열에 약한 물품을 소독할 수 있음 • 유효기간이 긺(최장 유효기간 2년) • 물품에 손상을 주지 않고 쉽게 보관할 수 있음

단 점	• 가스가격이 비싸고 가스에 독성이 있어서 인체에 해로움 • 멸균시간이 긺 • 충분한 통기(8~16시간 이상) 후에 사용해야 함
주의사항	• 멸균 후에는 EO가스가 피부와 눈, 코를 자극하고, 장시간 노출 시 오심, 구토, 현기증, 신경장애 초래를 예방하기 위해 잔여가스를 제거해야 하며 이를 위해 멸균 후 최소 8~12시간 이상 공기를 정화해야 한다.

Tip

EO가스는 인체에 유해하므로, 멸균 후 정화가 충분하지 않으면 피부에 자극을 주거나 조직에 손상을 줄 수 있다. 때문에 완전히 정화한 후에 사용해야 한다. 정화 시간은 물품에 따라 차이가 있지만, 최소 55℃에서 8시간 이상 소요된다.

ⓒ 산을 이용한 살균법

아세트산 (Acetic Acid)	• 식초의 원료로 쓰이고 있어 초산이라고 부르기도 함 • 화상치료(외과적 드레싱)에 사용되기도 함 • 녹농균은 2%, 용액에서 5분, 포도구균은 3% 용액에서 15분 정도에 사멸
붕산 (Boric Acid)	• 무색무취에 광택이 나는 비늘모양의 결정으로, 수용액은 약한 산성을 나타내며, 약한 살균력을 가짐 • 의약용으로는 양치질 · 콧속(비강) · 질 세척용으로 1~2% 수용액이 사용되며, 또 세안용으로 2% 수용액 사용
젖산 (Lactic Acid)	• 초산보다 위험성이 적음 • 젖산용액은 피부표면과 질 내에 사용되고, 1~2%의 농도는 세정제나 방부제로 사용

(3) 소독제

특 징	• 소독제의 농도가 중요한 역할 • 농도가 증가할수록 소독에 필요한 시간은 짧아짐 • 보통 농도가 진해질수록 살균효과가 큼 • 에탄올의 경우 80%를 넘으면 효율이 떨어짐 • 소독제에 따른 대상물에 손상을 가져올 수 있으므로 주의해야 함 • 많이 사용하는 염소계 소독제는 밀폐하여도 30일 정도가 지나면 유효염소량이 50% 정도 감소되므로 매일 교환해야 함 • 석탄산계수는 소독의 기준이 됨(석탄산을 기준으로 하여 몇 배인지 표시)
효과적인 소독을 위한 조건	• 소독할 물건과 소독제 사이에 충분한 접촉면이 있도록 함 • 적절한 수분이 필요 • 일반적으로 가열 소독할 때는 건열보다 습열이 더 효과적 • 무수알코올보다는 70~75% 알코올 정도의 유수알코올이 살균력이 더 높음 • 알코올에 수분이 첨가되면 낮은 농도에서 세균(단백질)이 더 잘 응고 • 소독제에 따라 정해진 농도와 시간을 지킴 • 살균 작용은 온도에 영향을 받으므로 적절한 소독 온도를 유지 • 소독하고자 하는 목적에 맞는 소독제를 선정

이상적인 멸균 및 소독제의 조건	• 소독력이 강하고, 빠르게 작용하는 것 • 인체에 무해하고, 관리가 간편한 것 • 구하기 쉽고, 가격이 저렴할 것 • 농도가 일정하고, 부식성이 없을 것 • 물에 잘 희석해서 사용할 수 있을 것 • 환경요인에 영향을 잘 받지 않을 것

> **Tip**
>
> 소독제 살균력 지표
> • 어떤 소독약의 석탄산 계수가 2.0이라는 것은 살균력이 석탄산의 2배라는 의미이다.
>   (계수가 높을수록 살균력이 강함)
> • 석탄산 계수 = 비교하고자 하는 소독약의 희석배수/석탄산의 희석배수

(4) 기구에 따른 소독 수준

① 작업기구는 접촉방법 및 상황에 따라 적절한 멸균 및 소독 방법에 따라 관리되어야 한다.

② 본 교재에서는 '의료기관 사용 기구 및 물품 소독 지침(보건복지부 고시 제2020−295호)'을 참조하기로 한다.

고위험 기구	• 무균 조직이나 혈관에 직접 삽입하는 기구 • 멸균된 채로 구매	• 일회용 니들 • 일회용 카트리지	• 멸 균 • 화학멸균, 고온멸균 등
준위험 기구	• 미생물이 존재하지 않아야 하지만 일부 세균의 아포는 허용 • 점막이나 손상된 피부와 접촉하는 기구	• 눈썹정리칼 • 일회용면봉 • 솜 • 장 갑 • 색소컵 • 엠보펜 • 작업용접시 • 트위저 • 머신홀더 • 눈썹정리가위	• 화학멸균, 고온멸균 • 높은 수준의 소독 • 중간 수준의 소독
비위험 기구	• 대부분의 영양성 세균을 사멸하는 소독 • 손상이 없는 피부와 접촉하는 기구 • 점막에는 사용하지 않음	• 헤어드라이 • 빗 • 침대커버 • 이 불	• 중간 수준의 소독 • 낮은 수준의 소독

Tip

- 준위험 기구는 결핵균에 살균력이 있는 소독제를 사용한다.
- 화학 소독제를 사용한 경우에는 소독 후 멸균 증류수로 깨끗이 헹군다.
- 손상이 없는 피부 자체는 대부분의 미생물에 대하여 효과적인 방어벽으로 작용하므로 멸균이 필요하지 않지만, 손을 오염시키거나 의료기구와의 접촉을 통해 2차 감염을 전파시킬 수 있다.

③ 기구의 세척

  ㉠ 소독이나 멸균 전에는 물과 세제로 세척한다.

  ㉡ 오염물이 기구에 말라붙으면 세척하기가 어렵기 때문에 사용 후 바로 세척하고 건조시킨다.

  ㉢ 눈에 보이는 유기물이나 무기염류를 적절한 세정제를 이용하여 제거한다.

  ㉣ 세척시 주의사항

- 세척은 물의 온도, 세제의 종류와 양 등에 영향을 받는다.
- 젖은 수건과 세제로 바닥과 벽, 물건 등 닦는 것도 세척에 포함된다.
- 세척시에는 손을 보호하는 세척용 장갑과 마스크가 필요하며, 앞치마를 착용한다.
- 세척시에는 오염물이 튀지 않도록 조심하며 날카로운 물건에 다치지 않도록 주의한다.
- 만일 오염물질을 사용 후 1시간 내지 2시간 이내로 제거하지 못할 때는 물에 담가 둔다.
- 세척이나 소독, 멸균과정에 영향을 줄 수 있는 기구의 손상 부분을 확인하고, 기능에 문제가 있거나 세척, 소독·멸균이 부적절하다면 보수를 하거나 폐기한다.
- 섬세한 기구 또는 특수 취급이 필요한 기구들은 분리하여 세척한다.
- 생리식염수는 기구를 부식시키므로 물이나 효소 용액을 사용해야 한다.
- 부식된 기구는 정상적인 기구와의 접촉시 부식을 진행시킬 수 있으므로 즉시 제거해야 한다.

④ 소독제의 수준에 따른 분류

구 분	높은 수준의 소독제 (High Level Disinfectants)	중간 수준의 소독제 (Intermediate Level Disinfectants)	낮은 수준의 소독제 (Low Level Disinfectants)
특 징	• 세균의 아포를 제외한 모든 종류의 미생물을 사멸시킴 • 세균의 일부 아포 사멸	• 결핵균과 영양성 세균, 대부분의 바이러스와 진균을 사멸할 수 있지만 세균 아포를 죽일 수 있는 능력은 없음(10분 이내에 소독함)	• 대부분의 영양성 세균과 일부 진균과 바이러스 제거 가능 • 결핵균과 세균 아포 등과 같이 내성이 있는 미생물은 죽이지 못함
도 구	• 일회용 바늘, 카트리지, 눈썹정리용 칼, 솜, 면봉, 장갑, 색소컵 등 재사용이 불가능한 것 • 재사용 가능한 도구(엠보펜대, 작업용 접시 등)	• 재사용 가능한 색소컵 받침, 머신홀더, 트위저, 눈썹정리가위 • 내수성이 없는 디자인 연필, 반영구머신, 디자인자 등	• 빗, 미용도구, 헤어드라이, 베드커버, 수건, 병, 디스펜서 등

		• 씻을 수 있는 제품은 세척하고 건조	• 씻을 수 있는 제품은 세척하고 건조
방 법	• 재사용이 불가능한 도구는 알맞은 용기에 버리고 재사용 가능한 도구는 흐르는 미온수에 세척 후 건조한 후 화학 소독 또는 멸균소독	• 씻을 수 없는 제품은 미온수와 세제를 적신 천으로 닦은 후 물만 묻힌 천으로 닦고 건조 • 이후 70% 알코올을 뿌려 자연 건조	• 씻을 수 없는 제품은 미온수와 세제를 적신 천으로 닦은 후 물만 묻힌 천으로 닦고 건조
시 기	• 고객 시술 후 매번	• 고객 시술 후 매번	• 고객 사이 또는 주기적

⑤ 소독제의 종류

㉠ 과산화수소수(Hydrogen Peroxide) : 고농도 (6~25%)에서 아포를 사멸시키는 높은 수준의 소독제이다.

장 점	• 분해산물이 물과 산소이므로 환경친화적이다. • 맑은 용액으로서 밝은 곳에 두거나 가열하면 쉽게 분해된다.
단 점	• 사용 후 충분히 헹구지 않으면 피부 및 눈에 손상 위험이 있다.

• 피부를 소독할 때 쓰는 과산화수소는 2.5~3%이고, 옥시돌(Oxydol)이라 한다.

㉡ 글루탈알데하이드(Glutaraldehyde)

• 결핵균을 포함한 B형간염 바이러스, Hiv 바이러스에 대한 살균능력이 있으며, pH 7.5~8.5 염기상태에서 멸균소독(아포 사멸)이 가능한 높은 수준의 소독제이다.

• 최소 1.0~1.5%의 농도를 유지하여야 한다.

• 결핵균을 사멸시키려면 실온에서 2% 용액으로 최소한 20분 이상 침적시켜야 한다.

장 점	• 유기물질이 있어도 효과적이다. • 렌즈 달린 기구, 플라스틱, 금속, 고무 등에 사용이 가능하다. • 6~10시간이면 멸균도 가능하다.
단 점	• 불안정(2주~30일까지 효과적)하다. • 여러 번의 세척이 필요하다. • 비용이 고가이다. • 독성이 있다.

㉢ 이소프로판올(Isopropanol)

• 알코올의 한 종류로 70% 이상의 농도에서 중간 수준의 소독제로 쓰인다.

• 에틸알코올보다 살균력이 강하고, 다른 살균의 첨가에 의해 효과가 증대된다.

㉣ 에틸렌옥사이드(Ethylene Oxide)

• 10℃ 이하에서는 액체지만, 그 이상의 온도에서는 무색의 가스가 되어 인화성·폭발성이 강하다.

• 멸균을 위해서는 50%의 습도와 54℃의 온도에 5시간 적용이 필요하다.

㉤ 과초산(Peracetic Acid)

• 그람양성 및 그람음성균주, 곰팡이, 효모 등을 100ppm 미만의 농도에서 5분 이내에 불활성화시킬 수 있다.

- 유기물이 있을 때는 200~500ppm 정도가 되어야 하며, 세균의 아포를 불활성화시키기 위해서는 500~10,000ppm에서 15초~30분간 적용해야 한다.
- 미국에서는 수술기구, 치과기구, 내시경 기구의 화학멸균제로 널리 사용되고 있다.
- 50℃에서 35% 과초산을 여과한 물에 0.2%로 희석하여 사용한다.

Tip

높은 수준의 소독제에 대한 특성별 비교

구 분	과산화수소 (7.5%)	과초산 (0.2%)	글루타르알데하이드 (2.0%)	옵소프탈알데하이드 (0.55%)	과산화수소수/과초산 (7.35%/0.23%)
높은 수준의 소독	0분(20℃)	–	20~90분 (20~25℃)	12분(20℃)	15분(20℃)
멸균 수준	6시간(20℃)	12분(50℃)	10시간(20~25℃)	없 음	3시간(20℃)
활성화제	필요 없음	필요 없음	필요함	필요 없음	필요 없음
사용 기간	21일	1회 사용	14~30일	14일	14일
살균 효과에 대한 최소 농도 기준	있음(6%)	없 음	있음(≥ 1.5%)	있음(0.3%)	없 음
안정성	눈의 손상 (보안경 사용)	눈과 피부의 손상 (농도가 높은 경우)	호흡기계	눈의 자극, 피부 착색	눈의 손상

⑥ 피부소독제

상처 피부	포비돈 아이오딘 (Povidine Iodine)	• 피부소독 : 7.5~10% • 구강 함수 : 2% • 독성과 자극성이 적음 • 작용시간 빠름
	클로르헥시딘 (Chlorhexidine)	• 피부소독 : 0.5~4% • 상처 : 2% • 막소독 : 0.1~0.5% • 피부자극 적음, 피부 잔재효과(치아 변색 등)
	계면활성제 (Surfactant)	• 음이온계면활성제 : 일반비누 • 양이온계면활성제 : 소독제로 사용
	소독용 에탄올 (Ethanol)	• 60% 이상 : 손 소독 • 76~81% : 반영구화장 전 피부소독제로 쓰임 • 피부에 바른 후 2분 경과하면 90% 이상 균 감소 • 점막이나 개방창상에 사용하지 않음

(5) 기구의 관리

① 오염이 된 기구로 분류하는 기구는 다음과 같다.

  ㉠ 소독 및 멸균이 되었더라도 사용 기간이 지난 의료기구

  ㉡ 밀봉된 봉지가 열린 의료기구

  ㉢ 육안으로 얼룩이나 더러움이 확인되는 의료기구

  ㉣ 실제 사용 후 세척, 소독 및 멸균이 필요한 의료기구

  ㉤ 포장 재질이 기록된 것과 다른 경우

② 기구의 소독 유지 기간을 오염 확인 표지에 근거하여 확인한다.

③ 소독하고 소독된 기구는 따로 보관한다.

④ 미용 사업장 내에는 반드시 소독기, 자외선 살균기 등의 소독장비를 갖추어야 하며, 자외선 소독기에는 소독된 기구나 용기, 스펀지 등을 보관한다.

⑤ 열탕소독(자비소독)으로 주로 수건이나 터번 등의 면제품을 살균한다.

⑥ 에탄올 같은 알코올류를 이용해 기구나 가구의 표면을 소독한다.

⑦ 표면의 건조 상태를 확인한다. 건조 상태에서도 오염의 흔적이 발견될 때에는 세척의 과정을 다시 거쳐야 한다.

(6) 공중위생관리법상의 소독 기준

① 자외선소독 : 1㎡ 당 85W 이상의 자외선을 20분 이상 쐬어 준다.

② 건열멸균소독 : 섭씨 100℃ 이상의 건조한 열에 20분 이상 쐬어 준다.

③ 증기소독 : 섭씨 100℃ 이상의 습한 열에 20분 이상 쐬어 준다.

④ 열탕소독(자비소독) : 섭씨 100℃ 이상의 물속에 10분 이상 끓여 준다.

⑤ 석탄산소독 : 석탄산수(석탄산 3%, 물 97%의 수용액)에 10분 이상 담가 둔다.

⑥ 크레졸소독 : 크레졸수(크레졸 3%, 물 97%의 수용액)에 10분 이상 담가 둔다.

⑦ 에탄올소독 : 에탄올수용액(에탄올이 70%인 수용액)에 10분 이상 담가 두거나, 에탄올수용액을 머금은 면 또는 거즈로 기구의 표면을 닦아 준다.

(1) 작업장의 공간별 관리

구 분		정 리	청소			소 독
			수 시	매 일	주 1회	
서비스 제공공간	안내 데스크, 상담실, 탈의실	○	○	○		
	시술실	○	○			○
서비스 준비공간	제품보관실	○			○	
	탕비실, 작업준비실	○	○	○		○
	직원휴게실	○	○	○		
화장실		○		○		○

(2) 작업장 관리원칙

① 시술실은 작업만을 위한 공간으로 구분되어 교차오염 우려가 없을 것
② 청소하기 쉽게 매끄러운 표면을 지니고 소독제 등의 부식성에 저항력이 있을 것
③ 환기가 잘 되고 청결할 것
④ 외부와 연결된 창문은 가능한 한 열리지 않도록 할 것
⑤ 작업소 내의 외관 표면은 가능한 한 매끄럽게 설계하고, 청소, 소독제의 부식성에 저항력이 있을 것
⑥ 수세실과 화장실은 접근이 쉬워야 하나 생산구역과 분리되어 있을 것
⑦ 작업소 전체에 적절한 조명을 설치하고, 조명이 파손될 경우를 대비한 제품을 보호할 수 있는 처리절차를 마련할 것
⑧ 제품의 오염을 방지하고 적절한 온도 및 습도를 유지할 수 있는 냉난방 시설 등 적절한 환기 시설을 갖출 것
⑨ 구역별 청소 및 위생관리 절차에 따라 효능이 입증된 세척제 및 소독 기구를 갖출 것
⑩ 제품의 품질에 영향을 주지 않는 소모품을 사용할 것

(3) 시술실 관리원칙

① 불필요한 감염원을 제거하기 위하여 사람의 출입을 제한한다.
② 의자와 작업용 침대는 표면소독이 가능한 재질이어야 한다.
③ 지정폐기물 용기를 비치한다.
④ 시술도구를 세척할 수 있는 냉온수 시설이 있어야 한다.
⑤ 기기의 살균에 필요한 모든 제품과 장비를 준비한다.
⑥ 한 고객의 시술이 끝날 때마다 기구와 도구를 소독한다.

⑦ 실내온도 20~24℃, 습도 50~60% 유지는 세균성장 억제에 도움이 된다.

⑧ 일과 종료 후에는 작업트레이 위에 물건을 올려놓지 않고 모두 내리고, 작업트레이를 소독한 후 덮개로 덮어둔다.

⑨ 시술실의 바닥은 락스 용액에 30분간 담가서 소독한다.

(4) 대기실 관리원칙

① 대기실은 고객이 편안하게 앉아서 상담을 받을 수 있는 공간이어야 하고, 개인의 정보가 유출되지 않는 프라이빗한 공간이어야 한다.

② 고객이 세안을 할 수 있는 세면시설이 있어야 한다.

③ 냉, 온의 음료수와 정수기, 일회용 컵을 비치한다. 이때 제공하는 음료 및 스낵의 유통기한은 물론 청결한 위생 상태를 유지하기 위해 수시로 점검하고 정기적으로 소독을 해야 한다.

④ 바닥은 매일 청소하고 주 1회 소독한다.

⑤ 벽면 전기콘센트는 주 1회 청소하고 소독한다.

⑥ 고객이 렌즈를 벗거나 가운을 갈아입는 것이 가능한 파우더룸을 마련한다.

(5) 화장실 관리원칙

① 화장실은 습도가 높아 각종 세균 및 곰팡이, 위생해충이 증식하기 가장 좋은 환경이므로, 세심한 관리가 필요하다.

② 화장실은 일과 종료시 1일 1회 이상 매일 소독을 한다.

③ 바닥은 물기가 없는 건조한 상태를 유지하여 미끄러지지 않도록 한다.

④ 손을 씻을 수 있는 세면 시설과 비누, 일회용 종이 타월이 준비되어야 한다.

⑤ 변기는 더러울 때와 접촉주의를 요하는 고객이 사용한 후에는 적절한 소독제를 이용하여 청소한다.

⑥ 소변이 있는 상태에 락스 용액으로 청소하면 염소가스를 생성하여 밀폐된 공간에서는 질식의 가능성이 있으므로 주의해야 한다.

(6) 재료보관실 관리원칙

① 재료들이 변질되지 않고 위생적으로 보관될 수 있도록 관리한다.

② 직사광선을 피하고 환기가 잘되어야 한다.

③ 수납 물품의 위치는 항상 같은 자리에 배치하고 자주 위치를 바꾸지 않아 찾기 편해야 한다.

④ 사용한 물품과 사용하지 않은 물품이 분리 보관되어야 한다.

⑤ 소독된 물품은 문이나 뚜껑이 있는 장에 보관하고 물이 닿지 말아야 한다.

⑥ 멸균된 도구, 소독된 도구, 소독이 되지 않은 도구는 각각 분리 보관한다.

(7) 일상적인 청소와 규칙적인 소독

① 침대, 손잡이, 세면장 등에 병원체가 달라붙지 못하게 한다.
② 모든 평면은 지정된 소독액을 사용한다.
③ 쓰레기통은 플라스틱 백을 안에 넣어서 사용하며 매일 버린다.
④ 쓰레기통의 2/3 이상 채우지 않는다.
⑤ 액체로 된 쓰레기는 쓰레기통에 버리지 않는다.
⑥ 욕조, 세면대, 샤워실, 싱크대는 사용한 후 씻고, 최소한 매일 1회 이상 청소하고, 건조하게 유지한다.
⑦ 청소 감독자는 매일 점검한다.
⑧ 청소 스케줄을 세워서 게시판에 붙여 놓고 빠짐없이 시행한다.
⑨ 깨끗한 환경을 유지하는 것으로 모든 절차는 일관되고 효율적이어야 한다.
⑩ 청소 정책과 절차는 특성에 맞게 수립하고 문서화되어야 한다.

(8) 청소의 일반지침

① 청소는 청결한 곳에서 오염이 심한 곳으로, 높은 위치에서 낮은 위치 순서로 한다.
② 청소를 시행할 때에는 오염물질이 떨어져 나오도록 마찰을 하여 시행한다.
③ 청소할 때는 장갑, 앞치마, 마스크 등을 착용한다.
④ 청소구역은 접촉이 적은 곳(마룻바닥, 벽, 커튼 환기구)과 접촉이 빈번한 곳(장비의 손잡이, 문손잡이, 조명, 스위치 등)으로 분류하는데, 접촉이 잦은 곳은 교차감염의 위험이 높으므로 소독제 또는 세제를 이용하여 청소한다.
⑤ 테이블, 침상, 의자, 전등 등 수평의 표면은 매일 먼지를 닦아내도록 한다.
⑥ 커튼은 정기적인 스케줄에 따라, 또는 오염되었을 때 교환하고 세탁한다.
⑦ 바닥은 소독제로 충분히 적시고, 마찰하여 청소한다.
⑧ 카펫이 있다면 진공 청소를 하도록 한다.
⑨ 청소에 사용되는 세제나 소독제의 특성은 정확하게 이해하고 있어야 한다.
⑩ 소독제를 이용한 분무소독은 공기나 표면의 소독에 적합하지 않고 인체에 유해하므로 하지 않는다.
⑪ 감염 관리자는 실무교육을 실시하고 청소절차와 계획에 대해 조언하며, 소독제에 대한 전문적 정보를 제시하고 정책과 절차를 세울 수 있도록 지원해야 한다.

Tip

청소용구
• 오염된 청소용구는 바로 교환, 소독한다.
• 청소용구를 젖은 채로 보관하면 미생물이 증식할 수 있으므로, 100배 희석한 락스를 이용하여 소독한 후 보관한다.
• 걸레는 사용시마다 세탁하여 건조한 후 다시 사용한다.

(9) 시술실 청소 및 소독

① 시술실에서 사용하는 침대와 베개커버는 물을 흡수하지 않는 것으로 선택하여 적절한 소독제로 닦는다.

② 시술 장비의 손잡이, 조명, 등을 자주 소독한다.

③ 문손잡이, 전화기, 리모컨, 책상 등을 자주 청소하고 소독한다.

④ 바닥은 적정농도의 염소계(락스) 용액을 이용하여 업무 종료 후 매일 청소하고 시술실과 상담실을 분리하여 청소한다.

⑤ 시술실은 다른 곳과 분리되는 전용 슬리퍼를 신도록 한다.

⑥ 알코올은 넓지 않은 표면 청소에 부분적으로 사용하도록 한다.

⑦ 알코올은 피부와 환경 소독에 안전하게 사용될 수 있다.

⑧ 의료기구나 장비의 표면을 청소하는 것과 바닥을 청소하는 도구와 소독제를 각각 따로 사용하고 분리보관 한다.

구 분	권장사항	주의사항
시술실 주변환경 (표면, 바닥 등)	• HBV Quat를 100배 희석하여 깨끗한 걸레에 묻혀 닦음	• 장갑 착용 • 분무시 마스크 착용
세면기, 싱크대 표면	• 세제로 물때를 제거한 후 락스 원액(5%)을 200배 희석 또는 살균소독제(바이오스펏 등)물 3L에 1정을 용해하여 깨끗한 걸레에 묻혀 닦음 • 감염물질의 오염이 심할 경우에는 물을 가득 받고 염소농도 300ppm에 맞추어 락스나 살균소독제(바이오스펏 등)를 희석하여 30분 적용 후 헹굼	• 유기물이 있는 경우 염소 소독력이 저하됨

> **Tip**
>
> 작업장 시설 및 설비 관리
> 작업장에는 전기, 상하수도, 조명, 온수기, 간판 및 현수막, 환풍기, 냉난방기, 소화기 등과 같은 각종 시설과 설비가 갖추어져 있다. 이들 여러 시설과 설비는 종업원과 고객의 안전과 위생에 직결되므로 정기적인 점검을 통해 철저히 관리해야 한다.

(10) 환경소독제

① 개 요

㉠ 환경소독제는 무색이어야 하며, 피부나 물건에 끼치는 손상이 적어야 한다.

㉡ 소독효과가 광범위하고 강력하며 신속해야 한다.

㉢ 소독제들은 보통 일정한 시간이 지나야 소독 효과가 있으며, 소독제에 따른 농도와 정확한 사용법을 지켜야 한다.

② 환경소독제의 사용법

　ㄱ 락스(치아염소산나트륨)

　　• 염소화합물로, 일반적으로 많이 사용된다.

　　• 냄새가 자극적이고 호흡기 독성이 있기 때문에 주로 오염된 공간이나 화장실에 사용한다.

　　• 찬물에 1/100 농도로 희석하여 사용하여야 하며 부식 위험 가능성이 있다.

　　• 스프레이로 뿌리지 않는다.

　ㄴ 알코올

　　• 휘발되면서 소독 효과를 발휘한다.

　　• 아무 색이 없고 효과가 빠르다.

　　• 포자는 없애지 못하지만, 곰팡이나 세균을 모두 제거한다.

　　• 뿌린 후 자연 건조하거나 문지른다.

　　• 과산화수소수 6% : 분해되면서 발생한 활성산소가 물건 등을 손상시킬 수 있다.

　ㄷ 용도별 소독제와 사용방법

용 도	소독제	농 도	사용방법
소독이 불가능한 기구	세제와 물로 닦은 후 에틸알코올	75%	뿌린 후 거즈나 수건에 묻혀 닦거나 자연 건조
작업용 의자, 침대, 트레이	세제와 물로 닦은 후 에틸알코올	75%	뿌린 후 거즈나 수건에 묻혀 닦거나 자연 건조
바닥, 화장실, 벽	락 스	0.05%	• 닦거나 뿌려놓음 • 100배 희석

③ 주의사항

　ㄱ 소독제를 사용할 경우 제품설명서를 잘 읽어보고 희석농도와 유효기간에 유의하여 사용한다.

　ㄴ 사용할 때마다 새로 만들어 사용하고 자주 교체하는 것을 원칙으로 한다.

　ㄷ 많이 사용하는 염소계 소독제는 밀폐하여도 30일 정도가 지나면 유효염소량이 50% 정도 감소하므로 매일 교환해야 한다.

　ㄹ 환경소독제는 공인된 기관의 허가를 받은 제품을 사용한다.

　ㅁ 모든 대상 표면이 접촉할 수 있도록 한다.

　ㅂ 소독제는 재보충하지 않으며, 소독제의 보관기준 및 사용방법에 대한 기준을 마련한다.

　ㅅ 혈액이나 체액을 엎지른 경우는 장갑, 집게 등의 보호 장비를 착용하고 제거해야 한다.

　ㅇ 소독제는 결핵에 대한 소독효과가 있거나 B형 간염 바이러스용으로 등록된 것을 사용한다.

　ㅈ 혈액이나 체액의 양이 소량(10㎖ 이하)인 경우이거나 매끈한 표면일 경우 100배 희석(500ppm)한 염소계 소독제로 닦아낸다.

　ㅊ 감염바이러스 양성 고객의 체액이나 혈액을 쏟은 경우는 우선 10배 희석한 염소계 소독제를 부어 미생물을 사멸시킨 후 종이수건으로 흡수하여 버리고 다시 소독제를 묻혀 걸레로 닦아낸다.

④ 유효성분별 주의사항

분류	대표유효성분	주의사항
염소화합물	차아염소산나트륨	• 피부 및 눈에 독성이 발생할 수 있으므로 환기가 잘되는 곳에서 사용 • 섬유 변색, 금속표면 손상 주의 • 소독 후 10분 건조, 10분 후 수건으로 닦기
	아염소산나트륨	
알코올	에탄올	• 피부 및 눈에 자극이 생길 수 있음 • 플라스틱 또는 고무 재질 손상 주의 • 1분 이내 소독(휘발성, 인화성 제품)
	이소프로판올	
4급암모늄 화합물	벤잘코늄 염화물	• 피부 및 눈에 독성이 발생할 수 있으므로 환기가 잘되는 곳에서 사용 • 소독제를 10분 이상 접촉할 것
과산화물	과산화수소	• 피부 및 눈에 독성이 발생할 수 있으므로 환기가 잘되는 곳에서 사용 • 금속표면 손상 주의 • 소독제를 5분 이상 접촉할 것
	과아세트산	

⑤ 작업장의 소독제

상품명	희석방법	사용용도	주의사항
락 스	100배 희석	• 환경 표면 소독 • 가습기, 싱크대 등 소독	• 희석 후 바로 사용 • 희석 비율 준수 • 독성물질 생성 주의 • 뜨거운 물 사용 금지 • 소변 접촉 금지 • 금속물질 부식 가능 • 유색 천 탈색 가능
바이오스펏	3L에 1정	• 환경 표면 소독 • 신생아 욕조, 산소습윤병, 소독	• 희석 후 바로 사용 • 희석 비율 준수 • 금속물질 부식 가능 • 유색 천 탈색 가능 • 보관시 습기 노출 예방
HBV Quat	• MRSA, VRE 등 다제내성균 고객 : 50배 희석 • 일반고객 : 100배 희석	• 바닥, 침대, 가구 등의 시술실 환경 세척 및 소독	• 개봉 후 1년 이내 사용 • 희석 후 24시간 내 사용 • 희석 비율 준수 • 피부에 닿는 표면은 물로 다시 닦아냄 • 분무시 장갑 및 마스크 착용

(11) 위해해충의 관리

① 해충 방제를 위한 시설 위생관리 방법

관리구획	중점 관리 사항
외부 발생 관리	화단 배수로 등 해충의 주요 서식처 제거를 통한 해충 발생 제어
유인 및 접근 관리	쓰레기에 의한 냄새, 조명에 의한 빛 등 해충을 유인할 수 있는 시설물 관리를 통한 유인 및 접근 차단
침입 관리	출입문, 창문 틈새, 환풍 시설 등 외부 발생 해충의 주요 침입 경로를 차단
내부 발생 관리	배수계 각종 기기의 밑 부분, 청소도구, 쓰레기통 등 내부 발생 해충의 주요 서식처 제거를 통한 발생 제어

② 위해해충이 일으키는 질병

ⓒ 샤가스병 : 빈대에 의해 매개되는 원충성 질환

ⓒ 쯔쯔가무시증 : 진드기에 의해 발생하는 급성 열성 질환

ⓒ 말라리아 : 모기에 의하여 매개되는 원충 감염증

ⓒ 일본뇌염 : 모기에 의해 매개된 바이러스로 인한 중추신경계 질환

ⓒ 유행성 출혈열 : 쥐 등 동물에서 사람으로 전염되는 염증 및 급성 출혈열

③ 위해해충에 따른 관리

진드기	• 오래된 책과 패브릭 제품은 치워야 한다. • 카펫, 털이 많은 인형, 쿠션패브릭 소파, 두꺼운 모직 방석 등 특성상 습기를 흡수하는 물건은 될 수 있는 대로 사용하지 않도록 한다. • 침구는 온수 세탁이 가능한 제품이 좋고 주기적으로 삶는다.
개미류	• 음식물을 섭취한 다음 빠른 시간 내에 치워야 한다.
바퀴류	• 잡식성으로, 먹을 것이 없도록 위생관리를 철저히 해야 한다.
모 기	• 실외에서 발생하여 실내로 침입하기 때문에 외곽의 모기 서식처를 제거한다. • 다용도실 등의 배수구에 스타킹이나 망사 거즈 등으로 덮개를 만들어 씌워 모기의 이동 통로를 차단한다.
파 리	• 외부에서 실내로 침입할 수 없도록 창문을 단속한다. • 실내에서 파리가 서식할 때에는 파리가 알을 낳는 장소에 약제를 살포한다.
초파리	• 과일과 같이 당도가 높은 것은 비닐에 싸서 단맛의 발산을 최소화하고 냉장고에 보관한다. • 과일 껍질은 비닐봉지로 밀봉을 하여 버리고, 발생 즉시 외부로 배출하는 것이 좋다. • 음식물 쓰레기는 뚜껑이 있는 밀폐된 용기를 사용하고, 싱크대 개수구는 음식물 쓰레기가 발생할 때마다 제거한다.
나방파리	• 화장실에서 주로 발생하는 소형 파리로 주로 세면대, 싱크대, 욕조, 욕실, 다용도실 등의 배수구에서 발견할 수 있다. • 약 100℃ 가량의 뜨거운 물을 배수구 안의 벽면에 닿도록 20~30초간 부어 준다.

④ 위해해충 예방관리

ⓒ 위해해충은 일상생활 속에서 출입문, 창문, 배수관, 외부 물품 등을 통하여 지속적으로 유입되므로 아래의 사항을 반드시 지켜야 한다.

ⓒ 각종 쓰레기통, 음식물 쓰레기는 반드시 뚜껑을 닫아서 사용하고 매일 비운다.

ⓒ 신문과 같은 재활용이 가능한 쓰레기는 실외에서 모아 배출하도록 한다.

ⓔ 평소 하수구나 배수관은 뚜껑을 닫아 놓도록 한다.

ⓜ 자주 환기를 시키고 실내 습도가 너무 높지 않도록 한다.

ⓗ 과자나 군것질거리는 가능하면 한 번에 먹고 치우도록 한다.

ⓢ 설거지는 적은 양이라도 곧바로 하도록 한다.

ⓞ 외부와 통하는 문은 열어두지 않는다.

ⓩ 세면대는 사용 후 물기를 닦아 건조하게 관리한다.

(12) 폐기물의 관리

① 감염성 폐기물은 인체에 감염 등 위해를 줄 수 있으며, 환경 보호의 측면에서도 특별한 관리가 필요하다고 인정된다.

② 감염폐기물은 안전하고 위생적으로 취급해야 한다.

③ 이는 종전에 의료법(적출물처리규칙)에 의하여 적출물로 관리되어 왔다. 그러나 2000년 8월 9일부터는 이를 폐기물관리법 체계로 흡수하여 인체적출물 외에 감염우려가 있는 폐기물(동물사체, 실험연구기관의 실험동물사체 등)을 모두 포함하여 감염성 폐기물로 통합 관리하게 되었다.

④ 감염성 폐기물

㉠ 의료폐기물이라고도 한다.

㉡ 「폐기물관리법」 제2조에서 의료폐기물이란 보건·의료기관, 동물병원, 시험·검사기관 등에서 배출되는 폐기물 중 인체에 감염 등 위해를 줄 우려가 있는 폐기물과 인체 조직 등 적출물, 실험동물의 사체 등 보건·환경보호상 특별한 관리가 필요하다고 인정되는 폐기물로서 대통령령으로 정하는 폐기물을 말한다.

구 분		보관기간	내 용	색 상	
격리 의료폐기물		7일 이내	「감염병의 예방 및 관리에 관한 법률」 제2조 제1호에 따른 감염병으로부터 타인을 보호하기 위해 격리된 사람에 대한 의료행위에서 발생한 일체의 폐기물	붉은색	
감염성 폐기물	조직 물류 폐기물	15일 이내	인체 또는 동물로부터 적출되거나 절단된 물체, 실험동물의 사체나 인체 또는 동물의 피, 고름, 분비물 및 임신 4개월 미만의 사태(태반도 포함)	노랑색 (상자형용기)	검정색 (봉투형용기)
	병리계 폐기물	15일 이내	시험/검사 등 사용된 배양액, 배양용기, 보관균주, 폐시험관, 슬라이드, 커버글라스, 폐배지, 폐장갑		
	손상성 폐기물	30일 이내	주사바늘, 봉합바늘, 수술용 칼날, 한방침, 치과용 침, 파손된 유리재질의 시험기구(합성수지류)		
	탈지 면류	15일 이내	피, 고름, 소독약이 묻은 탈지면, 붕대, 거즈, 의료, 진료, 치료 등에 따라 발생된 일회용 기저귀, 생리대		
	폐합성 수지류	15일 이내	일회용 주사기, 수액세트(수액백을 제외한 줄, 주사바늘 및 캡), 혈액백, 또는 혈액투석시 사용된 폐기물		
	혼합 감염성 폐기물	15일 이내	감염성 폐기물과 혼합되거나 접촉된 폐기물로서 다른 감염성 폐기물로 분류되지 않은 폐기물		

(13) 의료폐기물 분류

① **감염성 폐기물의 수거 및 관리**

    ㉠ 적출물의 수거, 운반, 보관 용기는 투명하지 아니한 고무, 플라스틱 또는 골판지로 만든 견고한 것으로 뚜껑이 있어야 하며, 악취 또는 액체가 외부로 새어나오지 않도록 밀폐 포장된 상태여야 한다.

    ㉡ 골판지로 만든 용기에 수집할 경우 탈지면류와 폐합성수지류로 구분하여 수집한다.

    ㉢ 손상성 폐기물(주사침 포함)에 한하여 뚫리지 않은 단단한 용기에 수거하여 닫힌 채로 마지막까지 처리되도록 한다.

    ㉣ 쓰레기통은 수시로 비워야 하며 넘치지 않도록 한다. 2/3 이상 넘치지 않도록 하고, 흘러나오지 않도록 한다.

    ㉤ 폐기물을 수거, 보관하는 곳은 복잡한 곳을 피하고 직원의 노출 위험이 가장 적은 곳이어야 한다.

    ㉥ 적출물의 처리는 기준에 적합한 소각 및 처리시설이 있으면 자체처리하고, 없으면 적출물 처리 업자에게 위탁하여 처리한다.

② **감염성 폐기물의 보관 · 운반**

    ㉠ 층간 이동은 폐기물 전용 승강기를 이용하고, 전용 운반차량으로 운반한다.

    ㉡ 감염성 폐기물의 운반은 전용 운반함이나 상자형 용기로 운반하고, 운반함은 재사용시마다 소독해야 한다.

    ㉢ 운반자의 신체손상 등의 우려가 있는 것은 이중포장 용기를 사용하여야 한다.

    ㉣ 쓰레기가 최종적으로 버려지기 전에 감염된 쓰레기를 저장하거나 이송하는 경우 감염된 쓰레기를 담은 용기의 안과 밖 모두 감염성 폐기물관리법에 따라 안전하게 하여야 한다.

③ **감염성 폐기물 전용용기**

    전용용기는 환경부장관이 고시하는 검사기준에 따라 검사한 용기만 사용한다.

    ㉠ 합성수지 전용용기
- 주사 바늘, 봉합 바늘, 수술용 칼날, 한방 침, 치과용 침
- 파손된 유리 재질의 시험기구
- 다른 의료폐기물과 혼합금지(합성수지용기만 보관)
- 주사침을 골판지 용기에 넣을 경우 위법
- 보관기간 : 30일
- 병리계 폐기물, 생물화학 폐기물, 혈액오염 폐기물, 탈지면류 폐기용
- 전용용기는 2중구조로 용기내부에는 합성수지로 된 주머니를 부착하거나 넣어서 사용
- 전용용기 색상은 흰색이며 겉면에 뚜껑 및 반코팅이 되어 있음(전용용기의 로드번호와 시험성적서 일치된 것을 비치)

합성수지 전용용기　　　　상자형 전용용기　　　　봉투형 용기

  Ⓒ 봉투형 용기
   • 사용종료 즉시 바로 상자형 전용용기에 이송보관 할 것
   • 상자형 전용용기에 봉투형 용기 여러 개를 넣어 보관 가능함
   • 운반구는 반드시 뚜껑이 있고 견고한 전용 운반카를 이용
   • 운반시 폐기물을 노출하여서는 안 됨
   • 전용 운반구는 사용 후 약물소독 실시
   • 주사침 용기는 담아서 배출하여서는 안 됨

④ 감염성 폐기물의 지침
  ㉠ 감염된 쓰레기를 수집하고 버리는 직원은 적절하게 다루고 버리는 방법에 대하여 교육을 받고 건강과 안전의 위험에 대한 정보를 알아야 한다.
  ㉡ 용액성 노폐물을 다룰 때는 항상 장갑을 사용한다.
  ㉢ 엎지르거나 튄 경우에는 휴지 등으로 흡수하고 소독액을 사용하여 닦는다.
  ㉣ 모든 과정이 끝난 후에는 장갑을 착용하였다 하더라도 꼭 손을 씻는다.

⑤ 감염성 폐기물의 취급기준
  ㉠ 감염성 폐기물의 식별을 위해서는 생물학적 위해(Biohazard)를 표지하고, 그의 감염성 폐기물이나 구역은 취급자의 경각을 위해 심벌로 표시한다(특별한 주의와 별도의 관리가 필요함을 말해주는 별도의 표기).
  ㉡ 식별표기
   • 붉은색 : 액체
   • 오렌지 : 고형상(혈액이 묻은 가제, 탈지면)
   • 노랑색 : 예리한 것(니들, 주사기, 침, 메스, 바늘)
  ㉢ 감염성 폐기물은 발생한 때부터 종류별로 라벨을 붙이고 전용 용기에 담아 보관한다.
  ㉣ 폐기물은 전문 업체가 처리해야 한다.
  ㉤ 라벨은 용기나 봉투의 전용용기에 직접 붙여야 한다(바닥이나 벽에 붙이지 않는다).
  ㉥ 손상성 폐기물은 뚫리지 않은 단단한 용기에 닫힌 채 마지막까지 처리될 수 있도록 한다.
  ㉦ 보관 장소의 바닥과 내벽은 타일, 콘크리트 등 내수성 자재로 설치하고, 세척이 쉽고 항상 청결을 유지할 수 있도록 해야 한다.

Tip

미국의 OSHA 등에서는 감염성 폐기물을 담는 용기에 다음 그림과 같은 별도의 표시를 반드시 설치할 것을 요구한다고 한다.

감염성 폐기물 표시

※ 이 폐기물은 감염의 위험성이 있으니 주의하여 주시기 바랍니다.

배출의료기관		종류 및 성상 고상	• 병리계, 손상성 • 탈지면류 • 폐합성 수지류 • 혼합성 감염성 폐기물
포장 년 월 일		수거 년 월 일	
수거자		중 량	kg

⑥ 설비의 관리(Engineering Controls)
　　㉠ 설비 관리란 폐기물 용기와 같이 위험한 요소를 격리하여 작업장에서 노출을 최소화하는 것이다.
　　㉡ 이는 감염을 예방하는 1차적 방어선이며, 환기, 격리, 시설의 설치가 제대로 이루어지지 않을 경우 작업환경에 따른 감염이 일어날 수 있으므로 시설의 유지, 보수 관리가 필요하다.
　　㉢ 감염관리를 위한 적절한 시설
　　　• 별도의 공간에 일상복을 보관하고 갈아입을 수 있는 깨끗한 구역의 제공(교차오염의 방지)
　　　• 손 씻는 활동을 부담 없이 할 수 있는 세척시설의 설비
　　　• 냉온수 사용이 가능한 씽크시설
　　　• 세탁물을 외부로 반출하지 않도록 세탁실을 구비
　　　• 설비 및 제어시스템의 정기 검사 및 유지 보수
　　　• 감염관리 수행을 위한 행정적 관리

PART 7

혈행성 감염(BBP)

혈액매개 감염에 대해 이해한다 .

혈액노출시 조치사항에 대해 숙지한다 .

혈액매개 감염병 예방을 위한 대책을 수립한다 .

혈행성 감염(BBP)

01 혈행성 감염(BloodBorne Pathogens, BBP)의 정의 및 원인

(1) 혈행성 감염의 정의

① 혈액 및 체액을 매개로 하여 타인에게 전염되어 질병을 유발하는 감염병을 말한다.

② 대표질환으로 B형 간염, C형 간염, 인간면역결핍 바이러스(AIDS) 등이 있다.

③ 그 외 대부분의 바이러스, 박테리아, 기생충 등도 혈액 내에서 수일에서 수주일 생존할 수 있기 때문에 혈액은 감염의 전파 위험이 높다.

④ 일반적으로 발생 가능한 노출 경로

비경구 노출	혈액을 취급하는 사람이 주사기, 봉합바늘, 수술용 칼 및 혈액수집장치 등에 베이거나 찔려서 상처 난 피부에 혈액이 접촉됨으로써 감염되는 경우
경구 노출	혈액을 취급하는 장소에서 음식물의 섭취 및 흡연 등 구강을 통하여 감염되는 경우
점막 노출	혈액이나 체액이 눈, 코, 입으로 튀는 경우
피부 노출	베이거나, 피부가 벗겨졌거나 피부염 등으로 손상이 있는 피부가 혈액이나 체액과 접촉하였을 경우

⑤ 혈행성 감염균

감염 가능성이 있는 체액	감염 가능성이 희박하거나 없는 체액
• 혈 액 • 정액, 질분비물 • 모유, 조직 • 뇌척수액, 가슴, 복부, 관절의 체액 • 기타 혈액이 섞인 체액	• 대변, 콧물, 가래, 땀, 눈물 • 소변, 토사물, 침 등 • 혈액이 섞여 있지 않은 것

(2) 혈행성 감염의 원인 및 호발직종

① 성적 접촉

② 주삿바늘의 공유

③ 임신 중이거나 출생시 어머니에게서 아기로 수직감염

④ 오염된 바늘을 통한 감염(반영구화장, 문신, 피어싱)

⑤ 베이거나 찔린 손상된 피부와 감염된 혈액, 체액 사이의 접촉

⑥ 점막과 혈액 및 기타 감염된 체액 사이의 접촉

Tip

혈액 매개 감염의 노출 경로는 주사침이나 날카로운 기구로 인한 손상으로, 직업적 노출이 75%를 차지하며 점막 노출과 손상된 피부의 노출로 인한 감염 위험은 매우 낮다.

⑦ 호발직종

　㉠ 의료전문가(의사, 간호사, 치과의사, 의대생, 임상병리사)

　㉡ 응급처치나 의료지원을 하는 긴급구조요원

　㉢ 경찰관

　㉣ 보육교사, 교직원

　㉤ 작업환경에서 혈액이나 체액과 잦은 접촉이 있는 경우(실험실 근로자)

　㉥ 직업적으로 혈액이나 기타 잠재적인 감염성 물질에 노출될 수 있는 근로자

　㉦ 반영구화장, 문신, 피어싱 작업자

　㉧ 장례식장 및 영안실 직원

　㉨ 폐기물을 다루는 작업자 등

02 혈행성 감염 질환

(1) 혈행성 감염 대표질환

① B형 간염(Hepatits B)

　㉠ 정의 및 특징

　　• B형 간염바이러스(Hepatitis B Virus, HBV)에 감염되어 발생하는 간의 염증성 질환이다.

　　• 혈청성 간염이라고도 한다.

　　• B형 간염의 원인인 바이러스균은 일반 환경에서 적어도 일주일 동안은 살아남는다. 따라서 혈액이 액체가 아니라 말라서 고체의 형태로 존재하더라도 감염원으로 기능할 수 있다.

　　• 고체 상태로 건조된 혈액의 경우 제거작업을 하는 도중에 분말 형태로 날리게 되는 경우가 있는데 이와 같은 상태에서도 감염이 가능하다.

　㉡ 전파경로

　　• 감염된 사람의 혈액이나 체액

　　• 오염된 주사기의 사용, 침습행위

　　• 수 혈

　　• 성적 접촉

- 비위생적인 날카로운 기구(문신기구, 피어싱, 귀걸이)
- 산모로부터 신생아에게 주산기 감염

ⓒ 일상적인 활동(재채기, 기침, 껴안기, 모유수유, 식사 등으로는 전염되지 않음)

ⓓ 잠복기 : 45~160일(평균 120일)

ⓔ 증 상

급성 B형 간염	• 급성으로 노출 후 6개월 이내에 단기간에 발생한다. • 황달, 흑뇨, 식욕부진, 근육통, 피로, 복통, 등이 나타난다. • 무증상 감염도 있을 수 있으며, 무증상 보균상태에서 전염이 잘 일어난다. • 일반적으로 6개월 이내에 저절로 회복되지만, 장기간 바이러스가 인체에 남아 만성간염으로 이행되는 경우가 생길 수 있다.
만성 B형 간염	• 피로, 전신권태, 지속적인 또는 간헐적인 황달, 식욕부진 등의 증상이 나타난다. • 합병증으로 만성 간염, 간경변증, 정맥류 출혈, 간성 혼수, 혈액응고 장애가 나타날 수 있다. • 간이식 등이 필요한 경우가 생기거나 심하면 사망에 이를 수 있다.

ⓕ 치 료
- 성인이 B형 간염에 감염된 경우, 특별한 치료 없이도 대부분 저절로 회복되나, 충분한 휴식을 취하고, 단백질이 많은 음식을 섭취한다.
- 식염제한, 알코올 섭취 금지, 신선한 야채와 과일 섭취가 권장된다.

ⓖ 예방접종
- 접종시기 : 0, 1, 6개월 일정으로 3회 접종
- 접종대상
  - 모든 국민, 모든 영유아 및 B형 간염 고위험군
  - B형 간염바이러스 보유자의 가족, 혈액 노출의 가능성이 있는 직업군
  - 혈액 수혈환자, 혈액 투석환자, 의료기관종사자, 성매개 질환의 노출 위험이 있는 집단

ⓗ 예방법
- 사용한 침은 뚜껑을 닫지 않고 일회용 용기에 버린다.
- 간염 환자의 혈액이 묻은 침은 분리해서 버린다.
- 일회용 주사기를 사용한다.
- 예방접종을 실시한다.
- 산모는 출산 전 간염 검사를 실시해 항원의 양성 유무를 파악한다.
- 성교 시 콘돔을 사용한다.

② C형 간염(Hepatitis C)

㉠ 정의 및 특징
- C형 간염 바이러스(Hepatitis C Virus, HCV) 감염에 의한 급, 만성 간질환이다.
- B형 간염보다 만성화 경향이 커서 만성간염, 간경화증, 간암으로 이행되기 쉽다.
- 우리나라 사람의 1~2% 정도가 앓고 있으며 만성질환으로 악화될 가능성도 높다.

ⓛ 전파 경로
- 주로 오염된 혈액과 도구에 의한 찔림, 베임, 긁힘에 의한 감염
- 주사기 공용사용
- 수혈, 혈액 투석
- 성 접촉
- 모자간 수직 감염

ⓒ 잠복기 : 40~120일

ⓔ 증 상

급성 C형 간염	• 무증상감염이 대부분(70~80%)이고, 약 30%에서 증상이 나타남 • 발현 증상은 B형 간염에 비해 경미 • 감기몸살 증상, 전신 권태감이 발생, 메스꺼움, 구역질, 식욕부진 복통 등
만성 C형 간염	• 증상이 없어 우연히 발견되나 만성피로감, 간부전, 간경변증 등 합병증 발현 • 급성 환자의 50% 이상이 만성화, 치료하지 않으면 C형 간염의 20% 이상이 만성 간경화 증으로 진행

ⓜ 치 료
- 현재 C형 간염의 백신은 개발되지 않았으며, 전파경로를 차단하는 예방이 최선의 방법이다.
- 경구 항바이러스제 8주~12주의 치료로 90% 치료되며 절대적인 금주, 단백질 음식 섭취, 충분한 수분섭취가 필요하다.

ⓗ 예방법
- 수혈을 요구하는 응급상황시 혈액에 대해 C형 간염 검사를 꼭 한다.
- 성관계시 콘돔을 사용한다.
- 칫솔, 면도기, 손톱깎이 등을 개인 용품으로 사용한다.
- 바늘, 침, 피어싱 기구 등을 공동으로 사용하지 않는다.

③ 후천성면역결핍증(Acquired Immune Deficiency Syndrome, AIDS)
ⓐ 정의 및 특징
- 인간 면역결핍 바이러스(Human Immune deficiency Virus, HIV) 감염에 의한 질환
- 인체 내에서만 활동, HIV가 존재하는 체액이라도 말라 있을 때에는 활동하지 않음
- 상처나 점막을 통해 인체 내에 직접 침입하지 못하면 감염되지 않음

ⓑ 전파경로
- 성관계시 음경과 질의 직접적인 접촉이 가장 흔함
- 감염된 환자의 혈액(수혈), 주사기 공용사용 또는 오염된 주삿바늘에 찔린 경우
- 정액, 질 분비물
- 모유, 수직 감염(HIV 양성모체)

ⓒ 증상
- 잠복기 : 6개월~7년
- 1차 증상 : 10% 정도의 체중 감소(주증상), 만성 설사, 발열, 피로감, 몸살 증상이 나타나지만 1~2주 내에 사라짐, 여러 질병에서 볼 수 있는 일반적인 증상으로 비특이적임
- 무증상기 : 급성증상기 이후 8~10년간 증상이 없으나 면역기능은 계속 떨어짐, 바이러스는 계속 증식
- 질병진행기 : 면역 기능이 저하되어 심각한 감염증을 일으킴, 균들에 의한 폐렴, 결핵, 구강 및 식도 칸디다증, 대상포진과 같은 감염, 카포지 육종, 암에 의한 사망

ⓓ 치료
- 결정적인 치료법이 아직 없음
- 항HIV 약으로 바이러스의 활동을 억제할 수 있으나 약을 중단할 경우 바이러스가 급속히 증가하므로 한번 치료를 시작하면 도중에 치료를 그만둘 수 없음

ⓔ 예방
- 건전한 성생활, 성행위시 콘돔사용
- 주사기, 침 등은 일회용 사용
- AIDS 환자나 항체 보유자와 면도기, 칫솔 공동사용금지
- 수혈시 철저한 검사
- 불법적인 약물투여금지

종류	원인	전파	증상	치료 및 예방
B형 간염 (Hepatitis B)	B형 간염 바이러스	• 오염된 혈액 • 주사기 • 바 늘 • 의료기구 수직감염 • 정액, 체액을 통한 감염	• 감염자의 70% 무증상 • 피로, 근육통 • 발열, 오한, 발진 • 복통, 구토 • 황달, 식욕부진, • 간경변	백신으로 예방 (0, 1, 6m 3차)
C형 간염 (Hepatitis C)	C형 간염 바이러스	• 오염된 혈액과 도구에 의한 찔림 • 수 혈 • 혈액 투석 • 성 접촉	• 감염자의 70% 무증상 • 감기몸살 • 전신 권태감 • 메스꺼움, 구역질, • 식욕부진 • 복 통	백신 없음
후천성 면역결핍증 (AIDS)	인간 면역결핍 바이러스	• 성 접촉 • 혈액(수혈) • 주사기 공용 사용 • 정액, 질분비물 • 모유, 수직감염	• 림프절 팽대, 피로 • 피부질환 • 질, 입 효모감염 • 폐기관지칸디다증 • 바이러스망막염 • HIV 관련 뇌증 등 다양한 합병증	백신 없음

④ 매 독

　㉠ 정의 및 특징

　　• 매독균(Treponema Pallidum)에 의한 전염병이며 성병

　　• 생체 외에서는 증식하지 않으며 건조시 사멸, 물과 비누에 사멸

　　• 임신한 어머니가 걸리면 기형 아이를 출산할 수 있음

　㉡ 전파경로

　　• 표피층의 작은 상처를 통하여 이루어지며 성교 키스에 의한 직접 전파

　　• 태아감염(임신 4~5개월 이내 치료해야 함)

　㉢ 증 상

　　• 감염된 부위의 궤양(1기), 감기에 걸린 것 같은 증상, 전신이나 발바닥 손바닥 발진(2기),

　　• 장기의 손상. 심할 경우 사망(3기)

　㉣ 치 료

　　• 조기발견이 중요

　　• 1기나 2기시 페니실린(항생제)투여

　㉤ 예방 : 예방주사 없음

Tip

그 외 혈액매개 병원균에 의해 발생하는 질환

• D형 간염(HDV)

• 말라리아

• 진드기

• 브루셀라증

• 렙토스피라증

• 모 기

03 혈행성 감염 관리(BBP control)

(1) 표준주의(Standard Precautions)

① 1996년 미국의 질병통제예방센터[Centers for Disease Control Prevention(CDC)]의 지침으로 환자로부터 나온 혈액과 체액을 잠재적 전염력으로 간주하고 모든 혈액 및 체액, 분비물, 배설물, 상처있는 피부, 점막에 대해서 질병의 종류나 감염질환의 유무에 상관없이 표준주의(Standard Precautions)를 준수할 것을 권장하고 있다.

② 손 위생과 소독, 개인 보호장비, 날카로운 도구의 안전한 분리배출, 감염성 폐기물 관리, 환경관리, 등을 시행하기 위한 내용을 담고 있다.

(2) 감염 예방

① 감염병 예방을 위한 일반 사항

감염병 예방조치	감염병에 대한 유해성 주지
• 감염병 예방을 위한 계획의 수립 • 보호구 지급, 예방접종 등 감염병 예방을 위한 조치 • 감염병 발생시 원인조사 및 대책 수립 • 감염병 발생 근로자에 대한 적정한 처치	• 감염의 종류, 원인, 전파 및 감염경로 파악 • 감염 가능한 작업의 종류 및 예방방법 수립 • 노출시 보고 등 노출 및 감염 후 조치

② 예방접종

㉠ 예방접종을 하는 것은 직원과 환자를 보호하는 가장 중요하고 효과적인 방법이다.

㉡ 예방접종을 실시함으로써 감염성 질환에 대한 면역력을 획득하여 예방이 가능한 질환으로부터 직원을 보호할 수 있다.

㉢ 질병을 앓게 됨으로써 드는 여러 가지 비용이나, 질병의 유행 발생시 드는 비용에 비하여 훨씬 경제적이다.

㉣ 감염병 노출 근로자에 대하여는 면역상태를 파악하고 필요한 경우 예방접종을 실시토록 하여야한다.

㉤ 예방접종에 관한 교육을 실시한다.

㉥ B형 간염 예방접종을 거부하는 경우 거부의사를 분명히 밝히는 거부양식을 적도록 한다.

㉦ 시간제, 임시직, 계약직이라도 예방접종을 해야 한다.

㉧ 접종을 하지 않아도 되는 경우
- B형 간염 예방접종을 완료한 병원 기록이 있는 경우
- 혈액검사에서 B형 항체가 생성된 경우
- 임신한 경우

㉨ 예방접종은 가장 효과적인 감염예방 절차이나, 예방접종을 한 사람이 모두 저항성을 갖게 되는 것은 아니다.

ⓩ 혈액매개 감염에 이환될 가능성이 가장 높은 위험군은 직업적으로 경험과 훈련이 부족한 훈련생이나 신입생이다. 따라서 이들에 대한 예방접종이 가장 적극적으로 이루어져야 한다.

Tip

예방접종이 가능한 감염병
B형 간염, A형 간염, 홍역, 볼거리, 풍진, 수두, 결핵, 수막구균, 소아마비, 광견병, 디프테리아, 천연두

③ 노출 경로별 예방법

혈액 · 체액이 튀거나 분무될 가능성이 있는 경우	보안경, 마스크 착용
환자의 혈액, 상처, 병소의 분비물 또는 배설물과 접촉하거나 점막과 접촉할 때	손 오염을 방지하기 위하여 장갑 착용
미생물이나 오염물에 의한 의복 오염을 방지하기 위하여	가운 착용
침습적인 시술이나 개방창상을 치료할 때	머리카락 등에서 미생물이 낙하하는 것을 방지하기 위하여 모자 착용

④ 감염예방을 위한 니들의 관리
　㉠ 출혈 여부에 관계없이 혈액에 오염되기 전이나 후에 바늘에 의하여 피부가 찢어지거나 긁히거나 찔리는 것을 모두 주사침 사고라 말한다.
　㉡ 니들은 일회용 제품을 사용하며 재사용하지 않는다.
　㉢ 니들은 포장된 상태로 보관한다.
　㉣ 사용한 니들은 즉시 견고하게 제작된 의료폐기물 전용용기에 폐기한다.
　㉤ 주사침을 다시 빼거나 주사침 뚜껑을 다시 끼우려 하지 말아야 한다.
　㉥ 주사침을 구부리거나 부러뜨리거나 손으로 다른 조작을 가하지 않도록 한다.
　㉦ 「산업안전보건법」(2021. 10. 14 기준)
　　우리나라에서는 산업안전보건법을 통해 병원체에 관한 건강장해예방기준을 마련하고, 의료기관 근로자들이 직면할 수 있는 다양한 유해인자에 대해 관리하고 있다.
　　(의료기관 종사자 : 의사, 간호사, 약사, 의료기사, 영양사, 의공직, 보건직 등)

⑤ 혈행성 감염 질환 환자가 사용한 바늘에 찔렸을 때 처치요령
　㉠ 가능한 한 빨리 감염된 부위를 비누와 물로 세척하고 점막일 경우에는 물, 생리식염수, 멸균수를 이용하여 씻는다.
　㉡ 노출 시 신속한 보고와 치료를 한다.
　㉢ 노출자의 인적사항, 노출현황, 노출원인제공자(환자)의 상태, 노출자의 처치내용, 노출자의 검사 결과를 기록한다.
　㉣ 노출 후 예방조치로는 상처 부위인 경우 비누와 물로 세척하고 점막일 경우엔 물, 생리식염수나 멸균수로 세척한다.
　㉤ B형 간염 예방접종을 시행하지 않은 감염된 직원은 즉시 적절한 처치를 한다.

(3) 노출관리 계획(Exposure Control Plan)

① 노출관리 계획은 혈액매개관련균과 관련된 각종 노출을 예상하여 예방방법을 강구하는 것이다.

② 노출 관리를 위해서는 정부, 사업주, 근로자 등의 책임 소재를 명확히 하여 이를 예방하고, 노출관리를 위한 서식을 마련하여 노출관리 계획을 실행하여야 한다.

③ 미국의 경우 노출의 관리계획은 연방 직업안전 보건국(Occupational Safety and Health Administration, OSHA)에서 제정한 혈액매개 병원균 기준에 따른다.

④ 노출 관리 계획 내용

교육	• 혈액매개 병원균 예방에 대한 교육 실시 • 감염예방에 대해 각각의 주체가 갖는 책임을 강조
작업방식의 변화와 예방조치	• 위험요인의 확인과 예방조치의 준비 • 잠재적 감염위험을 확인하고 설정에 맞는 예방조치를 수립 (면역프로그램, 의료적 지원)
공학적 또는 설비의 개선	• 환기, 폐기물용기와 같은 위험요소를 격리, 제거하여 작업장에서 노출을 최소화하는 것
보호구의 지급	• 사업주의 보호구 지급
감염노출평가	• 잠재적인 감염노출을 모니터링(환경평가) • 노출사건을 조사(건강영향평가)

⑤ 사업주의 책임과 이행사항

㉠ 사업주는 근로자의 혈액매개 감염병을 예방하기 위해 다음과 같은 감염병 예방조치를 하여야 한다(한국산업안전보건공단).

• 가검물 등에 의한 오염방지 조치(산업안전보건기준에 관한 규칙 제596조)

사업주는 근로자가 환자의 가검물을 처리(검사 · 운반 · 청소 및 폐기)하는 작업을 하는 경우에 보호앞치마, 보호장갑 및 보호마스크 등의 보호구를 지급하고 착용하도록 하는 등 오염 방지를 위하여 필요한 조치를 하여야 한다.

• 유해성의 주지(산업안전보건기준에 관한 규칙 제449조)

사업주는 관리대상 유해물질을 취급하는 작업에 근로자를 종사하도록 하는 경우에 근로자를 작업에 배치하기 전에 다음의 사항을 근로자에게 알려야 한다.

- 관리대상 유해물질의 명칭 및 물리적 · 화학적 특성
- 인체에 미치는 영향과 증상
- 취급상의 주의사항
- 착용하여야 할 보호구와 착용방법
- 위급상황 시의 대처방법과 응급조치 요령
- 그 밖에 근로자의 건강장해 예방에 관한 사항

사업주의 책임	• 감염병 예방을 위한 계획의 수립 • 보호구 지급, 예방접종 등 감염병 예방을 위한 조치 • 감염병 발생시 원인조사 및 대책 수립 • 감염병 발생 근로자에 대한 적절한 처치
이행사항	• 혈액원성 병원체 정보 수집 • 혈액취급관리지침서 작성/비치 • 혈액취급자 감염예방을 위한 정기 교육실시/기록 · 보관 • 혈액원성 병원체 감염예방 및 치료에 관한 기술 자문 • 혈액취급자에 예방접종 실시 • 혈액원성 병원체에 감염된 혈액취급자가 발생 시 기관장에게 보고 후, 의료기관에서 치료할 수 있도록 조치 • 혈액취급사고 기록/보관 및 재발 방지 조치

⑥ 교 육

㉠ 감염관리에 대한 교육은 직원 건강관리 프로그램 중 가장 중요하며, 직원들이 고객 또는 자신으로부터 감염의 전파를 예방하기 위해 반드시 필요한 사항이다.

㉡ 감염에 대한 인식을 강화하기 위해 반드시 직원은 교육을 이수하고 시행하도록 한다.

㉢ 감염질환, 감염예방을 위한 주의사항, 감염질환 노출 후 조치 등에 대한 교육은 신입직원 교육이나 재직직원 교육을 통해 실시한다.

Tip

감염관리실 근무인력의 교육기준(의료법 시행규칙 별표 8의3)
• 교육 내용
  감염관리업무 개요 및 담당 인력의 역할, 감염관리 지침, 감시자료 수집 및 분석, 의료관련감염진단, 미생물학, 소독 및 멸균, 환경관리, 병원체별 감염관리, 분야별 감염관리, 역학통계, 임상미생물학, 유행조사, 감염감소 중재전략, 격리, 감염관리사업 기획 · 평가 등 감염관리와 관련된 내용
• 교육 이수 시간 : 매년 16시간 이상
• 교육 기관 : 다음 중 어느 하나에 해당하는 기관
  – 국가나 지방자치단체
  – 「의료법」 제28조에 따른 의사회 또는 간호사회
  – 「한국보건복지인력개발원법」에 따른 한국보건복지인력개발원
  – 그 밖에 감염관리 관련 전문 학회 또는 단체
• 비 고
  감염관리실 근무 인력(감염관리 경력 3년 이상인 사람으로 한정한다)이 감염관리 관련 전문 학회에서 주관하는 학술대회 또는 워크숍에 매년 16시간 이상 참석한 경우에는 제1호부터 제3호까지의 규정에 따라 교육을 받은 것으로 본다.

⑦ 보호구의 지급

개인 보호구는 피부나 눈 그리고 점막과 같은 신체부위만 보호하는 것이 아니라 작업자의 작업복, 그리고 속옷 등의 혈액이나 기타 잠재적인 감염성 물질로 오염되지 않도록 보호해 주는 기능을 갖추어야 한다.

혈액이 분출되거나 분무될 가능성이 있는 작업	보안경, 보호마스크
혈액 또는 혈액오염물을 취급하는 작업	보호장갑
다량의 혈액이 의복을 적시고 피부에 노출된 우려가 있는 작업	보호앞치마

㉠ 장 갑

- 장갑을 착용하기 전에 손을 씻는다.
- 장갑은 손에 맞는 것을 사용한다.
- 일회용 장갑은 재사용하지 않는다.
- 오염된 장갑을 끼고 얼굴을 만지지 않는다.
- 장갑을 벗은 다음에 손을 씻고 마스크와 가운을 벗는다.
- 청결한 일을 먼저 하고 더러운 일을 한다.
- 오염된 것에 접촉할 기회를 줄이고 표면을 최대한 만지지 않는다.
- 장갑이 심하게 오염되거나 찢어졌을 때는 작업 중에도 장갑을 교체한다.
- 장갑 벗기
  - 장갑 바깥 면을 장갑 낀 손으로 잡아당겨 벗는다.
  - 벗긴 장갑을 장갑 낀 손으로 잡고 있다.
  - 장갑을 벗은 손의 손가락을 반대쪽 장갑 낀 손의 손목에 넣은 후 잡아당겨 벗는다.
  - 손 위생을 실시한다.

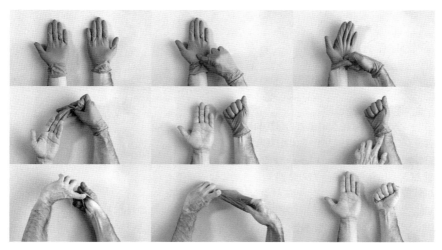

장갑 벗기

㉡ 마스크

- 마스크를 벗을 때는 끈을 잡고 벗고 마스크 앞면을 만지지 않는다.
- 마스크를 벗고 난 후 손 위생을 실시한다.

마스크 벗기

ⓒ 가 운

가운을 벗을 때는 오염된 바깥쪽을 안쪽으로 가게 돌려서 말아 접어서 버린다.

가운 벗기

Tip

개인보호장비의 관리

- 보호구는 작업 직전에 착용한다.
- 장갑 또는 기타 다른 보호 장비를 제거하고 나서는 꼭 손 씻기를 한다.
- 작업장을 떠나기 전에 개인 보호 장비를 제거한다.
- 보호구를 벗을 때에는 장갑 → 가운 → 마스크의 순서로 벗는다.
- 사용한 보호 장비를 제거 또는 폐기할 때 적절한 방법을 선택한다.
- 혈액이나 감염성물질을 만질 때는 반드시 적절한 장갑을 착용한다.
- 다용도 장갑(청소장갑)은 찢어지거나, 구멍이 뚫리거나 낡았다면 즉시 폐기한다.
- 혈액이나 기타 잠재적인 감염성 물질이 눈, 코 또는 입에 튀어 들어갈 수 있는 경우에는 적절한 안면 보호구를 착용한다.
- 오염된 가운은 즉시 또는 가능한 빨리 오염된 부분을 안쪽으로 뒤집어 제거한다.

(4) 노출사건의 조사 및 평가

① 혈액매개 감염 노출 예방규칙

ㄱ 혈액매개 감염 예방을 위해서는 표준주의를 준수해야 한다.

ㄴ 모든 환자의 혈액이나 체액은 감염의 위험이 있는 것으로 간주하고, 적절한 보호구를 사용해야 한다.

ㄷ 다른 환자나 의료인에게 전파시킬 수 있는 질병을 가진 환자는 질병의 전파방법을 고려한 격리 지침을 추가로 적용한다.

ㄹ 사업주는 혈액노출의 위험이 있는 작업에 근로자를 종사하도록 하는 때에는 다음의 조치를 하여야 한다.

가검물 등에 의한 오염방지 조치	• 혈액노출의 가능성이 있는 장소에서는 음식물을 먹거나 담배를 피우는 행위, 화장 및 콘택트렌즈의 교환 등을 금지시킬 것 • 혈액 또는 환자의 혈액으로 오염된 가검물, 주사침, 각종 의료기구, 솜 등의 혈액오염물이 보관되어 있는 냉장고 등에 음식물 보관을 금지시킬 것 • 혈액 등으로 오염된 장소나 혈액오염물은 적절한 방법에 따라 소독할 것 • 혈액오염물은 별도로 표기된 용기에 담아서 운반할 것 • 혈액노출 근로자는 즉시 소독약품이 포함된 세정제로 접촉부위를 씻도록 할 것
혈액노출이 발생한 경우의 조치	• 사업주는 혈액노출과 관련된 사고가 발생한 때에는 즉시 노출 상황을 조사하고 이를 기록하여 보관하여야 한다. • 사업주는 사고조치 결과에 따라 혈액에 노출된 근로자의 면역상태를 파악하여 검사결과에 따라 조치를 한다. • 사업주는 조사결과 및 조치내용을 즉시 해당 근로자에게 알려야 한다. • 사업주는 감염병 예방을 위한 조치 외에 당해 근로자에게 불이익을 주거나 다른 목적으로 이용하여서는 안 된다. • 사업주는 혈액매개 감염의 우려가 있는 작업에 근로자를 종사하도록 하는 때에는 세면, 목욕 등에 필요한 세척시설을 설치하여야 한다. • 사업주는 혈액매개 감염의 우려가 있는 작업에 근로자를 종사하도록 하는 때에는 다음의 적절한 보호구를 지급하고 착용하여야 한다. – 혈액이 분출되거나 분무될 가능성이 있는 작업 : 보안경 및 보호마스크 – 혈액 또는 혈액오염물을 취급하는 작업 : 보호장갑 – 다량의 혈액이 의복을 적시고 피부에 노출될 우려가 있는 작업 : 보호앞치마

② 혈액매개 감염 노출 후 조치

즉시조치	후속조치
• 하던 일을 즉시 멈춘다. • 바늘이나 날카로운 기구에 찔린 경우에는 즉시 피를 짜내도록 하고 알코올이나 베타딘으로 소독한다. • 혈액이나 체액이 피부에 엎지르거나 튄 경우 흐르는 물과 비누로 충분히 닦아낸다. • 눈이나 점막에 튀었을 경우 소독된 식염수로 1~2분간 세척한다. • 노출된 사람은 감염되었을 가능성을 고려하여 새로운 감염원이 되지 않도록 주의한다. • 감염을 나타내는 증상이나 증후가 있는지 관찰한다. • 손에 상처가 생긴 후에 작업을 하는 경우에는 장갑을 끼도록 한다. • 진료를 받는다.	• 의료평가 및 후속 조치 • 임상소견에 따른 조치 • 노출현황 파악 – 노출 경로 – 도구의 정보수집 – 노출자의 인적사항 – HBV 및 HIV 혈청상태에 대한 혈액수집 및 검사 • 노출 후 예방(직원 상태에 따른 처치)

③ 혈액매개 병원균에 노출되었을 때의 조치

노출감염병	추적관리 내용				투 약
	노출 즉시	1차	2차	3차	
B형 간염	• HBsAg 검사 • HBG 주사	3개월, HBsAg 검사	6개월, HBsAg 검사	–	• B형 간염 • 3회 예방접종
C형 간염	Anti- HCV 검사	4주~6주, Anti- HCV 검사	4개월~6개월, Anti- HCV 검사	–	• 예방투약 ×
HIV바이러스	Anti- HIV검사	6주, Anti- HIV 검사	12주, Anti- HIV 검사	6개월 Anti- HIV 검사	• 노출 즉시 • 감염내과진료 시 • 추후 진료 시

㉠ 혈액매개 감염원에 노출된 사람은 빠른 보고와 적절한 검사 및 예방적 투약으로 상황을 대처하는 것이 무엇보다 중요하다.

㉡ B형 간염 항체가 있는 경우에는 치료가 필요하지 않으며, 면역에 따라 예방조치가 달라질 수 있으므로 노출상황과 노출직원에 대한 면역상태에 대한 파악이 필요하다.

㉢ B형 간염의 항체가 없는 경우에는 B형 간염 항원검사를 한다.

㉣ B형 간염 노출 즉시 24시간 이내에 면역글로불린주사를 맞는다.

㉤ B형 간염의 경우 3회의 추적조사(노출즉시, 3개월, 6개월)를 한다.

㉥ C형 간염의 경우 2회의 추적조사(4주, 4개월)를 한다.

㉦ HIV의 경우 3회의 추적조사(6주, 3개월, 6개월)를 한다.

④ 노출통제계획

㉠ 노출통제는 노출결정을 하고 이를 실행하는 것을 말하는데, 노출결정이란 혈액 또는 잠재적 감염물질 노출위험이 있는 직업 업무를 구분하여 노출통제계획을 세우는 것을 말한다.

㉡ 이를 실행하기 위해서는 사업주와 모든 직원의 교육이 시행되어야 하고, 기록지로 기록하여 보관하여야 한다.

㉢ 노출의 보고사항
  • 노출자의 인적사항
  • 노출 현황
  • 노출 원인 제공자(환자)의 상태
  • 노출자의 처치내용
  • 노출자의 검사결과
  • 노출보고서

감염노출 관리 보고서(예시)

1. 직원정보

1) 성명 :   2) 성별/나이 :   3) 생년월일 :   4) 근무부서 :

5) 직위 :   6) 경력 :   7) 사번 :

2. 환자정보

1) 성명 :   2) 성별/나이 :   3) 등록번호 :

4) 진단명 :   5) 감염상태 :

3. 노출경위

1) 발생일시 :   2) 발생장소 :

　　년　　월　　일　　시　　분

3) 노출된 신체부위(구체적으로)

4) 노출시 업무

☐ 주사   ☐ 처치 및 검사   ☐ 시술   ☐ 처치 후 정리   ☐ 기타

5) 노출 경로

☐ 바늘에 찔림   ☐ 칼날에 다침   ☐ 혈액이 묻음   ☐ 체액이 묻음   ☐ 접촉   ☐ 호흡한 공기
☐ 호흡 분비물   ☐ 기타

6) 노출 정도(양, 시간, 깊이 등) :

4. 처치내용

– 검사에 대한 직원의 면역력 상태 :
– 검사 :
– 투약 :
– 기타 :

5. 직원의 검사결과

검사종류	발생 당시 결과	1차 추후검사		2차 추후검사		3차 추후검사	
		날 짜	결 과	날 짜	결 과	날 짜	결 과
HBsAg							
Anti–HBs							
Anti–HCV							
Anti–HIV							
VDRL							

감염노출보고서

MEMO

8
PART

화장품학

화장품의 정의와 분류에 대해 이해한다 .
화장품의 원료와 제형에 대해 이해한다 .
색소의 종류별 특징에 대해 이해한다 .
화장품의 한도 및 금지원료에 대해 숙지한다 .

01 화장품

(1) 화장품의 정의와 용어 구분

① 인체를 청결히 하고 용모의 매력을 증가시키며, 피부와 모발 건강을 유지하기 위하여 인체에 사용되는 것을 목적으로 하는 물품으로 인체에 대한 작용이 적은 것(약리적 효과는 포함되지 않음)을 말한다.

② 화장품, 의약외품, 의약품의 구분

구 분	화장품	의약외품	의약품
대 상	일반인	일반인	환 자
목 적	청결, 미화	미화, 위생	치료 및 진단
기 간	장기간, 지속적	장기간 또는 단기간	일정 기간, 치료시까지
범 위	전 신	특정 부위	특정 부위
부작용	없어야 함	없어야 함	어느 정도 무방
종 류	로션, 크림 등	탈모제, 염모제, 치약 등	연고, 항생제 등

(2) 화장품의 4대 요건

① 안전성 : 피부에 대한 자극, 알레르기, 독성이 없을 것
② 안정성 : 보관으로 인한 변색, 변질, 변취, 미생물의 오염이 없을 것
③ 사용성 : 사용이 간편하고 편리하며, 피부에 잘 펴 발리며 흡수가 잘 될 것
④ 유효성 : 적절한 보습, 미백, 노화 억제, 세정, 자외선 차단 등의 효과 부여

(3) 화장품의 분류

분 류	사용목적	주요 제품
기초 화장품	세 정	클렌징워터, 클렌징로션, 클렌징크림 등
	정 돈	수렴 화장수, 크림, 로션, 에센스
	보 호	팩
메이크업 화장품	피부 표현, 결점 보완	메이크업 베이스, 파운데이션 등
모발 화장품	세정, 정발, 트리트먼트	샴푸, 린스, 트리트먼트, 퍼머넌트, 염모제 등

바디 화장품	세 정	바디클렌저 등
	보 호	바디오일, 바디로션 등
	탈 취	샤워코롱, 데오도란트 등
네일 화장품	미 용	네일 컬러, 네일 에나멜 등
	보 호	영양제 등
방향 화장품	향 취	퍼퓸, 오데 코롱 등
기능성 화장품	주름 개선, 미백, 자외선 차단	미백크림, 탄력크림, 선크림 등

Tip

화장품법에서 규정하는 화장품의 유형별 특성

화장품의 유형	특 징	화장품의 종류
영 · 유아용 (만 3세 이하의 어린이용 제품류)	만 3세 이하의 어린이가 사용하는 샴푸, 린스, 로션, 크림, 오일, 인체 세정용 제품, 목욕용 제품	• 영 · 유아용 샴푸, 린스 • 영 · 유아용 로션, 크림 • 영 · 유아용 오일 • 영 · 유아용 인체 세정 제품 • 영 · 유아용 목욕 제품
목욕용 제품류	샤워, 목욕시 전신에 사용하고, 사용 후 바로 씻어 내는 제품	• 목욕용 오일 · 정제 · 캡슐 • 목욕용 소금류 • 버블 배스 • 그 밖의 목욕용 제품류
인체 세정용 제품류	손, 얼굴에 주로 사용하고, 사용 후 바로 씻어내는 제품	• 폼 클렌저 • 바디 클렌저 • 액체 비누 및 화장비누 • 외음부 세정제 • 물휴지(영업소에서 손을 닦는 용도 및 장례식장 또는 의료기관에서 사용되는 물휴지는 제외) • 그 밖의 인체 세정용 제품류
눈 화장용 제품류	눈 주위에 매력을 더하기 위해 사용하는 메이크업 제품	• 아이브로 펜슬 • 아이 라이너 • 아이 섀도 • 마스카라 • 아이 메이크업 리무버 • 그 밖의 눈 화장용 제품류

방향용 제품류	향을 몸에 지니거나 뿌리는 제품	• 향 수 • 분말향 • 향 낭 • 콜 롱 • 그 밖의 방향용 제품류
두발 염색용 제품류	모발의 색을 변화시키거나(염모) 탈색시키는(탈염)제품	• 헤어 틴트 • 헤어 컬러스프레이 • 염모제 • 탈염 · 탈색 제품 • 그 밖의 두발 염색용 제품류
색조 화장용 제품류	얼굴과 신체에 매력을 더하기 위해 사용하는 메이크업 제품	• 볼연지 • 페이스 파우더, 페이스 케이크 • 리퀴드 · 크림 · 케이크 파운데이션 • 메이크업 베이스 • 메이크업 픽서티브 • 립스틱, 립라이너 • 립글로스, 립밤 • 바디페이팅, 페이스페인팅, 분장용 제품 • 그 밖의 색조 화장용 제품류
두발용 제품류	모발의 세정, 컨디셔닝, 정발, 웨이브 형성, 스트레이팅, 증모 효과에 사용하는 제품	• 헤어 컨디셔너 • 헤어 토닉 • 헤어 그루밍 에이드 • 헤어크림 · 로션 • 헤어 오일 • 포마드 • 헤어 스프레이 · 무스 · 왁스 · 젤 • 샴푸 · 린스 • 퍼머넌트 웨이브 • 헤어 스트레이트너 • 흑 채 • 그 밖의 두발용 제품류
손발톱용 제품류	손톱과 발톱의 관리 및 메이크업에 사용하는 제품	• 베이스코트, 언더코트 • 네일폴리시, 네일에나멜 • 탑코트 • 네일 크림 · 로션 · 에센스 • 네일폴리시 · 네일에나멜 리무버 • 그 밖의 손발톱용 제품류
면도용 제품류	면도할 때와 면도 후에 피부 보호 및 피부 진정 등에 사용하는 제품	• 애프터셰이브 로션 • 남성용 탤컴 • 셰이빙 폼 • 셰이빙 크림 • 프리셰이브 로션 • 그 밖의 면도용 제품류

기초 화장용 제품류	피부의 보습, 수렴, 유연(에몰리언트), 영양 공급, 세정 등에 사용하는 스킨케어 제품	• 수렴 · 유연 · 영양 화장수 • 마사지 크림 • 에센스, 오일 • 파우더 • 바디 제품 • 팩, 마스크 • 눈 주위 제품 • 로션, 크림 • 손 · 발의 피부연화 제품 • 클렌징 워터, 클렌징 오일, 클렌징 로션, 클렌징 크림 등 메이크업 리무버 • 그 밖의 기초화장용 제품류
체취 방지용 제품류	몸에서 나는 냄새를 제거하거나 줄여주는 제품	• 데오도런트 • 그 밖의 체취 방지용 제품류
체모 제거용 제품류	몸에 난 털을 제거하는 데 사용하는 제품	• 제모제 • 제모왁스 • 그 밖의 체모 제거용 제품류

02 화장품의 원료

(1) 수성원료

① 물에 녹는 물질로서 화장품의 수분감을 결정짓는다.

② 피부에 수분을 유지·증진하여 주며, 보습제이면서 수용성 용매로도 사용되는 원료이다.

정제수(물)	• 화장품의 주원료가 되는 성분 • 기초 물, 세균과 금속 이온(칼슘, 마그네슘 등)을 제거한 물, 세정액과 희석액으로도 사용
에틸알코올 (에탄올)	• 물 다음으로 화장품에 많이 사용 • 휘발성이 있어 청량감과 수렴효과를 줄 수 있으며, 무색, 투명하고 친유성과 친수성이 동시에 존재하여 수렴 효과를 줌 • 살균·소독 작용 • 화장품용 에탄올은 변성제를 함유한 변성 알코올

(2) 유성원료

① 기름에 녹는 물질로 화장품의 유분감을 결정짓는 중요한 원료이다.

② 피부로부터 수분 증발을 억제하고 사용 감촉을 향상시키는 등의 목적으로 사용된다.

③ 식물유(식물성 오일)

㉠ 식물의 씨나 잎, 열매 등에서 추출, 냄새는 적으나 산패 등 안정성이 좋지 않음

㉡ 오일류의 공통적 대상 피부로는 모든 건성 및 노화 피부에 적용 가능

㉢ 피부 친화성이 우수함

㉣ 사용감이 무거우며 피부흡수가 느림

아보카도 오일	• 아보카도 열매에서 추출 • 비타민 A, 비타민 E 함유 • 보습효과, 유연효과 • 건성, 노화 피부에 효과적
동백나무씨 오일	• 동백씨에서 추출 • 올레인산 함유 • 보습효과, 유연효과, 항산화 효과
올리브 오일	• 올리브 열매에서 추출 • 피부 침투성 우수 • 보습효과
캐스터 오일	• 피마자(아주까리)의 씨 • 보습효과, 유연 및 윤기 부여
마카다미아씨 오일	• 마카다미아의 씨에서 추출 • 피지 성분과 유사, 퍼짐성과 침투성 우수 • 팔미트레인산(30대 이후 감소) 풍부 • 유연효과, 보습효과, 항노화 효과

PART 8

호호바 오일	• 호호바 열매의 씨에서 추출, 수소첨가 • 피지 성분과 유사, 퍼짐성 우수, 부드러운 감촉 • 피지 분비를 조절, 모공 노폐물을 녹여줌 • 지성 및 여드름 등 모든 피부에 사용 • 보습효과
포도씨 오일	• 포도씨에서 추출 • 비타민 E, 필수지방산, 리놀렌산 풍부 • 피부 진정, 보습효과, 항노화 효과, 항박테리아 효과
하이드로제네이티드 위트점 오일	• 밀의 배아에서 추출 • 비타민 A와 비타민 E 함유 • 항산화 효과

④ 동물유(동물성 오일)

  ㉠ 동물의 피하지방이나 장기에서 추출

  ㉡ 냄새가 강하나 피부 친화성이 우수하여 피부 흡수가 빠름

  ㉢ 변취, 변색, 변질되기 쉬움

  ㉣ 사용감이 무거움

스쿠알란	• 심해 상어 간유에서 추출한 스쿠알렌에 수소를 첨가 • 인체 피지와 유사, 피부 친화성 우수 • 보습효과, 유연효과
비즈왁스	• 꿀벌 집에서 추출 • 유연한 촉감 부여 • 크림, 립스틱, 마스카라 등에 사용 • 항산화효과, 유연효과
밍크 오일	• 밍크 복부의 피하지방에서 추출 • 피부 침투력 우수, 크림류에 사용 • 유연효과, 보호작용
하이드로제니이티드 에그 오일	• 계란 노른자에서 추출 • 지용성 비타민 A, D, E 함유 • 탄력효과
라놀린	• 양털에서 추출 • 피부친화성, 부착성 우수 • 여드름 유발 가능성 있음 • 보습효과, 유연효과

⑤ 광물유(광물성 오일 = 미네랄 오일)

  ㉠ 석유 정제 과정 중 얻어짐

  ㉡ 탄소와 수소로 이루어진 탄화수소

  ㉢ 무색 투명, 특이취가 없음

  ㉣ 쉽게 산패되지 않음

ⓜ 유성감이 강하고 폐색막을 형성하여 피부 호흡을 방해함

종 류	효 능	특 징
파라핀	• 수분 증발 억제	• 무색, 무취 • 립스틱, 펜슬류 등 제조시 사용
페트롤라툼	• 수분 증발 억제 • 유연효과 • 막 형성	• 정제도가 낮은 경우 트러블 유발 가능성 있음

⑥ 합성 오일

　㉠ 화학적으로 합성한 오일

　㉡ 쉽게 변질되지 않고, 사용감이 매끄러움

종 류	특 징
실리콘 오일	• 실록산 결합(-Si-O-Si)을 갖는 유기 규소 화합물의 총칭 • 효능 : 피부의 수분 증발 억제, 사용감 개선 • 특징 : 끈적임이 거의 없고 가볍게 발라지며 매끄러움과 광택이 좋고 내수성 우수 • 사이클로헥사실록세인, 디메티콘코폴리올, 사이클로메티콘 등
합성 에스테르	• 지방산(R-COOH)과 지방알코올(R-OH)의 탈수반응으로 얻어짐 • 피부의 유연성, 끈적임과 번들거림이 없고 산뜻한 촉감, 유효성분의 보조제로 주로 사용 • 피부에 여드름을 유발할 가능성 있음

　㉢ 합성 에스테르의 종류

종 류	특 징
아이소프로필팔미테이트	• 무색, 무취의 투명한 액상 • 유성감이 거의 없음 • 보습력, 침투력 우수 • 여드름 유발 가능성 있음
아이소프로필미리스테이트	• 점성이 낮은 액상 • 유성감이 거의 없고 사용감 우수 • 보습력, 침투력 우수 • 여드름 유발 가능성 있음

⑦ 지방(왁스)

　㉠ 피부에 대한 친화성이 우수함

　㉡ 산패되기 쉬움

　㉢ 특이취가 있음

　㉣ 무거운 사용감

　㉤ 추출원에 따라 식물성 왁스와 동물성 왁스, 광물성 왁스, 합성 왁스로 구분

　　• 식물성 왁스 : 장미꽃 왁스, 카나우바 왁스, 칸데릴라 왁스 등

　　• 동물성 왁스 : 라놀린, 비즈 왁스 등

　　• 광물성 왁스 : 몬탄 왁스, 오조케라이트, 세레신 등

• 합성 왁스 : 폴리에틸렌 등

종 류	유 래	효 능	특 징
카나우바 왁스	카나우바의 잎	보습효과	• 왁스류 중 가장 경도 높음 • 립스틱, 아이브로우펜슬, 고형파운데이션 등의 제품에 사용 • 광택성 우수
칸데릴라 왁스	칸데릴라 식물 줄기	유연효과, 방수효과	• 광택성 우수 • 립밤, 립글로스 등에 사용
비즈 왁스	벌 집	보습효과, 유연효과	• 유화제, 결합제, 점증제, 연화제 등 광범위하게 사용 • 립밤, 바디밤 등에 사용

(3) 기타 원료

① 계면활성제 : 현저하게 계면활성을 나타내는 물질로, 물에 녹기 쉬운 친수성기와 기름에 녹기 쉬운 친유성기를 함께 가진 물질, 유화제

계면장력	기체-액체 / 액체-액체 / 액체-고체가 서로 맞닿은 경계면 사이에 작용하는 힘
계면활성	계면 장력을 감소시키는 성질

㉠ 계면활성제의 종류
• 계면활성제는 일반적으로 둥근 머리모양의 친수기와 막대꼬리모양의 친유기를 가짐
• 계면활성제를 물에 용해한 경우 나타내는 성질에 따른 구분

음이온 계면활성제	• 물에 용해될 때 친수기 부분이 음이온으로 해리 • 세정작용과 기포형성 작용이 우수 • 비누, 샴푸, 클렌징 폼에 많이 사용됨	• 소듐라우릴설페이트 • 소듐라우레스설페이트 • 암모늄라우릴설페이트 • 암모늄라우레스설페이트 • 포타슘올리베이트 • 티이에이–도데실벤젤설포네이트 • 페르프루오로옥탄설포네이트 • 알킬벤젠설 포네이트 • 소듐라우레스-3카복실레이트 • 다이소듐라우레스설포석시네이트
양이온 계면활성제	• 물에 용해될 때 친수기 부분이 양이온으로 해리 • 세정, 유화, 가용화 등 통상의 계면활성효과 • 모발에 흡착하여 유연효과나 대전 방지 효과를 나타냄 • 헤어린스에 사용	• 폴리쿼터늄–10 • 베헨트라이모늄메토설페이트 • 세테아디모늄클로라이드 • 베헨트라이모늄클로라이드 • 알킬디메틸암모늄클로라이드
양(쪽)성 계면활성제	• 분자 내에서 양이온성 관능기와 음이온성 관능기를 1개, 혹은 그 이상 동시에 갖고 있음 • 피부자극성과 독성이 낮음 • 세정력, 살균력, 기포력 및 유연작용 • 베이비용 제품, 샴푸, 거품 안정화, 기포 촉진	• 코카미도프로필베타인 • 포스파티딜콜린 • 소듐코코암포아세테이트 • 아이소스테아라미도프로필베타인 • 코카미도프로필베타인 • 라우라미도프로필베타인

비이온 계면활성제	• 분자 중에서 이온으로 해리되지 않는 수산기/에스테르 결합/산아미드/에스테르 등을 갖고 있는 계면활성제 • 음이온 계면활성제의 보조적인 역할 • 기포의 안정성 향상, 샴푸 기제의 점도 증가, 저온에서의 안정성 향상	• 세틸알코올 • 스테아릴알코올 • 코카마이드디이에이 • 데실글루코사이드 • 솔비탄라우레이트 • 솔비탄팔미테이트 • 솔비탄세스퀴올리에이트 • 폴리솔베이트20
기 타	• 고분자 계면활성제 • 천연 계면활성제	• 피이지-60 • 하이드로제네이티드캐스터 • 오일라우레이트 • 폴리솔베이트20 • 폴리솔베이트60 • 라우릴글루코사이드 • 세테아릴올리베이트 • 솔비탄올리베이트코코베타인 • 레시틴, 콜레스테롤, 사포닌 등

  ⓒ 계면활성제의 활용

   • 유화제 : 로션, 크림 등

   • 세정제 : 샴푸, 바디클렌저, 비누 등

   • 분산제 : 립스틱, 파운데이션, 마스카라 등

   • 가용화제 : 스킨로션, 향수, 헤어토닉 등

② **보습제** : 피부 건조를 방지하는 수용성 물질로 다른 물질과의 혼용성이 좋으며 응고점이 낮음

  ㉠ 폴리올 : 글리세린, 프로필렌글리콜, 소르비톨, 폴리에틸렌글리콜

  ㉡ 천연 보습 인자 : 각질 형성 세포층에 수분을 일정하게 유지하는 보습 성분, 각질층 수분이 10~20% 함유, 아미노산, 젖산나트륨

  ㉢ 고분자 보습제 : 히알루론산, 콜라겐

③ **산화방지제** : 항산화제라고도 하며 화장품 성분의 산화를 방지하는 원료로, 합성 산화방지제, 천연 산화방지제(레시틴), 산화방지보조제(구연산) 등이 포함된 개념

④ **향료** : 화장품의 향을 제공하는 원료

⑤ **자외선 차단제**

자외선 차단제	물리적 산란 작용, 백탁 현상, 피부 자극이 적음(티타늄디옥사이드, 징크옥사이드, 탤크)
자외선 흡수제	화학적 흡수 작용, 피부 자극이 있음(벤조페논, 신나메이트, 살리실레이트)

(4) 색 소

① 염 료

  ㉠ 물이나 기름, 알코올 등에 용해되는 유기화합물의 색소를 말한다.

  ㉡ 염료는 기초용 및 방향용 화장품 제형에 색상을 나타내고자 할 때 사용하고, 색조화장품에서는 틴트에 주로 사용한다(방향용 화장품 제형 예 화장수, 로션, 샴푸, 향수 등).

② 안 료

  ㉠ 안료는 물과 오일 등에 녹지 않는 불용성 색소로, 색상이 화려하지 않으나 빛, 산, 알칼리에 안정한 무기안료와 색상이 화려하고 생생하지만 빛, 산, 알칼리에 불안정한 유기안료로 구분할 수 있다.

  ㉡ 파운데이션, 비비크림 등 메이크업 제품에 주로 사용된다.

③ 레이크

  ㉠ 타르색소를 기질에 흡착, 공침 또는 단순한 혼합이 아닌 화학적 결합에 의하여 확산시킨 색소를 말한다.

  ㉡ 즉, 화장품에 사용 가능한 타르색소의 나트륨, 칼륨, 알루미늄, 바륨, 칼슘을 기질에 확신시켜서 물에 녹기 쉬운 수용성 염료를 물에 녹지 않도록 불용화시킨 유기안료이다.

④ 타르색소

  ㉠ 석탄의 콜타르 중간생성물에서 유래되었거나 유기합성하여 얻은 색소 및 그 레이크, 염, 희석제와의 혼합물을 말한다.

  ㉡ 타르색소는 염료와 안료로 구분되며, 색상이 선명하고 미려해서 색조 제품에 널리 사용된다.

  ㉢ 하지만 안전성에 대한 이슈가 존재해 왔고, 현재 화장품법에 눈 주위, 영유아용 제품, 어린이용 제품에 사용할 수 없는 타르색소가 정해져 있다.

  ㉣ 각 나라별로 타르색소 사용에 대한 규제가 조금씩 다르다.

⑤ 천연색소

  ㉠ 천연물에서 추출된 색소로서 베타카로틴, 리보플라빈, 치자, 카민, 진주가루, 페니홍화(적), 안토시아닌, 라이코펜 등이 있다.

  ㉡ 천연색소는 합성색소로 낼 수 없는 특별한 색조가 존재하나, 합성색소보다 내열성, 내광성이 낮아 불안정하다.

  ㉢ 타르색소보다 염착성이 약하고, 색조가 안정적이나 가격이 고가라는 단점이 있다.

⑥ 합성색소

  타르색소, 합성 펄, 티타늄디옥사이드, 징크옥사이드, 징크 스테아레이트, 마그네슘 스테아레이트, 칼슘 스테아레이트 등이 있다.

⑦ 색소 분류표

염 료		물 또는 오일에 녹는 색소로 화장품 자체에 시각적인 색상효과를 부여하기 위해 사용된다. 예 수용성 염료, 유용성 염료
안 료	무기안료	색상이 화려하지 못하나 빛, 산, 알칼리에 강하다. 예 산화철, 울트라마린
	유기안료	색상이 화려한 반면 빛, 산, 알칼리에 약하다.
	레이크	색상의 화려함이 무기안료와 유기안료의 중간 정도이고, 산, 알칼리에 약하다.

⑧ 유기안료와 무기안료 세부 구분

분 류	출발물질	원 료	성분/용도
유 기	천 연	전분 (콘 스타치, 포테이토 스타치, 타피오카 스타치)	• 수계점증제, 흡수제, 안티케이킹
무 기	광 물	카올린	• 친수성으로 피부 부착력 우수 • 땀이나 피지의 흡수력이 우수 • 백색 또는 미백색의 분말로 차이나 클레이라고도 함
		마이카(운모)	• 백색의 분말로 탄성이 풍부하기 때문에 사용감이 좋고 피부에 대한 부착성도 우수 • 뭉침 현상을 일으키지 않고 자연스러운 광택을 부여
		세리사이트(견운모)	• 백색의 분말 • 피부에 광택을 줌
		탤크(활석)	• 백색의 분말로 매끄러운 사용감과 흡수력이 우수, 피부 투명성을 향상시킴
		칼슘카보네이트 마그네슘카보네이트	• 칼슘카보네이트 : 진주광택이고 화사함을 줌. 백색의 무정형 미분말 • 마그네슘카보네이트 : 백색분말, 향흡수제
		실리카	• 석영에서 얻어지는 흡습성이 강한 구상 분체 • 비수계 점증제로 사용
	합 성	징크옥사이드	• 백색의 분말 • 피부 보호, 진정작용, 무정형
		티타늄디옥사이드	• 자외선차단제 • 백색안료, 불투명화제 • 미백~미백색의 분말
고분자	합 성	나일론 6, 나일론 12	• 미세폴리아마이드 • 부드러운 사용감, 낮은 수분 흡수력
		폴리메틸메타크릴레이트	• 구상분체, 피부 잔주름/흉터 보정 • 부드러운 사용감

Tip

• 순색소 : 중간체, 희석제, 기질 등을 포함하지 아니한 순수한 색소
• 희석제 : 색소를 용이하게 사용하기 위하여 혼합되는 성분
• 기질 : 레이크 제조 시 순색소를 확산시키는 목적으로 사용되는 물질

⑨ 체질안료와 착색안료

분 류	원 료	작 용
체질안료	• 탤크, 카올린	벌킹제
	• 보론나이트라이드, 실리카, 나일론 6, 폴리메틸메타크릴레이트	부드러운 사용감
	• 마이카, 세리사이트, 칼슘카보네이드, 마그네슘카보네이트	펄 효과, 화사함 부여
	• 마그네슘스테아레이트, 알루미늄스테아레이트	결합제
	• 하이드록시아파타이트	피지 흡수

착색안료	• 유기계
	  – 합성 : 레이크
	  – 천연 : 베타카로틴, 카민, 카라멜, 커큐민
	• 무기계
	  – 산화철
	  – 울트라마린 블루
	  – 크롬옥사이드 그린
	  – 망가네즈바이올렛
		색 상

백색안료	• 티타늄디옥사이드 • 징크옥사이드	백색, 불투명화제, 자외선 차단제
펄안료	• 비스머스옥시클로라이드 • 티타네이티드마이카, 구아닌 • 하이포산티느 진주파우더	진주광택

⑩ 색소 성분 표기 방법

㉠ 색소는 보통 일반명으로 불리나, 화장품의 색소 성분 표기는 나라별로 조금씩 다르다.

㉡ 미국의 표기법은 FD&C(Food, Drug, Cosmetic) 또는 D&C 등의 명칭을 앞에 쓰고, 뒤에 색상 이름과 고유번호를 붙인다. 우리나라와 일본에서는 '적색 2호, 청색 1호'와 같이 색상의 이름 뒤에 호수를 표기한다.

㉢ 국가별로 다르게 표기되는 명칭들을 통일하기 위해서 색상색인(CI)을 사용한다. CI는 색상 종류에 따라 뒤에 다섯 자리의 고유번호가 주어진다.

㉣ 주요 화장품용 타르색소의 표기법

일반명	CI name	학명(Technical Name)	성분명(한국)
Erythrosin	16185	FD&C Red No3	적색 3호
Tartrazine	19140	FD&C Yellow No 5	황색 4호
Frost green FCF	43053	FD&C Green No 3	녹색 3호
Brilliant blue FCF	42090	FD&C Blue No 1	청색 1호
Lithol Rubine B	15850	FD&C Red No 6	적색 201호
Orange II	15510	D&C Orange No 4	등색 205호
QYWS	47005	D&C Yellow No 10	황색 203호

ⓜ 화장품 색소의 사용제한

색 소	사용제한	비 고
등색 201호, 204호	눈 주위에 사용할 수 없음	타르색소
적색 2호	영유아용 제품류 또는 만 13세 이하 어린이가 사용할 수 있음을 특정하여 표시하는 제품에 사용할 수 없음	타르색소
적색 102호		타르색소
적색 103호의 (1)	눈 주위에 사용할 수 없음	타르색소
적색 104호의 (1)		
적색 104호의 (2)		
적색 218호		
적색 223호		
등색 401호	점막에 사용할 수 없음	타르색소
적색 산화철	–	–
항색 산화철	–	–
흑색 산화철	–	–
티타늄디옥사이드	–	–
징크옥사이드	–	–
염기성갈색 16호	–	타르색소
에치씨청색 15호 (사용한도 0.2%)	염모용 화장품에서만 사용	타르색소
산성적색 52호 (사용한도 0.6%)		
산성적색 92호 (사용한도 0.4%)		
피그먼트 적색 5호	화장비누에만 사용	타르색소
피그먼트 자색 23호		
피그먼트 녹색 7호		

03 화장품의 제형

(1) 제형의 분류

식품의약품안전처 고시인 기능성 화장품 기준 및 시험 방법 통칙에서 정하는 제형의 정의는 다음과 같다.
① 로션제 : 유화제 등을 넣어 유성성분과 수성성분을 균질화하여 점액상으로 만든 것
② 액제 : 화장품에 사용되는 성분을 용제 등에 녹여서 액상으로 만든 것
③ 크림제 : 유화제 등을 넣어 유성성분과 수성성분을 균질화하여 반고형상으로 만든 것
④ 침적마스크제 : 액제, 로션제, 크림제, 겔제 등을 부직포 등의 지지체에 침적하여 만든 것
⑤ 겔제 : 액체를 침투시킨 분자량이 큰 유기분자로 이루어진 반고형상
⑥ 에어로졸제 : 원액을 같은 용기 또는 다른 용기에 충진한 분사체. 압력을 이용하여 안개모양, 포말상 등으로 분출하도록 만든 것

(2) 제형의 물리적 특성

① 화장품은 유화, 분산, 가용화, 혼합 등에 의해 제조된다.
② 유화 제형, 가용화 제형, 유화분산 제형, 고령화 제형, 파우더혼합 제형, 계면활성제혼합 제형 등으로 분류할 수 있다.
③ 제형별 분류

제 형	특 징	제 품
유화 제형 (크림상, 로션상)	서로 섞이지 않는 두 액체 중에서 한 액체가 미세한 입자 형태로 유화제(계면활성제)를 사용하여 다른 액체에 분산되는 것을 이용한 제형 * 주요제조설비 : 호모믹서	• 크 림 • 유액(로션) • 영양액(에센스, 세럼)
가용화 제형 (액상)	물에 대한 용해도가 아주 작은 물질을 가용화제(계면활성제)를 이용하여 용해도 이상으로 녹게 하는 것을 이용한 제형 * 주요제조설비 : 아지믹서, 디스퍼	• 화장수(스킨로션, 토너) • 미스트 • 향 수
유화분산 제형 (크림상)	분산매가 유화된 분산질에 분산되는 것을 이용한 제형 * 주요제조설비 : 호모믹서, 아지믹서	• 비비크림, 파운데이션 • 메이크업베이스 • 마스카라, 아이라이너
고형화 제형 (고상)	오일과 왁스에 안료를 분산시켜서 고형화시킨 제형 * 주요제조설비 : 3단롤러, 아지믹서	• 립스틱, 립밤, 컨실러 • 스킨커버
파우더혼합 제형 (파우더상)	안료, 펄, 바인더(실리콘 오일, 에스테르 오일), 향을 혼합한 제형 * 주요제조설비 : 헨셀믹서, 아토마이저	• 페이스파우더 • 팩트, 투웨이케익 • 치 크 • 아이섀도우
계면활성제혼합 제형 (액상)	음이온, 양이온, 양쪽성, 비이온성 계면활성제 등을 혼합하여 제조하는 제형 * 주요제조설비 : 호모믹서, 아지믹서	• 샴푸, 컨디셔너, 린스 • 바디워시 • 세척제

④ 제형 분류

　㉠ 유 화

　　• 용해되지 않는 두 액체를 함께 섞어 우윳빛으로 백탁화한 것을 유화(에멀젼)이라고 한다.

　　• 크림, 로션, 메이크업 베이스 등의 제형에 중요한 화장품 적용 기술이며 에멀젼의 유화 종류 판별에는 희석법, 전기전도도법, 색소침가법 등이 있다.

　　• 에멀젼은 외상의 종류에 따라 O/W(Oil in Water)에멀젼, W/O(Water in Oil)에멀젼, 다중 에멀젼(W/O/W, O/W/O)으로 분류한다.

　　• O/W에멀젼은 외상의 수상으로 일반적인 기초화장품이 해당되며, W/O에멀젼은 외상이 유상으로 비비크림, 선크림 등이 해당된다.

　　• 에멀젼 분류 및 특징

O/W형 (Oil in Water, 수중유형)	• 물의 연속상에 유분을 분산 • 사용감이 촉촉하고 물로 씻을 수 있음
W/O형 (Water in Oil, 유중수형)	• 기름의 연속상에 수분을 분산 • 클렌징크림, 썬크림 등
W/O/W형 또는 O/W/O형 (다중 에멀젼)	• 1단계 유화법이나 2단계 유화법으로 만들어지는 멀티 제형 • 분산된 입자가 영양물질과 활성물질의 안정된 상태임

　㉡ 가용화

　　• 가용화는 물에 녹지 않는 물질을 계면활성제를 사용하여 녹이는 것을 말한다.

　　• 가용화에 사용되는 계면활성제를 가용화제라 한다.

　　• 이때 생성되는 투명 혹은 반투명의 매우 작은 에멀젼을 마이크로에멀젼이라 한다.

　　• 대표적인 제품으로는 화장수, 에센스, 향수, 헤어토닉 등이 있다.

　㉢ 유화분산

　　• W/O에멀젼은 외상이 오일이고, W/Si에멀젼은 외상이 실리콘으로 친유성인 피부표면과의 친화도가 높아서 부드러운 사용감을 준다.

　　• 발수력이 있어 화장이 오래 지속되어 화장붕괴가 일어나지 않아 색조 화장품에 많이 응용되는 제형이다.

　　• 특히 실리콘은 특유의 실키한 사용감으로 끈적이지 않고 휘발성 실리콘은 화장이 뭉치지 않아 대부분의 파운데이션, 쿠션, 비비크림, 선크림이 W/Si에멀젼에 안료를 분화시킨 유화분산제형이다.

Tip

분 산

물 또는 오일 성분에 미세한 고체 입자(안료)가 계면활성제에 의해 균일하게 분포된 상태이다. 계면활성제는 고체 입자의 표면에 흡착되어 고체 입자가 서로 뭉치거나, 뭉쳐서 가라앉는 것을 방지한다. 분산 기술을 이용한 제품은 마스카라, 아이라이너, 파운데이션, 립스틱 등이 있다.

ㄹ 고형화
- 화장품의 고형화 제형은 립스틱, 립밤, 컨실러, 데오도런트가 있다.
- 제형을 구성하는 성분은 왁스, 오일, 색소, 보존제, 산화 방지제, 향 등이 있다.
- 대표적인 고형화 제형인 립스틱에서는 제형이 불안정하면 발한, 발분이 발생될 수 있다.
- 발한은 립스틱 표면 밑에 오일이 립스틱 표면으로 이동하는 것으로, 립스틱 표면에 오일이 땀방울처럼 맺히며 35~40도에서 발생한다.
- 발한의 원인은 왁스와 오일의 낮은 혼화성이며, 오일과 왁스의 중간 상인 반고상 원료가 오일과 왁스의 혼화성을 높여 발한을 억제하기 위하여 사용된다.

ㅁ 화장비누
- 식물성 오일의 지방산과 가성소다를 반응시켜 천연비누를 제조한다.
- 반응물질로 보습제인 글리세린도 형성되는데 천연비누에는 이 글리세린이 포함되어 있다.
- 하지만 비누공장에서 비누화 반응을 통해 비누를 제조할 경우에는 글리세린을 별도로 추출하여 화장품 원료로 판매하기 때문에 시중에서 구매하는 화장비누에는 글리세린이 포함되어 있지 않다.

ㅂ 펌제(퍼머넌트 웨이브)
- 모발의 주성분인 케라틴에는 디설파이드결합(S-S 결합)을 가지고 있는 시스틴이 있다.
- 이 디설파이드결합은 환원(수소결합), 산화시켜서 모발의 웨이브를 형성한다.
- 시스틴은 시스테인 2분자가 디설파이드 결합으로 연결되어 있다.
- 펌제의 분류

구 분	기 능	성 분
1제	환원제	시스테인, 치오글라이콜릭애씨드, 알칼리제, 컨디셔닝 성분, 정제수 등
2제	산화제(중화제)	과산화수소, 과붕산나트륨 등

ㅅ 염모제
- 염모력의 지속에 따라 일시 염모제, 반영구 염모제, 영구 염모제로 분류된다.
- 영구 염모제만이 기능성 화장품으로 분류되며 일시 염모제, 반영구 염모제는 일반 화장품이다.
- 일시 염모제는 안료를 사용하여 모피질 내로 염모성분이 침투하지 못하고 모발의 가장 바깥 큐티클층에 안료성분이 일시적으로 부착되어 있어서 모발을 씻어낼 경우 염모효과가 사라진다.
- 컬러스프레이, 컬러무스, 컬러마스카라, 컬러젤 등이 일시 염모제에 해당한다.
- 염모제의 분류

구 분	기 능	성 분
1제	염모제	염모성분, 알칼리제 등
2제	산화제	과산화수소 등

ⓞ 탈색제
- 탈색제는 1제와 2제로 구성되어 있으며, 모발 내의 멜라닌을 산화시켜 색이 없는 옥시멜라닌으로 바꾸어 모발의 색을 탈색하게 된다.
- 1제 : 알칼리제, 암모니아수
- 2제 : 산화제, 과산화수소

ⓩ 향 수
- 향수는 향, 에틸알코올, 물, 산화방지제, 금속이온봉쇄제, 색소 등으로 구성되어 몸에 향기를 더해주는 화장품이다.
- 일정 기간의 숙성기간을 거친 후, 유리 용기에 충진한다.

Tip

향 지속성

항 목	탑노트	미들노트	베이스노트
지속력	5~10분	10분~3시간	3시간 이상
향 취	시트러스, 후레쉬 등	플로랄	우드, 머스크
느 낌	처음 느끼는 향	향수의 중심 향	은은한 잔향

향 부향율

분 류	부향율	지속력(시간)	비 고
퍼 퓸	10~25	6~7	–
오데퍼퓸	10~15	4~6	–
오데투알렌	5~10	3~4	대부분의 향수
오데코롱	3~5	2~3	–
샤워코롱	1~3	1~2	–

04 화장품 배합 한도 및 금지 원료

(1) 배합 한도 및 금지 원료 규정

① 식품의약품안전처장은 보존제, 색소, 자외선 차단제 등과 같이 특히 사용상의 제한이 필요한 원료에 대하여는 그 사용기준을 지정하여 고시하여야 하며, 사용기준이 지정 고시된 원료 외의 보존제, 색소, 자외선 차단제 등은 사용할 수 없다고 규정하였다.

② 사용상의 제한이 필요한 원료를 위의 예시와 같이 보존제 성분, 자외선 차단성분, 기타 성분으로 나누어 각각 사용한도를 지정하고 있으며 국내에서 제조 수입 또는 유통되는 모든 화장품은 해당 사용목적의 원료를 포함할 경우 그 사용한도 또는 배합한도를 만족하여야 한다.

③ 색소에 대해서는 '화장품의 색소 종류와 기준 및 시험 방법'에서 화장품의 제조 등에 사용할 수 있는 색소의 사용기준 등을 정하고 있다.

④ 화장품 안전기준 등에 관한 규정 제5조에서는 사용에 제한이 있는 원료, 맞춤형화장품에 사용할 수 없는 원료와 사용에 제한이 있는 원료 등을 규정하고 있다.

(2) 배합한도 고시의 예시

① 살리실릭애씨드 및 그 염류 : 사용한도는 살리실릭애씨드로서 0.5%, 영유아용 제품류 또는 만 13세 이하 어린이가 사용할 수 있음을 특정하여 표시하는 제품에는 사용 금지

② 징크피리치온 : 사용 후 씻어내는 제품에 0.5%, 기타 제품에는 사용 금지

③ 트리클로산 : 사용 후 씻어내는 인체 세정용 제품류, 데오도런트, 페이스파우더, 피부 결점을 감추기 위해 국소적으로 사용하는 파운데이션에 0.3%, 기타 제품에는 사용 금지

④ 페녹시에탄올 : 1.0%

⑤ 자외선차단제 중 티타늄디옥사이드 25%, 징크옥사이드 25%

05 원료 및 내용물의 유효성과 규격

(1) 원료 및 내용물의 유효성

① 화장품 성분이 보습기능, 세정기능, 자외선 차단 효과, 미백 효과, 피부 거칠음 개선 효과, 체취 방지 등과 같은 효능을 나타내는 것을 유효성이라고 한다.

② 맞춤형화장품에 사용되는 원료와 내용물에 있어서도 이러한 성분의 유효성, 유용성이 발현되어야 한다.

③ 화장품의 유효성은 기초 제품으로부터 색조, 두발용, 방향 제품에 이르기까지 모든 유형에서 고려되는 품질 요소이며 각각의 특성을 고려한 다양한 평가법을 시행하는데 이를 유효성 평가라고 한다.

④ 유효성 평가는 피부의 생리적인 변화를 조사하는 '생물학적 평가법'과 피부의 물성 변화를 조사하는 '물리·화학적 평가법', 그리고 마음의 변화를 조사하는 '생리심리학적 평가법'으로 분류한다.

⑤ 화장품에서는 화장품의 사용을 통한 피부 표면에서 피부 내부에 이르는 변화를 분석하기 위하여 생물학적 평가법이나 물리·화학적 평가법이 주로 이용되고 있다.

⑥ 물리·화학적 평가법은 화장품의 효능을 확인하기 위해 피험자를 대상으로 일정 기간 동안 화장품을 사용한 후 피부의 변화를 측정·관찰하여 화장품의 유효성 유무 또는 유효성 정도를 알아보는 것으로 다양한 방법이 사용되고 있다.

⑦ 물리·화학적 평가법의 예시
  ㉠ 주름 개선 효능 평가시험 : 눈주름 모사판 채취법, 주름 모사판 채취법, 피부 표면스캔 및 사진 촬영을 병행하여 주름개선 효능 평가
  ㉡ 피부톤 개선 평가시험 : 표피 수분량 측정, 경피 수분손실량 측정
  ㉢ 탄력 개선 효능 평가시험 : 비접촉 3차원 형상계측법

(2) 원료 및 내용물의 규격

① 원료의 규격과 관련한 서류
  ㉠ 원료 규격은 원료의 전반적인 성질에 관한 것으로 원료의 성상, 색상, 냄새, pH, 굴절률, 중금속, 비소, 미생물 등 성상과 품질에 관련된 시험 항목과 그 시험 방법이 규정되어 있다.
  ㉡ 보관 조건, 유통기한, 포장 단위 등의 정보가 기록되므로 원료 규격서에 의해 원료에 대한 물리, 화학적 내용을 알 수 있다.
  ㉢ 원료의 시험 기록서는 원료 규격에 따라 시험한 결과를 기록한 것으로, 화장품 원료가 입고될 때 원료의 품질 확인을 위한 자료로 첨부되며, 이 COA를 보고 자가 품질 기준에 따라 원료의 적합 여부를 판단한다.
  ㉣ COA에는 일반적으로 물리 화학적 물성과 외관 모양, 중금속, 미생물에 관한 정보가 기재되어 있다.

ⓜ 원료 시험 성적서 확인
- 맞춤형화장품에 사용되는 베이스제품 및 원료의 입고 시에는 제조사 및 품질관리 여부를 확인하고 품질 성적서를 구비하여야 한다.
- 보건위생상 위해가 없도록 시설 및 기구를 위생적으로 관리하고, 원료 등은 가능한 품질에 영향을 미치지 않는 장소에서 보관하여야 한다.
- 원료 등의 사용기한을 확인 후 관련 기록을 보관하고, 사용기한이 지난 경우 폐기하도록 해야 한다.
- 베이스화장품 및 원료는 사용기한 확인 후 사용해야 하며, 사용 후 재보관 시에는 품질관리 및 오염 방지에 신중해야 한다.
- 화장품 책임판매업자로부터 원료 시험 성적서를 수령하여 원료 및 내용물의 규격에 대한 내용을 확인해야 한다.

06 기능성 화장품

(1) 기능성 화장품의 개념

① 기능성 화장품이란 피부 노화에 따라 피부 기능을 개선시키기 위한 미백, 주름 개선, 자외선 차단과 같이 피부 보호 기능을 위한 화장품을 말한다.
② 기능성 화장품은 성분과 기능별로 분류가 가능하다.

(2) 노화의 종류와 기능성 화장품 분류

① 노화의 종류

내인성 노화	생리적, 내적 원인에 의한 발생
외인성 노화	주변 환경(자외선 등), 생활 여건, 습관 등의 외적 원인의 지속적 노출로 발생

② 미백 화장품

기능	• 티로신의 산화를 촉진하는 티로시나아제의 작용을 억제하는 물질 　(알부틴, 코직산, 상백피 추출물, 감초 추출물, 닥나무 추출물) • 멜라닌 세포 사멸(멜라닌 합성 억제) • 도파의 산화 억제 : 티로신이 멜라닌 색소로 생성되는 과정에서 진행되는 단계 중 도파 단계부터 산화를 억제(비타민C유도체, 코엔자임 Q-10) • 각화 현상을 촉진(AHA, BHA) • 자외선 차단 : 징크옥사이드, 티타늄디옥사이드

주요 성분	• 비타민C(항산화, 항노화, 주름 및 미백 효과) • 알부틴(티로시나아제 효소의 활성 억제, 색소 침착 방지) • 상백피(미백, 항산화 효과) • 코직산(티로시나아제 효소의 활성 억제) • 감초 추출물(티로시나아제 효소의 활성 억제, 상처 치유, 자극완화) • 하이드로퀴논(의약품으로 사용, 백반증과 같은 부작용 유발)

③ 주름 개선 화장품의 주요 성분

AHA	수용성 각질 제거, 피부 재생 효과
비타민E(토코페롤)	지용성 비타민, 항산화, 항노화, 재생 작용
레티놀	상피 보호 비타민, 각질의 턴 오버 기능 정상화, 잔주름 개선과 재생 작용 탁월
프로폴리스	면역력 향상, 피부 진정 효과
알란토인	보습, 상처 치유, 재생 작용

④ 여드름 개선 화장품의 주요 성분

살리실산(BHA)	살균 작용, 피지 억제
유 황	살균 작용, 각질 제거, 피지 조절 기능
피리독신	염증 피부에 효과적(여드름, 지루성 피부염)
비오틴	지루성 피부염에 효과

⑤ 자외선 차단제

자외선 산란제 (무기계 차단제)	• 자외선을 반사시킴 • 피부 자극이 적음 • 접촉성 피부염의 발생이 적어 안정적임 • 예민한 피부에 사용 가능 • 백탁 현상 발생 • 불투명하며 차단 효과가 뛰어남 • 산화아연, 이산화티탄. 탤크 등
자외선 흡수제 (유기계 차단제)	• 자외선이 피부로 침투하는 것을 방지 • 투명하고 사용감 좋음 • 접촉성 피부염의 유발 가능성 높음 • 백탁 현상 없음 • 벤조페논, 살리실산 유도체, 신나메이트 등

MEMO

9 PART

색채학

학습목표
색의 정의와 구성요소에 대해 숙지한다.
색의 혼합과 대비에 대해 이해한다.
색소의 구성성분 및 각 색의 효과를 이해하여 시술에 적용한다.

01 색과 색채학

(1) 색(Color)

① 색의 정의
  - ㉠ 사전적 정의 : '빛' 또는 '빛의 색(Color of Light)'을 말한다.
  - ㉡ 물리적 정의 : 빛은 눈을 자극하여 시각을 일으키는 물리적 원인이다. 색은 빛이 물체를 비추었을 때 생겨나는 반사, 흡수, 투과, 굴절, 분해 등의 과정을 통해 인간의 눈을 자극하여 생기는 물리적인 지각 현상을 말한다.

② 색의 스펙트럼
  - ㉠ 빛은 전자기적 진동, 전자기파의 일종으로 좁은 의미에서는 인간이 눈으로 인지 가능한 가시광선을 의미한다.

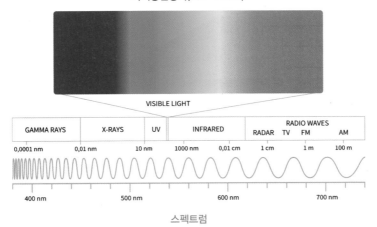

스펙트럼

  - ㉡ 인간은 가시광선만 색으로 볼 수 있다.
  - ㉢ 파장은 380~780㎚이고 무지개빛과 같은 색상이다.
  - ㉣ 파장이 가장 짧은 색은 보라색이며 단파장이라 하고, 파장이 가장 긴 색은 빨간색으로 장파장이라 한다.
  - ㉤ 파장에 따라 빛의 성질이 다르다.

ⓗ 380㎚보다 짧은 파장은 자외선(UV)영역이고, 780㎚보다 긴 파장 영역은 적외선이다(IR).

ⓢ 자외선과 적외선은 인간의 눈으로 보이지 않는다.

가시광선영역	광원색	파 장	빛의 성질
장파장	빨 강	620~780㎚	굴절률이 적으며 산란이 어렵다.
	주 황	590~620㎚	
중파장	노 랑	570~590㎚	가장 밝게 느껴진다.
	녹 색	500~570㎚	
단파장	파 랑	450~500㎚	굴절률이 크고 산란이 쉽다.
	보 라	380~450㎚	

③ 색지각의 3요소

ⓐ 광원(Light Source), 눈(Subject), 물체(Object)를 색지각의 3요소라고 한다.

ⓑ 이 중 한 가지라도 존재하지 않으면 색을 인식할 수 없다.

광원(Light Source)	• 태양(자연광)이나 형광등, 불 등 빛의 근원이 있어야 반사, 흡수 과정을 거치면서 색채 지각이 가능하다.
눈(Subject)	• 눈의 시감각으로 물리적 에너지인 광원을 받아들인다.
물체(Object)	• 대상이 되는 물체를 말한다. • 물체의 특성에 따라 고유의 반사율도 다른데, 물체에 맞는 파장은 흡수하고 반대의 파장은 반사한다.

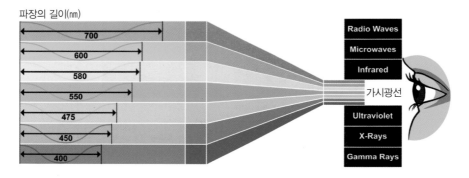

가시광선

④ 색의 구성요소

ⓐ 인간은 색이 가지고 있는 기본적인 성질에 따라 여러 가지 색을 지각한다.

ⓑ 색을 규정하는 지각 성질은 색상, 명도, 채도로, 색의 3속성이다.

ⓒ 색상(Hue)

　• 색상은 사물을 봤을 때 각각의 색이 가지고 있는 독특한 성질이나 명칭을 말한다.

　• 대부분 색상을 통해 색을 구별한다.

　• 인간은 약 200가지의 색상을 구별할 수 있다.

유채색	빨강 · 노랑 · 초록 · 파랑 · 보라 등과 같은 색채로서, 다른 색과 구분되는 성질을 지닌다.
무채색	흰색, 검정, 회색 등과 같이 밝고 어둠의 차이는 있으나 색상과 채도가 없으며, 명암의 차이에 의해 구분하고, 따뜻하지도 차갑지도 않은 중성색이다.

유채색

무채색

ⓔ 명도(Lightness Value)
- 색의 밝고 어두운 정도를 나타내는 명암 단계를 말한다.
- 명도는 물체 표면의 상대적인 명암에 관한 색의 속성이며, 그레이스케일(Gray Scale)이라 한다.
- 인간은 색의 3속성 중에서 명도에 가장 민감하게 반응하며 약 500단계의 명도를 구별할 수 있다.

ⓜ 채도(Saturation/Chroma)
- 채도는 색의 선명도를 나타내며, 색의 맑음, 탁함, 색의 강,약, 순도, 포화도 등으로 다양하게 해석된다.
- 색의 강약이며 맑기이고 선명도이다.
- 즉, 진한 색과 연한 색, 흐린 색과 맑은 색 등은 모두 채도의 높고 낮음을 말한다.
- 순색에 가까울수록 채도가 높다.

명도의 단계

채도의 단계

(2) 색의 혼합

① 색채 혼합이란 서로 다른 성질의 색이 섞이는 것으로, 두 개 이상의 색료나 잉크, 색광 등을 혼합하여 새로운 색을 만들어 내는 것을 말한다.

② 원 색

    ㉠ 색의 혼합에서 기본이 되는 색으로 더 이상 분해할 수 없거나 다른 색의 혼합에 의해서 만들 수 없는 기초색이다.

    ㉡ 기본색, 기준색, 표준색 등 최소한의 색을 의미한다.

빛(색광)의 3원색	빨강(Red), 초록(Green), 파랑(Blue)	가산혼합
색료(안료)의 3원색	시안(Cyan), 마젠타(Magenta), 노랑(Yellow)	감산혼합

③ 혼 색

    ㉠ 두 가지 이상의 색광 또는 색료의 혼합으로 새로운 색을 만들어 내는 것을 말한다.

    ㉡ 가법혼색과 감법혼색, 그리고 두 색을 동일하게 혼합하여 만든 2차색의 중간혼색이 있다.

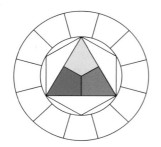

| 1차색
다른 색을 혼합하여
얻을 수 없는 색(원색)

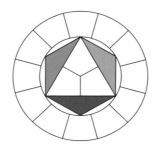

| 2차색
2가지 원색을 같은 비율로
섞으면 나오는 색

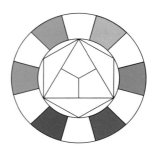

| 3차색
원색과 2차색을 같은 비율로
섞으면 나오는 색

혼 색

    ㉢ 감산혼합(색의 혼합)

- 혼합된 색의 명도나 채도가 혼합 이전의 평균 명도나 채도보다 낮아지는 혼합을 말한다.
- 혼색할수록 어두워진다. 3원색을 혼색하면 검정이 된다.
- 색료의 혼합, 물감의 혼합이다.
- 물감, 도료, 인쇄, 잉크 등에 이용된다.

1차색	혼합되기 전의 원색
2차색	1차색끼리의 혼합
3차색	2차색끼리의 혼합, 무채색에 가까움

ⓔ 가산혼합
- 혼합된 색의 명도가 혼합 이전의 평균 명도보다 높아지는 색광의 혼합을 말한다.
- 혼색할수록 밝아진다. 빛의 양이 증가하기 때문에 명도가 높아진다(가법).
- 빛의 혼합이다. 3원색을 혼색하면 흰색이 된다.
- 무대조명, TV, 모니터 등에 이용된다.

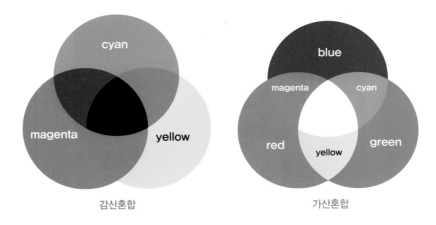

감산혼합   가산혼합

Tip

감산혼합의 활용
감산혼합은 출판이나 인쇄, 프린트 등에 적용되어 활용되고 있는데, 인쇄나 프린트는 색의 3원색인 시안(Cyan), 마젠타(Magenta), 노랑(Yellow) 잉크에 검정(Black)을 추가하여 인쇄를 출력해 출판물을 만들어 낸다. 검정을 추가하는 이유는 색료의 3원색만 섞었을 때는 완전한 검정이 나오지 않기 때문이다.

가산혼합
- 빨강(Red) + 초록(Green) = 노랑(Yellow)
- 초록(Green) + 파랑(Blue) = 시안(Cyan)
- 파랑(Blue) + 빨강(Red) = 마젠타(Magenta)

④ 중간혼색

    ㉠ 중간혼색이란 두 색 또는 그 이상의 색이 섞였을 때 눈의 착시적 혼합을 나타내는 것을 말한다.

    ㉡ 중간혼색에는 인상파 화가들이 자주 사용했던 점묘화법과 같은 병치혼색이 있고, 회전 원판에 색을 칠한 다음 고속으로 회전시켜 색이 혼합된 것처럼 보이는 회전혼색이 있다.

    ㉢ 혼색의 결과로 나타나는 색의 색상, 명도, 채도가 평균값이 된다.

그랑드자트 섬의 일요일 오후, 쇠라(점묘법)

(3) 색의 대비

① 색의 대비는 배경과 주위에 있는 색의 영향으로 색이 다르게 보이는 것을 말하는데, 2가지의 색이 서로 영향을 미쳐 그 서로 다름이 강조되어 보이는 현상이다.

② 대비 현상은 지속적으로 이어지기보다는 대부분 순간적으로 일어나며, 시간이 지남에 따라 그 정도가 약해진다.

③ 색의 대비는 대비 방법에 따라 두 개의 색을 동시에 볼 때 일어나는 동시대비와 시간적 차이에 의해 일어나는 계시대비로 크게 나눌 수 있다.

④ 동시대비(Simultaneous Contrast, 공간대비)

    ㉠ 인접해 있는 두 가지 이상의 색을 동시에 볼 때 일어나는 현상으로, 서로의 영향으로 인해 색이 다르게 보이는 대비 현상을 말한다.

    ㉡ 색차가 클수록 강해지고, 색과 색 사이의 거리가 멀어질수록 약해진다.

    ㉢ 계속해서 한 곳을 보면 눈의 피로도 때문에 대비 효과는 떨어지게 된다.

색상대비	• 색상이 다른 두 색을 동시에 이웃하여 놓았을 때 각 색상의 차이가 크게 느껴지는 현상이다. • 1차색끼리 잘 일어난다.
명도대비	• 명도가 높은 색은 더욱 밝게, 명도가 낮은 색은 더욱 어둡게 보인다. • 명도 차가 클수록 뚜렷하다.
채도대비	• 동일한 색일지라도 주위의 색 조건에 따라서 채도가 낮은 색은 더욱 낮게, 높은 색은 더욱 높게 보이는 것을 말하며, 채도 차가 클수록 뚜렷한 대비 현상이 나타난다. • 유채색과 무채색의 대비가 가장 뚜렷하다.
보색대비	• 보색 관계인 두 색을 나란히 놓으면 서로의 영향으로 각각의 채도가 더 높아 보이는 현상이다. • 보색대비는 가장 강한 색의 대비이다.
연변대비	• 두 색이 인접해 있을 때 서로 인접되는 부분이 경계로부터 멀리 떨어져 있는 부분보다 색상, 명 도, 채도의 대비 현상이 강하게 일어나는 것이다. • 연변대비를 약화시키고자 할 때는 두 색 사이에 무채색 테두리를 만들면 감소된다.

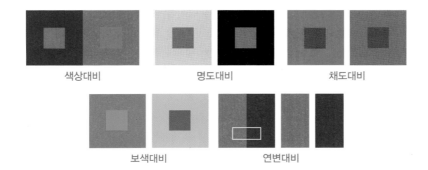

색상대비 　　　 명도대비 　　　 채도대비

보색대비 　　　 연변대비

⑤ 계시대비
   ⊙ 계시대비란 어떤 색을 잠시 본 후 시간적인 차이를 두고 다른 색을 보았을 때, 먼저 본 색의 영향
      으로 나중에 본 색이 다르게 보이는 현상을 말한다.
   ⓒ 일정한 색의 자극이 사라진 후에도 지속적으로 색의 자극을 느낄 때 나타난다.

⑥ 한난대비
   차가운 색과 따뜻한 색을 대비시켰을 때 한색은 더욱더 차갑게, 난색은 더욱더 따뜻하게 느껴지는 현
   상이다.

⑦ 면적대비
   ⊙ 동일한 색이라도 면적이 크고 작음에 따라서 색이 다르게 보이는 현상이다.
   ⓒ 면적이 크면 명도와 채도가 실제보다 좀 더 밝게 보이고, 면적이 작으면 명도와 채도가 실제보다
      어둡고, 탁하게 보인다.

한난대비 　　　 면적대비

(4) 색의 지각

① 색채표준
  - ㉠ 색채표준은 색이 가지는 감성적, 생리적, 주관적인 부분을 보다 정량적으로 다루고 집단과 국가 간의 색채 표기와 단위를 표준화하여 색채를 과학적이고 물리적으로 증명하여 색을 정확하게 측정, 전달, 보관, 관리, 재현하기 위한 것이다.
  - ㉡ 색채표준에는 실용성, 재현성, 국제성, 과학성, 규칙성, 기호화 등의 사항이 모두 포함되어야 한다.

② 색채표준의 조건
  - ㉠ 색채의 표기는 국제적으로 통용 가능해야 한다.
  - ㉡ 색채 간의 지각적 등간격을 유지하여 다양한 색을 포함할 수 있어야 한다.
  - ㉢ 색의 3속성(색상, 명도, 채도)의 배열은 과학적 근거로 한다.
  - ㉣ 색표의 배열은 언제나 규칙적이어야 한다.
  - ㉤ 색의 배열은 하나의 과학적 규칙에 의해서 사용되어야 한다.
  - ㉥ 실용화시킬 수 있도록 재현 가능성, 해독 가능성, 용도 등이 고려되어야 한다.
  - ㉦ 색채 재현시 특수 안료를 제외하고 일반 안료로 만들 수 있어야 한다.

③ 먼셀(Munsell)의 색상환
  - ㉠ 미국의 화가이며 색채연구가인 먼셀(Albert H. Munsell, 1858~1919)은 1905년 색채교육을 위해 색을 지각적으로 분류하고, 이를 객관적인 기호와 숫자로 체계화하였다.
  - ㉡ 1943년 미국 광학회(OSA)에 의해 수정된 먼셀 색체계는 이후 세계적으로 가장 널리 사용되었으며, 색채교육 및 색의 표시방법의 표준이 되고 있다.
  - ㉢ 색상환은 스펙트럼의 색상 변화를 시각적 등간격의 원의 형태로 배열한 것이다.
  - ㉣ 먼셀 표색계는 현재 우리나라의 공업 규격(KS A 0062)으로 제정되어 사용되고 있으며, 교육부 교육용 고시(제312호)로도 채택된 표색계이다.
  - ㉤ 먼셀은 색의 3속성인 색상(Hue), 명도(Value), 채도(Chroma)로 색을 기술하였고, 색상을 각각 빨강(R), 노랑(Y), 초록(G), 파랑(B), 보라(P)의 다섯 가지 색을 기본으로 하였다.
  - ㉥ 이것은 다시 10등분 되어 100색상으로 분할된다.

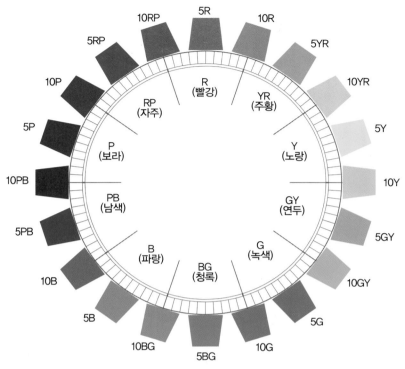

먼셀(Munsell)의 색상환

④ 난색과 한색(Warm Color & Cool Color)

　㉠ 색상은 크게 따뜻한 색과 차가운 색의 두 부류로 나뉘진다.

　㉡ 이를 난색(Warm)과 한색(Cool)으로 나누고, 따뜻하지도 차갑지도 않은 연두, 초록, 보라, 자주
　　등을 중성색이라고 한다.

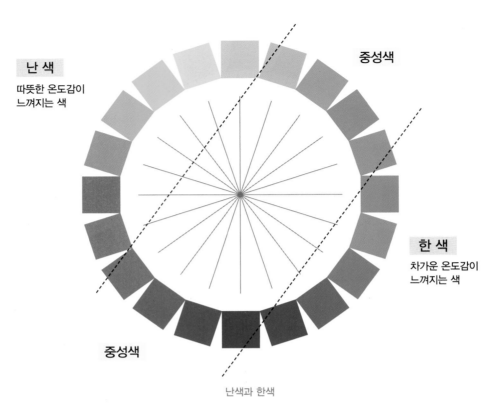

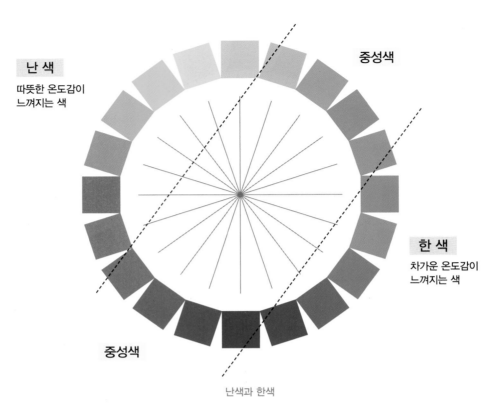

난 색
따뜻한 온도감이
느껴지는 색

중성색

한 색
차가운 온도감이
느껴지는 색

중성색

난색과 한색

따뜻한 색 (Warm Color)	• 빨강, 주황, 노랑 계열의 따뜻한 느낌을 주는 색으로서 '더운색', '난색'이라고도 한다. • 온도감이 따뜻하고 활동적이며 흥분하게 되는 진출색이다.
차가운 색 (Cool Color)	• 파랑, 청록, 남색 계열의 차가운 느낌을 주는 파란색 계통의 색으로 '한색'이라고 한다. • 시원하고 차분함, 안정감을 느끼게 하는 수축색이다.

⑤ 보 색

　㉠ 보색은 색상환에서 마주보는 색을 말한다.

　㉡ 서로 반대되는 색을 말한다.

　㉢ 반영구화장 시술시 컬러에 대한 이해가 중요한 이유는, 반영구화장 시술을 하면 색이 피부에서 점
　　점 흐려지는 과정을 거치는데, 이 과정에서 원치 않은 색이 남을 수 있기 때문이다.

　㉣ 처음에는 갈색으로 보였던 눈썹 색상이 시간이 지나면서 점점 붉은색으로 빠지거나 회색으로 빠
　　지기도 하고, 검은색으로 보였던 아이라인 색상이 시간이 지나면서 점점 푸른색을 띤 회색으로 변
　　하기도 한다.

　㉤ 이는 색상이 변하는 변색이 아니며, 시간이 지나면서 자연스럽게 진행되는 색의 퇴색으로 이해하
　　여야 한다.

　㉥ 따라서 시술자는 선택한 색소가 시간이 지남으로 인해 어떤 퇴색과정을 거치게 될 것인지를 염두
　　에 두고 색을 결정해야 한다.

Ⓢ 이미 색이 어느 한쪽으로 치우쳐 색이 남은 경우 보색을 사용하여 잔여색을 커버할 수 있는 적당한 색상을 선택하여야 한다.

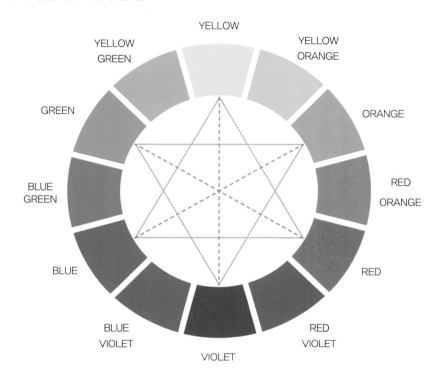

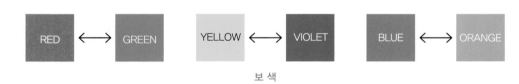

보 색

PART 9

Tip

보색을 이용한 시술 팁
• 붉은 눈썹을 보정하고자 할 때 카키색의 색소를 사용한다.
• 푸른 아이라인을 보정하고자 할 때 오렌지색을 섞어 사용한다.
• 어두운 입술을 보정하고자 할 때 오렌지색을 사용한다.

(1) 반영구화장의 색소

① 반영구화장의 색소는 안료(Pigment)와 기타 첨가제를 혼합하여 만들어진다.

② 피부 속에 스며들어 일정 기간 유지되는 반영구화장의 색소나 염료는 눈썹, 아이라인, 입술, 헤어라인 등으로 활용되고, 피부 내에 머무른다.

(2) 색소의 구성성분

① 색 료

㉠ 물체의 색깔이 나타나도록 해주는 성분을 색소라고 한다.

㉡ 특정한 색깔이 나타나도록 하기 위해서는 물체의 재료에 따라 적합한 색재(Colorant)를 선택하여야 한다.

㉢ 동물이나 식물 등 자연에서 얻을 수 있는 색료를 천연 색료라 하며, 인간이 인공적으로 합성해서 만든 색소를 합성 색료라 한다.

㉣ 천연 색료는 색깔이 선명하지 못하고 빛, 공기와 관련한 안정성 문제가 있어 이러한 문제를 보완한 합성 색료가 많이 개발되고 있다.

㉤ 색료는 용해성에 따라 안료와 염료로 구분하는데, 염료는 물에 쉽게 녹고 착색되는 유색물질이고 안료는 물에 녹지 않는 분말상태로 염착을 하거나 고착시키기 위해서 별도의 접착제가 필요하다.

안 료	• 물이나 용제에 용해되지 않고 입자 상태로 존재한다. • 소재에 대한 친화력이 없어 고착제(접착제)를 사용한다. • 무기물이다.
염 료	• 물이나 용제에 용해되어 입자가 남아있지 않다. • 고착제를 사용하지 않는다. • 유기물이다.

② 반영구화장의 색소

㉠ 반영구화장의 색소는 알레르기 반응이 거의 없는 산화철(Iron-Oxide)과 탄소로 이루어진 가루이다.

㉡ 산화철에 증류수, 알코올, 글리세린을 함께 섞은 후 고온에서 열과 압력으로 살균처리하여 만드는데, 고열과 고압은 색소의 농도와 점성에 영향을 미친다.

㉢ 색소를 피부에 주입시키면 알코올과 글리세린은 피부에 흡수되거나 증발되고, 컬러를 좌우하는 색소의 주재료가 진피나 표피에 남아 반영구화장의 컬러를 나타내게 된다.

㉣ 반영구화장 색소 분자의 크기는 피부 층에서 다른 층으로 이동, 흡수되지 않을 정도의 크기여야 한다(약 6microns 크기).

㉤ 만약 분자가 너무 작을 경우에는 피부 속에서 이동하거나 빠져나올 수 있다.

ⓗ 또한 색소의 입자가 6microns 이하이면 탐식세포의 작용으로 색소가 퇴색되어 버리는데, 특히 유기 안료를 더욱 퇴색시킨다.

ⓢ 대신 입자가 크면 색소의 주입은 어려우나, 색소의 침착은 안정적이다.

③ 염료(Dye)

　ㄱ 물과 대부분의 유기용제에 녹아 섬유에 침투되어 착색되는 유색 물질을 말한다.

　ㄴ 좋은 염료로서 기능하기 위해서는 염료 분자가 잘 흡착되어야 하고, 외부의 빛에 안정적이어야 한다.

　ㄷ 인류가 발견한 가장 오래된 염료는 인디고(파란색)로, 주로 식물에서 얻어진다.

　ㄹ 염료는 크게 자연에서 얻어지는 천연염료, 인공적으로 합성하여 만든 합성염료로 나뉜다.

천연염료	• 식물, 동물, 광물염료 • 변색, 탈색될 수 있고 색조가 선명하지 않음
합성염료	• 직접염료, 산성 염료. 염기성 염료, 형광성 염료 • 천연염료보다 가격이 저렴하고 색상이 다양하며 사용이 간단한 장점

④ 안료(Pigment)

　ㄱ 안료는 물 및 대부분 유기용제에 녹지 않는 분말상의 불용성 착색제를 말한다.

　ㄴ 안료는 소재에 대한 표면 친화력이 없으며, 별도의 접착제가 필요하다.

　ㄷ 안료는 반영구화장 색소의 주원료가 되고, 피부에 주입했을 때 흩어지면서 피부의 각질주기에 따라 각질층과 함께 탈각하고 나머지는 피부에 남는다.

　ㄹ 안료는 크게 탄소의 유무에 따라 무기안료와 유기안료로 나뉜다.

　ㅁ 탄소를 포함한 물질에서 추출한 성분을 유기안료라고 하고, 물·모래·소금·석회·구리·철 등 탄소를 포함하지 않는 물질에서 추출한 성분을 무기안료라고 한다.

무기안료(탄소 ×)		유기안료(탄소 ○)	
• 광물과 광석으로 만듦(코발트계, 카드뮴계) • 무기질입자 • 인류가 사용한 가장 오래된 색재로서 불에 타지 않음 • 산화철, 적철석, 산화티탄		• 불에 타는 성질이 있음 • 색상이 선명하고 착색력이 높음 • 유기물입자 • 탄소복합물, 유기물, 헤나(Hena)	
천연무기안료	합성무기안료	천연유기안료	합성유기안료
• 입자가 굵고 크기가 불규칙 • 불순물 함유	• 화학적인 합성을 거친 금속화합물 • 안정성, 내광성, 내열성	• 동물성, 식물성 • 인디언옐로, 오징어먹물(세피아), 본블랙 • 안정적이지 못함	• 레이크(염료 + 금속염) • 발암물질(이미다졸론, 디아조)

> **Tip**
>
> 반영구화장 색소는 무기안료로 만든다.

ⓗ 무기안료의 색

- 백색 안료 : 산화아연, 산화티탄, 연백
- 녹색 안료 : 에메랄드독, 산화크로뮴독
- 청색 안료 : 프러시안 블루, 코발트정
- 황색 안료 : 황연, 황토, 카드뮴옐로
- 적색 안료 : 벵갈라, 버밀리온
- 무기물 색소로는 옥시든(Oxiden), 실리카(Silicate), 메탈(Metal), 크롬(Chromate), 코발트(Co), 철(Fe) 알루미늄(Al) 등이 있고, 색상의 주된 성분은 산화철(Iron-Oxide)이다.

ⓢ 안료의 검사항목

색	다양한 색채를 표현
내광성	빛에 의한 변색, 퇴색을 견디는 성질
은폐력	표면을 덮어 보이게 하지 않는 성질(불투명, 반투명, 투명)
착색력	일정 농도, 색이 남는 성질, 작은 입자가 착색력이 높음
흡수율	유기안료는 무기안료보다 입자가 작아 흡수량이 많음

ⓞ 안료와 염료의 구분

- 색소 가루가 유기용제(물, 알코올, 액체 타입)에 녹지 않으면 안료, 색소 가루가 유기용액(물, 알코올, 액체 타입)에 녹으면 염료라고 부른다.
- 안료는 물에 녹지 않기 때문에 물보다 입자가 큰 상태로 유지되어 있고, 염료는 물에 녹았기 때문에 물보다 입자가 작은 상태로 유지되어 있다.
- 안료는 피부 속에서 퍼짐이 적고, 염료는 안료보다 퍼짐이 넓다.
- 염료는 피부의 흡착력이 좋다(시술시 색의 흡착력이 높다).
- 합성염료는 무기와 유기, 안료와 염료 등을 자유롭게 합성함에 따라 무기도 유기 성질을, 유기도 무기 성질을, 안료도 염료 성질을, 염료도 안료 성질을 띨 수 있도록 만든 색소이다.

(3) 색소의 제형

① 반영구화장에 이용되는 색소는 산화철과 유기·무기적 색소의 가루에 증류수, 알코올, 글리세린 등을 섞어서 만드는 것이다.

② 이들 배합의 비율에 따라 글리세린 베이스 컬러와 아쿠아 베이스 컬러로 구분한다.

③ 그리고 가루의 형태로 액체형과 에멀견형에 섞어서 사용할 수 있는 파우더 형태가 있다.

아쿠아 베이스 액체형	물 타입의 제형으로 묽은 농도
글리세린 베이스 에멀전형	에센스와 비슷하며 점성이 있음, 떠서 사용
파우더형	파우더 제형으로 다른 색소에 첨가하여 사용

④ 글리세린 베이스

㉠ 글리세린은 수분 흡착력이 뛰어나 윤활과 보습작용을 한다.

㉡ 색소의 침투력과 미세 입자의 색소 착상률을 현저하게 높여 준다.

⑤ 아쿠아 베이스

아쿠아 베이스 컬러는 색소의 입자 자체가 무거워 진피층까지 침투할 수 있고, 뚜렷한 발색력을 나타낸다.

⑥ 기법에 따른 색소의 제형

　㉠ 반영구화장의 기법에 따른 도구가 기계(Machine)인지 엠보펜(Pen)형태의 수작업을 위한 것인지는 색소를 선택하는 데 큰 영향을 준다.

　㉡ 기계, 머신을 사용하는 경우는 순간적으로 바늘이 피부를 찍고 나오기 때문에 흡수가 빠른 페이스트 형태나 액상형태의 색소가 많이 쓰인다.

　㉢ 손으로 엠보펜을 잡고 피부를 바늘로 그어서 표현하는 기법은 왁스 형태, 크림 형태의 색소가 많이 쓰인다.

　㉣ 아이라인이나 입술은 주로 머신을 이용하지만, 요즘은 펜을 잡고 찍어서 표현하는 수지기법도 많이 쓰는 테크닉이다.

　㉤ 수지기법의 색소는 주로 묽은 액체 형태가 많이 쓰인다.

　㉥ 하지만 색소는 경험에 의한 본인의 테크닉과 힘 조절에 맞는 제품을 사용하는 경우가 많다.

Tip

- 부위와 시술방법에 따라 색소의 제형을 선택한다.
- 제형은 테크닉과 힘 조절에 따라 본인에게 맞는 제품을 선택할 수 있다.
- 시술시간이 오래 소요될 경우, 증류수와 알코올이 휘발되어 말라서 시술하는 니들 사이에 붙거나 입자 덩어리를 형성하여 시술의 어려움을 야기할 수 있다.
- 색소를 믹스할 때는 같은 타입으로 믹스하는 것이 좋다.
- 색소를 사용할 때에는 반드시 흔들어서 사용한다.

(4) 색소의 컬러

① 색상의 종류는 60~100가지로 구분되고 있으며, 사전에 섞여 나온 색(Premixed Colors)으로 바로 시술하기도 하고 고객의 피부색이나 잔여색의 유무에 따라 2~3가지의 색을 섞어서 사용하기도 한다.

② 퍼머넌트 시술자에게 중요한 것 중 하나가 피부색에 알맞은 색을 고르는 일이다.

③ 부위에 따른 색상

눈 썹	검정, 회색, 회갈색, 갈색, 황토색, 노랑, 카키색, 카키브라운
아이라인, 미인점	검정색과 짙은 브라운
입술, 유두	빨강, 분홍, 주황색, 다홍색, 자주색
백 선	피부톤에 맞는 컬러를 조합
헤어라인	눈썹보다 짙은 색상

④ 컬러인덱스(Color Index)

    ㉠ 합성염료나 안료를 화학 구조별로 종속과 색상으로 분류하고 컬러인덱스 번호(Color Index Number : C.C.Re.Number)를 부여한 데이터베이스이다.

    ㉡ 유럽이나 미국 등의 국가에서 반영구화장에 사용되는 색소의 표기에는 CI의 번호표기가 필요하다.

        • 이산화티타늄(Titanium Dioxide) 기반 색소 첨가물(주로 백색) : CI77981

        • 산화철(Iron Oxides) 기반 색소 첨가물(주로 갈색, 검은색 등) : CI77489, CI77491, CI77492, CI77499

        • 망간바이올렛(Manganese Violet) 기반 색소 첨가물(주로 자주색) : CI77742

        • 크롬옥사이드그린(Chromium Green Oxide) 기반 색소 첨가물(주로 녹색) : CI77288

        • 울트라마린(Ultramarines) 기반 색소 첨가물(주로 청색) : CI77007

⑤ 고객의 피부타입에 따른 색소의 선택

    ㉠ 1975년 미국의 피부과 의사였던 토마스 피츠 패트릭이 색깔에 따라 피부를 여섯 가지로 분류하였다.

    ㉡ 이는 고객의 피부타입을 파악하는 데 도움이 되고 각 피부의 베이스컬러를 이해하는 기준이 되므로 색소의 선택시 유용한 기준이 될 수 있다.

    ㉢ 피부색은 멜라노사이트, 헤모글로빈, 카로틴의 영향으로 결정되며 피부색이 어두울수록 피부가 기계적 · 물리적 자극을 받은 후의 염증반응이 강하므로 더 과도한 색소침착이 일어날 수 있다.

⑥ 피츠패트릭 피부타입(Fitzpatrick Skin Type) 개요

구 분	설 명
1형	매우 하얀색, 햇빛에 항상 화상, 태닝은 안 됨
2형	하얀색, 대부분 화상, 태닝 되기 어려움
3형	다소 하얀색, 가끔씩 화상을 입고, 보통 정도 태닝됨
4형	밝은 갈색, 화상은 드물게 입고, 태닝이 주로 됨
5형	짙은 갈색, 화상은 거의 드물고, 대부분 태닝이 됨
6형	검은색, 화상은 없이 태닝만 됨

⑦ 피츠패트릭 피부타입(Fitzpatrick Skin Type)에 따른 인종 구분

구 분	피 부	눈	머 리	인 종
1형	창백함	파랑색	노랑~빨강	아일랜드인, 영국인, 스코틀랜드인
2형	하얀색	초록, 파랑	노랑~빨강	북유럽인, 스웨덴인, 핀란드인
3형	크림색	다양함	다양함	독일인, 이탈리아인, 프랑스인
4형	연갈색	갈 색	갈 색	그리스인, 아시아인, 히스패닉계
5형	짙은 갈색	갈색, 검정	갈색, 검정	아시아인, 히스패닉계, 중동인, 인도인
6형	어두운 갈색	검 정	검 정	아프리카계 흑인

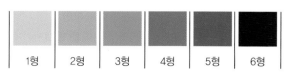

피츠패트릭 피부타입

> **Tip**
>
> 멜라닌은 태양자외선에 의한 피부 손상을 막아주는 역할을 하는데 멜라닌이 잘 형성이 되는 경우 피부가 검어지게 된다. 1형의 경우 태양을 받아도 멜라닌 형성이 잘 되지 않아 자외선을 받으면 피부가 검게 되기보다는 화상을 입게 되는 것이다. 1형에 가까울수록 피부암 발생률이 높아지고 6형에 가까울수록 비대성 흉터와 켈로이드 발생 위험이 높다.

⑧ 색조에 따른 눈썹색상의 선택

    ㉠ 피부가 희고 핏줄이 보이는 투명한 피부는 푸른 톤의 베이스로 따뜻한 노란색이 많이 함유된 갈색 컬러의 색소가 좋다.

    ㉡ 어두운 피부는 파란색을 기본색(Blue Undertone)으로 갖고 있으므로 주황색이 많이 함유된 갈색(Orange-Based Brown) 색소가 좋다.

    ㉢ 붉은 색상의 피부는 푸른 언더 톤을 가지고 있으므로 블루 베이스의 컬러를 쓰지 않아야 한다.

    ㉣ 올리브컬러의 피부톤은 노란색과 파란색의 베이스를 다 가지고 있으므로 붉은색이 많이 함유된 갈색 색소가 좋다. 단 지나치게 붉은색의 경우에는 잔여색이 붉게 남을 수 있으므로 주의한다.

    ㉤ 수정 시 색상을 밝게 하는 것보다 어둡게 하기가 더 쉬우므로 색을 과하게 넣지 않는다.

(5) 색소의 선택

① 이상적 색소의 조건

    ㉠ 색소와 염료는 무자극, 무독성이어야 한다.

    ㉡ 피부 조직 내에 들어갔을 경우는 불활성화 상태여야 한다.

    ㉢ 감광에 안정적이어야 한다(빛에 의한 변색, 퇴색 현상을 견디는 것).

    ㉣ 피부조직에 자극이 없어야 한다.

    ㉤ 불용성이어야 한다.

② 색소의 선택시 주의사항

    ㉠ 모든 성분이 표기되어 있는 것

    ㉡ 균에 감염이 되지 않도록 무균처리가 된 것

    ㉢ 피부 내에서 번지거나 퍼지지 않을 정도의 점성을 가진 것

    ㉣ 탈색이나 변질 없이 오랫동안 피부 층에 머물 수 있는 것

    ㉤ 색소 고유의 색을 피부에서 유지시킬 수 있는 것

    ㉥ 시술시 빨리 건조해지거나 마르지 않고 동일한 성질을 유지할 수 있는 것

ⓐ 살균 방법에 대한 정보가 명시되어 있는 것, 고유번호를 확인

ⓞ 분자 크기가 피부의 층에서 안정화 되어 침투되거나 문제를 발생시키지 않는 것

ⓩ 제조일자가 표기되어 있는 것

ⓩ 색소는 그늘진 곳에서 실온 보관(열에는 강하나 0℃ 이하에는 얼어버림)

ⓣ 유통기간 중에도 보관이 잘못되면 상할 수 있음

ⓔ 밀봉된 색소를 개봉한 후에는 최대한 빨리 사용

③ 색소의 안전기준

ⓐ 미국은 의약품, 음식, 화장품 관련 안전성을 FDA(Food and Drug Administration)에서 담당하고 있다.

ⓑ 우리나라도 2016년 이후 환경부에서 「위해우려제품의 지정 및 안전 표시기준」에 반영구화장에 사용되는 색소나 염료를 문신용 염료로 그 성분량의 기준과 규제기준을 발표하여, 공고 이후부터는 자가 번호를 부여받은 제품에 한해서 유통, 판매하고 있다.

ⓒ 문신용 염료의 범위

• 문신용 염료란 신체부위(피부)에 시술하는 염료로서 피부 속까지 침투하여 반영구·영구적인 기능을 가지는 화학제품을 말한다.

• 모발 염색 제제, 헤어 틴트, 헤어 칼라스프레이, 그 밖의 염모용 제품류 등 타법으로 관리되는 품목은 포함되지 아니한다.

• 문신용 염료의 종류

용 도	눈썹 · 아이라인용, 입술용, 전신용, 기타 등
제 형	액체형, 에멀전형(페이스트형, 왁스형, 로션형, 젤형 포함), 파우더형, 리필형

• 물질별 허용기준치

물질명	기준치(mg/kg)	물질명	기준치(mg/kg)
비 소	2 이하	안티몬	2 이하
바 륨	50 이하	주 석	50 이하
카드뮴	0.2 이하	아 연	50 이하
코발트	25 이하	파라벤류	단일물질 4,000 이하, 혼합물 8,000 이하
6가크로뮴[크롬(Ⅵ)]	0.2 이하	폼알데하이드	20 이하
구 리	25 이하	나프탈렌	20 이하
수 은	0.2 이하	테트라클로로에틸렌	100 이하
납	2 이하	다환방향족탄화수소 (PAHs)	총합으로 0.5 이하 (단, 벤조-a-피렌의 함유량은 0.005 이하)
셀레늄	2 이하		

• [별표 2] 사용제한 물질

국문명	영문명
2-아미노-6-에토실나프탈린	2-Amino-6-Ethoxynaphthaline
4-아미노-3-플루오로페놀	4-Amino-3-Fluorophenol
4-아미노아조벤젠	4-Aminoazobenzene
O-아미노아조톨루엔	O-Aminoazotoluene
벤지딘	Benzidine
바이페닐-4-일아민	Biphenyl-4-Ylamine
P-클로로아닐린	4-Chloroaniline
4-클로로-O-톨루이딘	4-Chloro-O-Toluidine
3,3'-디클로로벤지딘	3,3'-D-Dichlorobenzidine
3,3'-디메톡시벤지딘	3,3'-Dimethoxybenzidine
3,3'-디메틸벤지딘	3,3'-Dimethylbenzidin
P-크레시딘	6-Methoxy-M-Toluidine
2,4-디아미노아니솔	4-Methoxy-M-Phenylenediamine
4,4'-메틸렌 비스(2-클로로아닐린)	4,4'-Methylenebis(2-Chloroaniline)
4,4'-메틸렌다이아닐린	4,4'-Methylenedianiline
4,4'-메틸렌비스(2-메틸아닐린)	4,4'-Methylenedi-O-Toluidine
톨루엔-2,4-디아민	4-Methyl-M-Phenylenediamine
2-나프틸아민	2-Naphtylamine
5-나이트로-O-톨루딘	5-Nitro-O-Toluidine
1,2-벤즈페난트렌	Chrysene
디(2-에틸헥실)프탈레이트	Di-(2-Ethylhexyl) Phthalate
베릴륨	Beryllium
클로로포름	Chloroform
디부틸 프탈레이트	Dibuthyl Phthalate
안트라센	Anthracene
O-아니시딘	O-Anisidine
니 켈	Nickel
염화비닐	Vinyl Chloride
1,2-벤즈안트라센	Benzo(A)Anthracen

MEMO

MEMO

MEMO

10
PART

고객상담

시술시 고객 적응증과 부적응증을 가려낸다 .

고객상담시 고객정보 파악의 방법을 익힌다 .

고객기록 작성 방법을 익힌다 .

---

01 고객 유형 구분

(1) 고객상담 개요

① 반영구화장 및 문신 시술에서 고객 상담은 고객의 이야기를 듣고 고객의 상황을 알아내는 과정이다.

② 특히 최초의 상담시 혹시 고객이 반영구화장의 부적응증은 없는지, 장기적으로 복용하는 약이 있는지, 과거 마취연고에 대한 알레르기가 있었는지 등의 정보를 파악하여야 한다.

③ 상담을 통하여 고객이 원하는 주된 요구 사항을 파악하도록 노력하여야 하고 구체적인 질문을 준비하는 등 미리 상담 내용을 계획하여야만 만족스러운 결과를 가져올 수 있다.

④ 시술 후 일상생활이 불편해지는 과정이 있으므로 이를 꼭 고객에게 사전에 안내하여 고객의 불편을 최소화하여야 한다.

(2) 시술시 적응증과 부적응증

① 적응증

공 통	• 땀을 많이 흘리는 경우 • 스포츠나 야외활동을 즐기는 경우 • 시간에 쫓겨 화장이 어려운 경우 • 화장을 잘 하지 못하는 경우 • 메이크업을 할 수 없는 직업을 가진 경우 • 맨얼굴의 이미지가 흐릿한 경우 • 흉터를 가리고자 하는 경우
눈 썹	• 눈썹 숱이 없거나 적은 경우 • 눈썹이 짝짝이인 경우 • 예전의 문신 색상이나 디자인을 커버하고자 하는 경우 • 예전의 문신을 지운 후 재시술을 받고자 하는 경우 • 원래의 눈썹 디자인을 변경하고자 하는 경우 • 눈썹을 통해 이미지를 변화시키고 싶은 경우
아이라인	• 눈매가 흐리거나 좀 더 길게 혹은 크게 보이고 싶은 경우 • 민감해서 눈 화장이 곤란한 경우 • 눈 화장이 쉽게 지워지는 피부를 가진 경우 • 쌍꺼풀 수술 후 어색한 경우

안심Touch

입 술	• 입술색이 칙칙하거나 창백한 경우 • 입술 라인이 흐릿한 경우 • 입술색에 변화를 주고 싶은 경우
미인점	• 얼굴에 포인트를 주고 싶은 경우
머 리	• 헤어라인이 고르지 않거나 각이 진 경우 • 머리숱을 많아 보이게 하고 싶은 경우 • M자 이마인 경우 헤어라인 보정 • 이마나 두피에 수술자국이 있는 경우 • 이마가 넓은 경우 • 직업상 업스타일이나 넘김머리 스타일을 유지해야 하는 경우

② 부적응증

반영구화장을 하면 안 되는 경우	• 혈우병 등 혈액질환 보유자 • 치료로 조절되지 않는 당뇨병, 고혈압 환자 • 작업 부위에 염증성 피부질환이 있는 경우 • 금속에 과민한 알레르기가 있는 경우 • 현재 감염성 질환 보유자의 경우(치료가 완료된 후에는 가능) • 켈로이드성 피부 • 눈 밑의 다크서클, 동맥류, 정맥류 환자 • 선천적인 색소 이상 반응이 있는 경우 • 현재 알콜 중독 상태이거나 또는 약물 중독자로 치료 중인 경우
반영구화장에 주의를 요하는 경우	• 미성년자인 경우 보호자의 동의가 필요하며 보호자가 동행하여야 함 • 수유부는 모유수유가 종료된 후에 하거나, 필요한 경우 작업 후 24시간 수유를 금지 • 레이저 문신제거를 한 경우 최소 2개월 이후 시술 • 눈 미용성형 수술의 경우 최소 3개월 이후 시술 • 작업 가까운 부위에 필러, 보톡스 시술을 받은 경우는 최소 1개월 이상 지나야 작업이 가능 • 경구용 여드름 치료제로 비타민 A 유도체인 레티노이드(Retinoid) 복용의 경우 투약을 중지하고 3개월이 경과된 후 작업이 가능

(3) 고객정보의 파악

① 반영구화장 작업에 앞서 가장 먼저 해야 하는 일은 고객의 건강정보를 파악하는 것이다. 문진표를 통해 구체적인 내용을 묻는다.

② 문 진

㉠ 문진은 질문을 통해 고객의 건강정보와 고객의 병력 사항을 파악하는 진단법이다.

㉡ 고객과의 질문을 통해 대화하면서 고객의 성격과 감수성, 생활방식에 대해 관찰하고 기록한다.

㉢ 문진표를 작성할 때에는 문진의 중요성을 알리고, 현재 상황이나 과거력 등을 솔직하고 자세히 기록하도록 한다.

③ 고객의 기본정보 문진표 예시

내원일	방문날짜		NO.	
성 명		주민등록번호		
연락처		이메일주소		
주 소				

④ 고객의 건강정보 문진표 예시

질 문	예	아니오
반영구화장을 하거나 레이저로 지운 적이 있다. (회 년전 _____)	☐	☐
임신, 모유수유 중이다.	☐	☐
생리중이다.	☐	☐
고혈압 또는 저혈압이다.	☐	☐
장기 복용 중인 약이 있다. 있다면 (_____)	☐	☐
당뇨병이 있다.	☐	☐
약물치료 또는 항암치료 중이다.	☐	☐
항우울제를 복용중이다.	☐	☐
상처가 나면 크게 남는다(켈로이드성 피부이다).	☐	☐
금속 또는 고무 알레르기가 있다.	☐	☐
색조화장품에 알레르기가 있다.	☐	☐
6개월 이내에 라식, 라섹 등의 수술을 받은 적이 있다.	☐	☐
안구건조증이나 기타 안질환이 있다.	☐	☐
렌즈를 착용한다.	☐	☐
6개월 이내에 얼굴의 성형 시술을 한 적이 있다.	☐	☐
6개월 이내에 보톡스, 필러 시술을 한 적이 있다.	☐	☐
입술 주변에 수포가 생긴 적이 있다(헤르페스).	☐	☐
간염을 앓았거나 치료중이다.	☐	☐
과거 치료 중에 문제가 생긴 적이 있다.	☐	☐

Tip

• 모든 기록지에는 기록지 번호와 담당자를 기입해 두도록 한다.
• 당뇨가 있는 경우에는 약을 먹고 정상 혈당을 유지하는 경우 시술할 수 있다.
• 아스피린 장기 복용자는 출혈이 많이 날 수 있으므로 시술 일주일 전부터 복용을 중지한다.
• 마취제의 과민반응이 있었던 적이 있는지, 알레르기가 있었던 적이 있는지를 확인한다.
• 혈액매개 감염이 우려되는 경우 특별히 주의한다.

(1) 설명 및 정보제공

① 시술자는 시술 전에 시술 진행 과정과 시술 후 일어날 수 있는 부작용과 문제점에 대하여 충분히 고객에게 설명해 주어야 한다.

② 고객은 시술과 관련된 위험성 및 유해성에 대해 인지한 후 시술에 대해 결정할 수 있도록 정보를 충분히 제공받을 권리가 있다.

(2) 상담 내용

① 기구에 대한 안내

　㉠ 사용기기(제조국, 기기의 특징)

　㉡ 색소(제조국, 제조사, 유통기간)가 안전한 색소임을 확인

　㉢ 기구(일회용 니들, 장갑, 색소컵)의 단일사용

　㉣ 사용 연고에 대한 안내

② 고객과의 상담

　㉠ 고객의 피부색, 머리카락 색, 얼굴형에 대한 진단 및 상담을 한다.

　㉡ 고객이 요구하는 디자인에 대하여 상담한다.

　㉢ 고객이 요구하는 컬러에 대하여 상담한다.

　㉣ 고객과 시술자의 의견이 다를 경우 고객의 의견을 존중하되 전문가로서 고객에게 권유한다.

　㉤ 고객에게 권유할 때에는 고객의 의견을 우선으로 생각한다.

　㉥ 고객에게 권유했지만 본인이 원하는 디자인으로 억지로 시술해 달라고 하는 경우 다음에 시술하도록 권유한다(고객의 생각이 바뀔 수 있기 때문에).

　㉦ 만약 고객과의 의견이 너무 많이 다른 경우 시술하지 않는 것을 원칙으로 한다(반영구화장은 지우기가 힘들기 때문에).

　㉧ 시술 부적응증이 있는 경우 시술하지 않도록 하고, 시술에 주의를 요하는 경우 확인하고 주의하며 시술에 임한다.

　㉨ 시술 과정에 대하여 자세히 설명한다.

③ 시술 후 주의사항

　㉠ 시술 중 그리고 시술 후 일정 기간 동안 불편함이 있을 수 있다.

　㉡ 시술 후 일시적인 멍, 붓기 등이 나타날 수 있지만 시간이 지나면 좋아진다.

　㉢ 시술 후 일주일 동안 색이 진해지는 과정이 있다. 3~4일 동안은 색이 지나치게 진하다가 그 이후부터는 서서히 흐려진다.

　㉣ 피부가 재생되는 동안 피부 붉어짐, 가려움이 있을 수 있다.

　㉤ 피부가 가렵더라도 손으로 긁지 않고 재생연고를 발라 피부를 건조하지 않게 해야 한다.

　㉥ 시술 후 일주일 동안 사우나와 통목욕은 피하는 것이 좋다. 간단한 샤워는 가능하다.

ⓢ 시술 후 드물게 감염과 염증이 있을 수 있다.

ⓞ 시술 후 1회 이상의 리터치가 필요하다.

ⓩ 입술 시술 후 물집이 생길 수 있으며 예방약을 복용하는 것이 좋다.

(3) 고객동의서의 기록

① 시술 동의서 예시

NO _____   담당자 _____

내원일		NO.	
성 명		주민등록번호	
연락처		방문경로	
주 소			

아래의 내용과 설명을 듣고 본인이 충분히 이해했음을 표시하기 위해 각 항목에 체크하시기 바랍니다. 고객은 시술과 관련된 발생 가능한 부작용에 대하여 충분히 인지한 후 시술을 결정할 수 있도록 충분히 정보를 제공받을 권리가 있습니다.

질 문	예	아니오
반영구화장을 하거나 레이저로 지운 적이 있다. (회 년전 _____)	☐	☐
임신. 모유수유 중이다.	☐	☐
생리 중이다.	☐	☐
고혈압 또는 저혈압이다.	☐	☐
장기 복용 중인 약이 있다. 있다면 (_____)	☐	☐
당뇨병이 있다.	☐	☐
약물치료 또는 항암치료 중이다.	☐	☐
항우울제를 복용중이다.	☐	☐
상처가 나면 크게 남는다(켈로이드성 피부이다).	☐	☐
금속 또는 고무 알레르기가 있다.	☐	☐
색조화장품에 알레르기가 있다.	☐	☐
6개월 이내에 라식. 라섹 등의 수술을 받은 적이 있다.	☐	☐
안구건조증이나 기타 안질환이 있다.	☐	☐
렌즈를 착용한다.	☐	☐
6개월 이내에 얼굴의 성형시술을 한 적이 있다.	☐	☐
6개월 이내에 보톡스, 필러 시술을 한 적이 있다.	☐	☐
입술 주변에 수포가 생긴 적이 있다(헤르페스).	☐	☐
간염을 앓았거나 치료 중이다.	☐	☐
과거 치료 중에 문제가 생긴 적이 있다.	☐	☐

안심Touch

고객님의 피부색, 머리카락 색, 얼굴형, 고객님의 취향 등에 따라 충분히 상담 후 진행됩니다.

시술부위		눈 썹	아이라인	입 술	기 타
상담 내용	형 태				
	컬 러				

고객님께서 생각하시는 가장 중요한 내용은 무엇입니까?

☐ 시술결과(전/후 자연스러움) ☐ 시술 후 회복(진한 컬러, 재생기간의 불편함)
☐ 시술 지속성 ☐ 시술과정의 불편함(통증, 긴장)

내 용	체 크
시술 중, 시술 후 일정 기간동안 불편함이 있을 수 있음을 인지하고 있습니다.	☐
시술 후 일주일 동안 색이 진해지는 과정이 있으나 점차 흐려집니다.	☐
시술 후 드물게 감염과 염증이 있을 수 있습니다.	☐
시술 후 일시적인 멍, 붓기 들이 나타날 수 있지만 시간이 지나면 좋아집니다.	☐
시술은 1회 이상의 리터치가 필요합니다.	☐

본원에서는 소독과 멸균을 통한 위생적인 관리를 시행합니다.
일회용 바늘, 일회용 시술장갑, 일회용 색소컵을 단회 사용하며, 폐기물법에 따라 처리합니다.
고객님께 사용하는 사용기구와 색소에 대한 안내를 합니다.
본인은 시술 안내와 발생할 수 있는 부작용 및 시술 후 관리에 대한 충분한 설명을 듣고 자유의사로
이에 동의합니다.

성명 :   (인)

② 개인정보 이용 동의서

　㉠ 개인정보 이용 동의서란 개인정보를 수집, 이용하는 데 동의를 얻기 위해 작성하는 문서이다.

　㉡ 당사자가 반영구화장을 하기 위한 목적 이외의 용도로 사용하지 않아야 하며, 개인정보보호법에
　　따라 동의서를 받아야 한다.

　㉢ 동의서 필수 항목(「개인정보보호법」 제15조 제2항)

　　• 개인정보의 수집 · 이용 목적

　　• 수집하려는 개인정보의 항목

　　• 개인정보의 보유 및 이용 기간

　　• 동의를 거부할 권리가 있다는 사실 및 동의 거부에 따른 불이익이 있는 경우에는 그 불이익의
　　　내용

③ 개인정보 동의서 예시

개인정보 이용에 대한 동의서

「개인정보보호법」 제15조 법규에 의거하여 고객님의 개인정보 수집 및 활용에 대해 개인정보 수집 및 활용 동의서를 받고 있습니다.

개인정보 제공자가 동의한 내용 외의 다른 목적으로 활용하지 않으며, 제공된 개인정보의 이용을 거부하고자 할 때는 개인정보 관리책임자를 통해 열람, 정정 혹은 삭제를 요구할 수 있습니다.

(개인정보 이용목적)
반영구화장 시술을 받은 개인을 고유하게 구별하는 본인확인용
반영구화장 시술에 관한 기록의 보존
사진 : 시술을 진행할 경우 원활한 진행을 위하여 시술부위 전후 사진촬영

(개인정보항목)
주소, 연락처, 건강정보를 포함하는 개인정보

(개인정보의 보유 및 이용기간)
고객의 개인정보는 5년 동안만 보유, 5년 후 삭제하며 정보제공자가 개인정보의 처리에 관한 동의 철회 의사를 표시할 경우 5일 이내에 파기

(개인정보의 제공)
개인정보의 제공 규정 이외에 개인정보를 제공하는 경우에는 별도 동의를 받고 있습니다.
귀하는 개인정보 제공 동의를 거부할 권리가 있고 거부에 따른 불이익은 없습니다.
다만 시술 관련 안내 서비스를 받을 수 없습니다.

20 년 월 일
동의자 :   (서명 또는 인)

Tip

개인정보보호법
• 개인정보의 처리 및 보호에 관한 사항을 정함으로써 개인의 자유와 권리를 보호하고 나아가, 개인의 존엄과 가치를 구현함을 목적으로 제정된 법이다.
• 개인정보 처리자는 개인정보를 처리함에 있어서 개인정보가 분실 · 도난 · 유출 · 변조 · 훼손되지 아니하도록 안전성을 확보하기 위하여 노력해야 한다.

④ 시술 과정 기록지

　㉠ 기록지에는 기록지 번호와 고객 이름, 전화번호 등을 기록한다.

　㉡ 작업 부위를 1차, 2차로 나누어 기록한다.

　㉢ 사용한 모든 색소의 색상, 고유번호, 유효기간을 기록한다.

　㉣ 사용한 기계와 모든 바늘의 형태를 기록한다.

　㉤ 사진은 동일한 장소, 동일한 조명, 동일한 각도로 찍고 정면, 좌우 3장을 찍는다.

　㉥ 통증의 정도는 '전혀 아프지 않다'를 '0'으로, '많이 아프다'를 '10'으로 고객이 직접 숫자로 표현하게 한다. 통증은 개인차가 크게 있다.

　㉦ 기록지 예시

고객이름		NO	
건강정보			
요구사항			
	1회	2회	3회
부 위	EB, EL, LIP H.Line, SMP, ( )	EB, EL, LIP H.Line, SMP,( )	EB, EL, LIP H.Lline, SMP, ( )
날 짜	． ．	． ．	． ．
색소 mix			
기 계			
바늘 type			
기 법			
통증감	1,2,3,4,5,6,7,8,9,10	1,2,3,4,5,6,7,8,9,10	1,2,3,4,5,6,7,8,9,10
사 진	before ( ) after ( )	before ( ) after ( )	before ( ) after ( )
note			

11

반영구화장 및 문신의 실제

반영구화장 및 문신의 도구에 대해 이해한다 .

반영구화장 및 문신의 준비에 대해 이해한다 .

반영구화장 및 문신의 디자인에 대해 숙지한다 .

01 도구 및 재료

(1) 머 신

① 아날로그(Analog) 머신

⊙ 아날로그 머신은 일반적으로 펜 모양으로 되어 있다.

ⓒ 머신의 세기를 조절할 때 돌리거나 스위치를 누르는 방식으로 설계되어 있다.

ⓒ 기본적으로 4.5~11V의 전압으로 구동하며, 아날로그 전용 니들을 사용한다.

ⓔ 아날로그 전용 니들은 니들과 니들 캡이 따로 되어 있는 경우가 일반적이다.

ⓜ 휴대가 간편하고 경제적이라는 장점이 있다.

ⓗ 소음이 있으며, 정확한 속도를 맞추기 힘들고 힘의 지속력이 약하다는 단점이 있다.

다양한 아날로그 머신

② 디지털(Digital) 머신

⊙ 출력을 일정하게 낼 수 있도록 전원공급을 일정하게 하여 머신의 회전(주파수)이 안정적이다.

ⓒ 아날로그에 비하여 진동과 소음이 적고 색상의 주입이 비교적 고르게 된다.

ⓒ 핸드피스와 본체가 따로 있는 경우가 많다.

ⓔ 전원을 본체에 연결하고, 본체에 핸드피스를 연결하여 사용한다.

ⓜ 전압을 공급받은 후에 본체에서 조절을 해서 핸드피스의 모터로 전달된다.

ⓗ 본체를 통해 숫자로 세기를 볼 수 있으며, 버튼으로 강약을 조절할 수 있다.

ⓢ 일정한 속도로 힘을 공급받을 수 있으며, 소음이 적고 안정적이다.

ⓞ 부피가 크고, 머신과 일회용 카트리지가 비싸다는 단점이 있다.

ⓩ 최근 다양한 디지털 머신의 발달로 인해 정교한 테크닉이 가능해졌다. 각 제품마다 머신과 그에 사용하는 니들이 제품마다 각기 다르므로, 니들의 특징도 고려하는 것이 좋다.

디지털 머신의 종류

니들의 종류

③ 엠보펜

 ⊙ 얇은 펜 형태로 전기의 힘이 아닌, 손의 힘에만 의존하여 사용한다.

 ⊙ 엠보대에 엠보 전용 니들을 끼워 선을 긋는 방법으로 사용한다.

 ⊙ 선을 표현하기 쉽고, 사용이 간편하다.

 ⊙ 손의 힘에만 의존하기 때문에 힘 조절이 어렵다.

(2) 다양한 부재료

디자인 펜슬	• 디자인을 미리 그려 볼 수 있도록 디자인 펜 색상이 선명하고 잘 지워지지 않는 펜슬 • 블랙, 브라운, 레드 등의 시술 부위에 따라 다양한 색이 필요
디자인 자	• 높이와 길이, 위치 등을 정확하게 가늠하도록 도와주는 눈썹자
디자인 마커	• 지워지지 않게 표시하기 위한 마커펜으로 시술이 다 끝난 후에는 마커자국이 지워질 수 있도록 함
눈썹수정 가위	• 눈썹 수정시 사용하는 작은 가위
눈썹수정 칼	• 눈썹 주변의 잔털을 제거하는 데 사용하는 도구
눈썹 브러쉬	• 눈썹을 빗는 데 사용하는 도구
색소컵 홀더	• 색소 컵이나 펜대 등을 고정시키는 도구(투명플라스틱, 실리콘)
일회용 색소컵	• 색소를 덜어서 사용할 수 있는 컵 • 머신용, 엠보용 링 두 종류가 있으며 사이즈가 다양함
머신홀더	• 반영구화장 기기 중 핸드피스를 고정시키는 도구
색소믹서기	• 색소를 섞어서 색상을 제조할 때 보다 더 정확하게 믹스하는 도구
커버랩	• 연고를 바르고 랩핑을 하기 위한 도구 • 마취제의 피부흡수율을 높이기 위해 사용
면 봉	• 디자인을 할 때 수정하기 위해 사용하는 도구 • 마이크로면봉은 좁은 부위나 섬세한 작업에 쓰는 유용한 도구임
위생접시	• 반영구화장에 필요한 도구를 담는 쟁반으로 금속 재질
솜 통	• 반영구화장에 피부와 색소를 닦는 솜을 넣는 통으로 금속 재질
일회용 위생장갑	• 감염의 가능성을 줄여주는 개인보호구 중 손에 끼는 장갑
일회용 마스크	• 감염의 가능성을 줄여주는 개인보호구 중 마스크
일회용 베리어 필름	• 얇은 비닐 막으로 머신이나 용품에 씌워 놓는 도구
연습용 마네킹	• 얼굴 모양으로 직접 그리고 머신으로 연습할 수 있는 입체 마네킹
고무판	• 고무 재질의 연습판으로 직접 머신이나 펜으로 그어볼 수 있는 도구

색소홀더

커버랩

마이크로면봉

마 커

실리콘 홀더

머신거치대

색소컵(링타입)

색소컵

디자인펜

연습용 마네킹

에코마스크

고무판

솜 통

위생장갑

위생접시

마스크

곡선자

눈썹칼

(3) 마취제

① 고객과의 상담을 통해 고객이 시술을 결정하면 시술 시작 전에 고객이 통증을 느끼지 않도록 통증을 조절하는 마취연고를 피부에 발라 표면마취를 한 후 시술에 임한다.

② 그 후에도 시술 도중에 통증이 있다면 그 중간에 2제를 사용하여 마취한다.

③ 통증관리가 필요한 이유는, 통증을 억지로 참으며 시술하기를 원하는 사람은 거의 없으며 통증 때문에 시술 부위를 찡그리거나 긴장을 하는 경우 출혈과 심박수의 상승을 야기하기 때문이다.

④ 시술자는 통증관리를 통해 작업에 집중할 수 있으며, 색소를 피부에 잘 안착시킬 수 있어 시술의 결과가 좋다.

(4) 마취제의 작용

① 약물의 국소 작용과 전신 작용

㉠ 약물을 투여한 후 국소에 나타나는 약리 작용이 국소 작용이고, 그 국소에서 약물이 혈액으로 흡수된 후에 나타나는 것이 전신 작용 또는 흡수 작용이다.

㉡ 소독제나 각종 연고제는 주로 국소 작용만 나타나지만 때로는 그 성분이 혈관으로 스며들어 부작용을 유발할 수 있다.

ⓒ 부적절한 사용과 부작용

부적절한 사용	• 과량을 사용하거나 광범위한 부위에 사용하는 경우 • 상처가 있거나 자극받은 피부에 사용하는 경우 • 제품을 바른 피부에 랩 등을 감싸거나 열을 가하는 경우
부작용	• 불규칙한 심장박동 • 이명, 혀가 붓는 느낌, 발작, 호흡곤란, 혼수, 심정지

Tip

반영구화장 및 문신 시술은 시술 중에 상처가 나 있는 상태에서 국소마취제인 마취제품을 사용한다. 이는 부적절한 사용 사례 중 상처가 있거나 자극받은 피부에 사용하는 경우에 해당하며, 부작용의 발현 가능성과 발현시 조치할 사항에 대해 고객에게 고지해야 한다.

② 마취제의 흡수에 영향을 미치는 요인

성 별	• 여자의 경우 임신, 수유기 등에는 태아 및 유아에 대한 영향을 줄 수 있다.
부 위	• 점막이 각질층보다 흡수가 빠르고 효과가 높다.
온 도	• 피부 온도가 높을수록 흡수가 더 잘 된다.
체 질	• 유전적 요인에 의하여 약물의 작용이 비정상적으로 강하게 또는 약하게 나타나는 현상이다. • 소량에도 지나치게 예민한 반응을 보이기도 하고 반대로 대량을 투여하더라도 약의 작용이 나타나지 않을 수 있다.
길항작용	• 항암제, 항생제, 항말라리아약, 항경련제의 길항작용에 주의한다.

③ 마취제의 분류

전신마취제	• 의식을 완전히 잃게 하여 통증을 전혀 느낄 수 없는 마취로 수술시 사용한다.
국소마취제	• 의식이 깨어있는 상태로 신체의 특정부위의 통증을 없애기 위한 것이다. − 용도 : 표면마취(반영구화장시), 침윤마취, 신경전도마취, 척추마취 − 종류 : 리도카인, 벤조카인, 테트라카인, 프로카인 − 농도가 높고 단백질 결합속도가 빠를수록 발현시간이 빠르고 지속도 길다.

④ 마취제(진통제)의 종류

ⓐ 크림, 겔, 패치 타입 등 다양한 형태로 있으며 마취제의 농도에 따라 5%, 9.6%로 나눈다.

ⓑ 국소표면 마취제의 성분으로는 리도카인, 프로카인 등의 성분이 있으며, 균일한 백색의 크림이다.

ⓒ 5% 엠라, 9.6% 에스엠크림, 리프릴크림, 리도칸크림 등이 있으며, 사용시 창백 · 발적 · 부종의 일시적인 국소반응이 나타날 수 있다.

ⓓ 국소표면 마취제를 사용하면 피부의 혈관이 수축되고 피부가 하얗게 변하며, 피부가 단단해지고 부종이 생기는 작용이 일시적으로 나타난다. 이는 심각한 부작용이 아니고 일정 시간이 지나면 없어진다.

5% 엠라크림	• 리도카인과 프로카인이 혼합된 크림타입이다. • 부작용이 비교적 적고, 발현시간이 짧으며, 다른 성분들보다 유지시간이 긴 장점이 있고 비교적 안정적이라고 알려져서 많이 활용된다. • 드물게 알레르기성 및 자극성 접촉피부염이 발생할 수 있다. • 도포시 작열감, 발적, 가려움증과 도포부위의 모세혈관 수축으로 인한 국소 창백이 있을 수 있다.
에피네프린이 함유된 마취제	• 에피네프린은 교감신경 흥분성 혈관수축제로서 에피네프린이 함유된 통증완화제는 출혈과 부종을 감소시키며, 연고의 작용시간을 연장하여 시술을 돕는다.
리도카인	• 국소표면 마취제로 흔히 쓰인다. • 9.6% 제제는 남성 성기 촉각의 예민성 감소, 5% 제제는 찔린 상처(자상), 긁힌 상처(찰과상), 가벼운 화상, 피부자극, 벌레물림 등에서의 통증의 일시적 완화에 쓸 수 있다. • 바르고자 하는 부위에 감염이 있는 경우에는 사용하지 않는다.

⑤ 마취연고 사용시 유의점

작업 전 확인 사항	• 고객이 특이체질인지 확인한다(과거 마취의 과민반응 여부). • 고객의 현재 복용중인 약이 있는지 확인한다(아스피린, 혈압약, 항우울제 등). • 고객이 알레르기 반응을 일으킨 적이 있는지 확인한다. • 습관적 음주 또는 알코올 중독 여부를 확인한다(간의 대사작용 저하) • 국소마취제로 발생 가능한 부작용에 대하여 미리 알려준다.
아이라인 마취제	• 눈은 마취제가 들어갔을 경우 짧은 노출에도 화학화상이 발생할 수 있기 때문에 많은 주의가 필요하다. • 알칼리제제(Emla-pH 9.0)의 경우 눈에 들어가면 손상을 유발하므로 pH 7.4로 중성에 가까운 제품을 사용하는 것이 좋다. • 아이라인 마취제는 바셀린에 가까운 정도로 점도가 있는 것이 좋다. • 제품의 도포시간은 20~30분을 넘기지 말아야 한다. • 눈에 이물질이 들어가면 자주 눈을 씻어주면서 작업해야 한다. • 도포된 연고는 작업 전에 충분히 닦아주고, 인공누액을 사용하도록 권한다. • 마취제가 눈에 들어가거나 자극으로 인해 눈물이 나는 경우 마취가 잘 되지 않는다. • 손상이 간 눈꺼풀에는 2차 마취제를 쓰지 않는 것이 좋다.

⑥ 시술시 통증관리

　㉠ 시술시에는 피부를 적당히 당겨 작업한다.

　㉡ 기계의 소리도 고객은 소음과 관련된 통증으로 느낄 수 있다.

　㉢ 마취연고 도포시 작열감을 느끼는 경우가 있다.

　㉣ 시술 후 상처 위의 색소도포(알코올 함유)를 하면 작열감이 들고, 이것은 통증으로 느끼게 된다.

　㉤ 반복적인 스크래치와 두드림은 심한 통증을 유발한다.

　㉥ 시술 중 고객의 눈을 과도하게 누르거나 과도하게 피부를 잡아당기면 통증을 유발한다.

　㉦ 소염마취제를 미리 먹는 것은 통증 완화에 도움이 된다.

　㉧ 시술은 피부에 상처는 내는 것이므로 피부를 조심스럽게 다룬다.

　㉨ 시술자는 부드럽고 친절한 태도로 고객의 긴장을 낮추어가며 시술한다.

⑦ 마취제의 사용시 유의사항

　　㉠ 마취제는 서늘한 곳에서 상온 보관한다.

　　㉡ 마취제는 공기 중에 오래 노출되면 효과가 떨어질 수 있으므로 덜어서 사용한다.

　　㉢ 마취연고를 바른 후 적용시간을 초과하지 않는다.

　　㉣ 허가를 받은 정품 마취제를 확인하고 사용하도록 한다.

　　㉤ 모든 마취제에는 유통기한이 표시되어 있어야 하며, 유통기한이 지난 제품은 사용을 금한다.

02 시술 준비

(1) 머신 및 도구의 준비

머 신	• 업무 시작 전 작동 여부를 확인하고 플러그를 분리해서 꼬이지 않게 둔다. • 소독된 엠보펜을 중복사용하지 않도록 여유 개수를 체크한다. • 기계, 기구는 작업 전 적정 농도의 소독제를 뿌리거나 소독제가 묻은 보풀이 없는 천으로 닦은 후 자연 건조 시킨다. • 작업 직전 베리어 필름을 부착한다. • 머신의 선이 바닥에 닿지 않게 하고 코드커버를 씌운다. • 작업 후 일회용 도구 및 니들은 폐기물관리 기준에 따라 적절하게 처리한다. • 작업 후 베리어 필름과 코드커버를 제거하고 소독액을 뿌리거나 소독제가 묻은 천으로 닦아 자연 건조 시킨다. • 깨끗한 천으로 덮어 놓는다.
도 구	• 트레이는 소독제로 소독을 하고 일회용 시트(비닐랩, 베리어 필름)를 깐다. • 기계와 손, 도구는 소독되어 있어야 한다. • 그 밖에 필요한 도구는 다음과 같다. 　－ 용기(바트), 색소, 면봉, 솜, 거즈, 멸균된 니들 　－ 소독된 색소 컵, 일회용 베개커버, 또는 깨끗이 세탁된 흰색 수건, 디자인펜슬 　－ 확대경 또는 램프, 페달형 쓰레기통

(2) 시술자와 고객의 준비

시술자	• 시술자에게 필요한 개인보호 장비는 장갑, 마스크, 가운, 앞치마 등이다. • 작업과정 중 장갑에 손상을 줄 수 있는 반지 등의 장신구를 하지 않도록 하고 손톱은 짧게 정리한다. • 고객의 얼굴을 만지기 전 비누를 사용하여 흐르는 물에 손을 씻는다. • 작업 장갑을 착용하고 다시 손소독을 한다. • 머리카락은 흘러내리지 않게 시술모를 쓰거나 묶는다. • 깨끗한 시술복과 일회용마스크를 착용한다. • 복장은 작업의 능률과 안전성을 고려하여 노출이 심하거나, 몸에 심하게 붙거나 치렁치렁한 의상, 오염이나 얼룩이 심한 의상은 삼간다. • 액세서리가 고객 머리카락에 걸리거나 피부에 스치거나 소리가 나는 경우를 피한다.
고 객	• 시술 전 시술부위를 세안하거나 소독한다. • 아이라인 시술시 렌즈를 낀 경우 렌즈를 뺀다. 다른 부위는 상관없다. • 작업 중 머리카락이 시술부위에 닿지 않도록 모자를 쓴다. • 고객은 필요한 경우 고객용 가운을 입는다. • 색소가 튀는 것을 예방하기 위해 일회용 종이 타월 또는 세탁된 타월을 이용하여 목 아래를 덮는다. • 세탁된 면 소재의 타월이나 페브릭을 담요로 사용한다. • 눈썹제모의 경우 클리퍼를 사용하고 면도기 사용시에는 1인에게 1회 사용한다.

03 디자인

(1) 얼굴의 분석

① 얼굴의 균형도 : 얼굴 정면을 가로와 세로로 나누어 균형도를 측정한다.

가로분할 3등분	• 이마 헤어라인에서 눈썹앞머리까지 1/3 • 눈썹앞머리에서 코끝까지 1/3 • 코끝에서 턱끝까지 1/3

세로분할
5등분
	• 입 : 아랫입술선이 콧방울과 턱의 1/2이 되는 곳
	• 눈의 폭 : 눈과 눈 사이에 또 하나의 눈이 들어갈 정도
	• 코의 폭 : 눈과 눈 사이의 폭과 같은 정도
	• 입의 크기 : 양 눈앞머리의 폭보다 조금 더 넓은 정도
	• 눈썹 위치
	   – 눈앞머리와 수직선으로 연결된 곳에서 눈썹앞머리
	   – 눈썹꼬리는 콧방울에서 눈꼬리를 연결한 사선과 만나는 지점으로 5~6cm

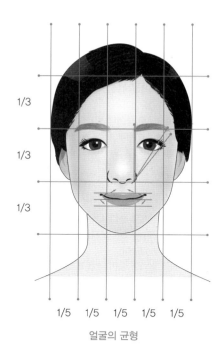

1/3

1/3

1/3

1/5 1/5 1/5 1/5 1/5

얼굴의 균형

(2) 눈썹의 형태 및 종류 분석

① 눈썹의 분석

㉠ 눈썹은 사람들이 가장 손쉽게 반영구화장을 결정하고 많이 시술하는 부위이다.

㉡ 눈썹은 사람의 얼굴 중에 인상을 좌우하는 가장 큰 부분이며, 얼굴과의 조화가 매우 중요하다.

㉢ 따라서 얼굴의 단점을 보완해 주고, 개인이 원하는 이미지로의 접근을 위해 얼굴의 전체적인 형태를 분석하고 어울리는 눈썹의 형태를 결정하는 것은 매우 중요하다.

㉣ 형태 분석

• 눈썹은 보통 3등분으로 나누어 설명한다(눈썹의 앞머리, 눈썹의 몸통, 눈썹의 꼬리).

• 눈썹 모발의 길이는 7~11㎜ , 눈썹의 길이는 5~6㎝이다.

• 눈썹의 시작점은 콧방울에서 수직으로 그어 올린 선을 말한다.

• 양쪽 눈썹의 시작점은 미간의 간격을 결정하며, 일반적인 미간은 3㎝를 기준으로 한다.

  – 미간이 3㎝보다 넓은 경우에는 얼굴이 평온해 보이지만 넓어 보일 수 있다.

  – 미간이 지나치게 좁은 경우에는 눈이 몰렸거나, 인상을 쓰고 있는 이미지로 보일 수 있어서 강해 보일 수 있다.

• 눈썹산의 위치는 눈썹 전체의 2/3 지점이다.

• 눈썹의 꼬리 부분은 입 끝에서 눈의 흰자 끝을 지나 이은 연장선에 위치한다.

② 눈썹의 길이, 굵기, 색상에 따른 느낌

길 이	긴 눈썹	성숙, 정적인 느낌, 여성스러운 느낌
	짧은 눈썹	쾌활하고 동적인 느낌, 어린 느낌
굵 기	가는 눈썹	여성적, 연약함, 동양적, 고전적인 느낌
	굵은 눈썹	남성적, 활동적, 개성적이고 건강미가 느껴짐
색 상	짙은 눈썹	강렬한 느낌, 강하고 정열적인 느낌
	엷은 눈썹	온화하고, 여성적인 느낌

③ 눈썹의 종류와 이미지

표준형	기본형 눈썹	• 자연스럽고 부드러운 느낌이다. • 가장 일반적인 눈썹의 형태이다. • 어떤 얼굴형에도 잘 어울린다.
직선형	일자형 눈썹	• 눈썹의 시작과 끝부분의 차이가 거의 없으며 기본형에 비해 눈썹산이 낮다. • 행동적이고 강한 느낌을 주며, 젊고 건강해 보인다. • 긴 얼굴이나 폭이 좁은 얼굴형에 잘 어울린다.
상승형	화살형 눈썹	• 시원하고 역동적인 느낌을 준다. • 둥근형 얼굴에 잘 어울리며, 기본형보다 조금 짧게 그린다.
아치형	곡선 아치형 눈썹	• 여성적이며, 요염한 느낌을 준다. 노숙한 느낌을 줄 수 있다. • 달걀형 얼굴과 서양인과 같이 움푹 패인 눈에 어울린다.
각진형	갈매기형 눈썹	• 활동적이고 시원하며 날카로운 느낌을 준다. • 둥근형 얼굴에 잘 어울린다.

기본형 눈썹	일자형 눈썹	화살형 눈썹	곡선 아치형 눈썹	갈매기형 눈썹

Tip

눈썹형태에 따른 눈썹산의 위치
• 표준형 눈썹 : 눈썹산이 거의 2/3에 위치, 완만한 곡선의 형태이다.
• 직선형 눈썹 : 눈썹의 앞머리의 두께와 꼬리가 거의 같다.
• 상승형 눈썹 : 눈썹산이 기본형보다 뒤쪽에 위치한다.
• 아치형 눈썹 : 눈썹산이 눈썹의 1/2정도에 위치한다.
• 각진형 눈썹 : 눈썹산의 폭이 점점 좁아지는 경사진 곡선이다.

④ 얼굴형에 따른 눈썹

긴 형	얼굴이 짧아 보이는 일자형 눈썹이 잘 어울리며, 얼굴이 분할되어 보이는 효과를 준다.
둥근형	약간 상승형의 눈썹이 잘 어울리며, 각진 눈썹의 형태가 어울린다.
마름모형	광대가 발달한 얼굴형으로서, 부드러워 보이는 아치형의 곡선을 사용하고, 눈썹을 살짝 길게 그려 얼굴의 여백이 너무 많이 남지 않도록 한다.
사각형	턱이 발달한 형태로서 얼굴이 강해 보이므로, 여성성을 강조하는 둥근형의 눈썹이 잘 어울린다. 눈썹을 굵게 그려 강한 느낌이 강조되지 않도록 한다.
역삼각형	좁은 턱에 비해 이마가 지나치게 넓어 보일 수 있기 때문에, 눈썹을 살짝 모으는 느낌으로 눈썹 산을 앞으로 당겨준다.

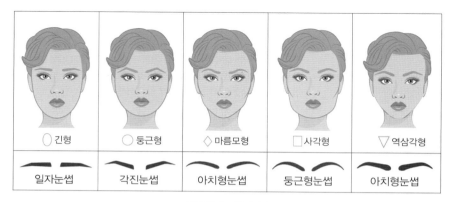

얼굴형에 따른 눈썹

(3) 일반적인 눈썹 그리기 방법

① 눈썹 앞머리는 콧방울을 지나 수직으로 올려 만나는 곳에 있도록 정한다.
② 눈썹산의 위치는 눈썹 길이의 2/3 지점에 위치한다.
③ 눈썹 길이는 콧방울과 눈꼬리를 45°의 각도로 연결해서 연장했을 때 만나는 지점에 정한다.
④ 눈썹 길이는 눈의 길이보다 길게 그린다.
⑤ 눈썹 앞머리와 눈썹꼬리는 일직선상에 위치한다.
⑥ 눈썹 앞머리는 자연스럽게 하며 눈썹꼬리 쪽으로 갈수록 진하게 그린다.

(4) 눈썹 반영구화장의 기초

① 일반적인 메이크업에 비해 반영구화장은 정확한 위치에 정확한 눈썹의 작도가 필요하다.
② 양쪽 눈의 길이와 폭은 사람마다 각각 다 다르고, 눈썹이 위치한 근육의 높이도 양쪽이 다른 경우가 많다.
③ 이를 최대한 교정하기 위해 눈썹을 그리기 전에 피부 바탕에 중심선을 그어 정확한 위치를 잡는다.

④ 기본형 눈썹 그리기

❶ 눈썹의 중간 포인트 선(중심선)을 미리 결정한다.

❷ 눈썹의 시작선을 표시한다(A에서 1.5㎝, 콧방울의 시작점을 이은 부분).

❸ 눈썹길이의 2/3 즉, 3.5㎝ 되는 점에 눈썹의 산 부분을 결정한다.

❹ 눈썹의 아래시작점 1㎝ 위에 눈썹의 윗시작점을 잡고 수평으로 그린다.

❺ 눈썹의 끝점까지 부드럽게 그린다.

❻ 눈썹의 아래시작점에서 눈썹의 아랫산을 지나 눈썹의 끝점까지, 눈썹의 곡선이 부드럽게 이어지
도록 그린다.

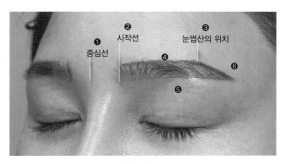

기본형 눈썹 그리기

⑤ 눈썹 디자인 과정

중심선 (Center Line) 결정하기	• 눈썹의 중심선은 눈과 눈 사이의 중심점이다. • 코가 삐뚤어진 경우 달라 보이는 경우가 많고, 이때 눈썹의 중간이 중심선이 아니라 코끝의 중간이 중심선이 된다.
시작선 표시하기	• 양쪽 눈썹의 시작선은 미간을 결정하고, 눈썹의 대칭을 맞추는 시작이 되는 부분이다. • 중심선에서 좌우로 1.5m 가량 떨어진 곳 또는 얼굴의 크기나 눈썹의 위치에 따라 콧방울 시작 점에서 직선으로 뻗은 점을 시작선으로 표시한다.
끝선 표시하기	• 눈썹의 시작선에서 5~6㎝ 길이에 눈썹의 끝선을 표시한다. • 양쪽 길이의 대칭을 맞춘다.
눈썹산(Top Point) 결정하기	• 눈썹산은 눈썹의 모양을 결정짓는 중요한 포인트이며, 눈썹의 높이를 결정한다.
윗선 그리기	• 눈썹의 윗시작점에서 눈썹의 윗산까지를 연결하는 선으로 부드럽게 이어준다.
눈썹산에서 눈썹꼬 리의 방향선 그리기	• 양쪽 눈썹의 눈썹산에서 눈썹 끝점까지의 각도를 계산하여, 같은 각으로 그린다.
아랫선 그리기	• 눈썹의 아랫선은 눈썹의 윗선과 평행하게 그려준다.

Tip

눈썹의 대칭을 좌우로 맞추어 그리다 보면, 눈썹의 좌우가 다르거나 눈썹산 부분이 돌출 또는 함몰되어 있는 경우
도 흔히 볼 수 있다. 따라서 눈썹산의 위치가 달라 보이는 경우도 많이 있으므로 자로 재어 정확한 작도를 할 수
있도록 한다.

⑥ 남성 눈썹 디자인

　ㄱ 남자 눈썹은 곡선을 사용하지 않고 직선을 이용하여 디자인한다.

　ㄴ 눈썹산이 눈썹의 바깥쪽에 위치해 있다.

　ㄷ 눈썹의 앞머리가 얇고, 눈썹의 산이 굵은 것이 특징이다.

　ㄹ 눈썹 종류

기본형		• 남성들이 가장 선호하는 자연스러운 눈썹 형태이다. • 세련되어 보이고 단정해 보인다.
각진형		• 각진형 눈썹은 남성적이고 강해 보인다.
일자형		• 안정적으로 보이며, 어려 보이는 눈썹 형태이다.
둥근형		• 인상이 좋아 보이고, 부드러워 보인다.

Tip

남성 눈썹 시술시 주의사항
• 남자 피부의 특징은 피부가 여자보다 두껍고, 피지의 분비가 많으며, 피부 표면이 울퉁불퉁한 경우가 많다는 것이다.
• 따라서 1차 시술 후 2차 시술시에 색이 잘 남지 않을 수 있으며, 시술을 한 후에도 색이 빨리 지워질 수 있다.
• 특히 직업적인 특징으로 인해 땀을 많이 흘리는 사람, 사우나를 즐기는 사람, 피부가 지성인 경우에는 색소의 소실이 더 많다.

(5) 눈썹 시술의 다양한 기법

① 사용도구에 따른 구분

구 분	설 명	예 시
머신기법	머신을 이용하여 반영구화장을 하는 기법	화장눈썹기법, 페더링기법
수지기법	손을 이용하여 반영구화장을 하는 기법	엠보기법, 수지침기법

② 표현방법에 대한 구분(점과 선에 대한 이해)

점	모든 표현방법의 가장 기초(수지, 도트)
선	점을 이어서 만든 선(엠보, 페더링)
면	선과 선들이 만나서 이루어진 것(수지, 그라데이션)

③ 기법별 장 · 단점

구 분		방 법	장 점	단 점
머신기법	화장눈썹기법	기기를 이용해 면으로 표현	면으로 표현하는 수지침기법에 비해 시술시간이 빠르다.	니들이 지나간 부위를 반복 시술하므로 피부에 상처를 많이 낸다.
	페더링기법	기기를 이용해 선으로 표현	시술 후 탈각의 진행이 느려지지 않는다.	선의 정확한 표현이 피부에 따라 많이 다르게 나타난다.
수지침기법	수지침기법	손으로 펜을 잡고 점을 찍어 면으로 표현	기기소리에 민감한 고객에게 적용하기 좋다.	시간이 오래 걸린다.
	엠보기법	손으로 펜을 잡고 선을 그어 표현	눈썹결의 표현이 용이하다.	니들이 깊게 들어가는 경우 자국이 남을 수 있다.
콤보기법		두 가지 이상의 기법을 사용하여 각각의 기법의 장점을 표현	가장 실제에 가까운 눈썹을 표현할 수 있다.	전적으로 시술자의 관찰과 견해에 따라 결과물이 달라지지만, 다소 진해 보일 수 있다.

점	수지침기법	
선	엠보기법	
	디지털엠보기법	
면	그라데이션기법	
선+면	콤보기법	

Tip

- 반영구화장 결과의 차이는 시술자의 숙련도가 가장 크게 좌우한다.
- 시술기법의 다양성은 고객의 상황에 따라 고객의 요구사항에 따라, 시술자의 선호도에 따라서도 달라진다.

④ 머신기법
  ㉠ 머신기법은 각 머신에 맞는 바늘을 사용하여 자동으로 바늘이 상하로 움직이면서 피부 표면에 색소를 주입하는 방법으로서, 머신전용 색소를 사용하여 눈썹, 아이라인, 입술 등에 시술하는 것이다.
  ㉡ 머신의 니들은 바늘의 개수에 따라 1P, 3P, 5P, 7P 등의 숫자로 표시하며, 그 묶은 모양에 Round 니들과 Flat 니들로 나눈다.
  ㉢ 가는 선을 표현할 때는 주로 1P, 3P 등의 바늘의 숫자가 적은 니들을 사용하며, 입술의 전체적인 컬러를 입힐 때는 주로 굵은 Round 니들이나 4P Flat 이상의 니들을 사용한다.

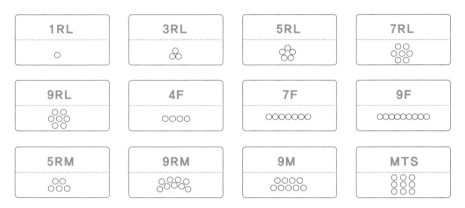

니들 타입

⑤ 그라데이션기법

정 의	• 머신을 이용하여 전체적으로 색감을 채워 그라데이션 효과를 주는 기법이다. • 메이크업을 한 것처럼 보여서 화장눈썹기법이라고도 한다.
특 징	• 눈썹 앞머리로 갈수록 색이 점점 옅어진다. • 반영구화장 가장 초창기부터 사용되어 온 기법이다. • 시술 후 3~4일간은 색상이 진하지만, 각질 탈각 이후부터는 자연스럽다.
장 점	• 유지기간이 길다. • 눈썹이 비어 보이지 않는다.
단 점	• 시술 직후가 부자연스럽다. • 바늘이 피부에 닿는 면적이 넓으므로, 피부에 상처가 많이 나게 된다. • 눈썹에 잔여색이 오랫동안 남을 수 있다.
시술시 주의사항	• 눈썹 테두리가 진해지는 것에 주의하면서 색을 촘촘하게 넣어 준다. • 눈썹 앞머리는 연하게 시술하며 자연스럽게 그라데이션 되게 한다.

⑥ 페더링기법

정 의	• 페더링 기법(Feathering Techniques)은 깃털처럼 섬세한 느낌을 표현한다는 의미를 담아 페더링 기법이라고 한다.
특 징	• 사람의 손에 머신의 힘이 더해짐으로써 바늘 하나만으로 충분히 선의 표현이 가능하다.
장 점	• 피부에 닿는 바늘의 개수가 1개이므로 피부의 상처 및 통증이 적다. • 눈썹 앞머리 등에서 곡선의 표현이 매우 용이하다. • 시술 후에 딱지가 거의 생기지 않는다.
단 점	• 흔들리지 않는 깨끗한 선의 표현이 어렵기 때문에 시술의 숙련에 많은 시간이 걸린다.
시술시 주의사항	• 바늘을 일정한 피부로 주입하지 못하는 경우, 선의 표현이 잘 되지 않는다. • 피부가 울퉁불퉁할 경우에는 선의 표현이 깨끗하게 남지 않을 수 있다. • 예민한 피부의 경우 진동으로 인해 피부가 일시적으로 붉어질 수 있다.

⑦ 수지기법

수지기법은 사람의 손에 의해서만 힘을 조절한다. 엠보기법과 수지침기법이 있다.

수지기법 또한 다양한 니들이 존재한다.

정 의	바늘을 펜대에 끼워 피부 표면을 빠른 속도로 점으로 찍어가면서 색소를 주입하여 입체감을 주는 기법이다.
특 징	점에서 면으로 표현하여 화장기법과 같이 음영을 준다.
장 점	기계 소리에 민감한 대상자에게 적용하기 좋고, 전체적으로 부드럽게 표현된다.
단 점	일정한 압력으로 지속적인 점을 찍어 내는 과정으로 시술시간의 소요가 많다.

⑧ 엠보기법

정 의	• 십자가 모양의 엠보 펜대에 가로 모양의 니들을 장착하여 사용하는 기법이다. • 실제의 눈썹처럼 한올 한올 표현하는 방법이며, 'Embroider' 또는 'Embroidery'에서 나온 말로 '자수를 놓다' 라는 의미를 담고 있다.
특 징	• 눈썹의 밀도를 조절하여 진한 정도를 조절할 수 있다.
장 점	• 선으로 표현되므로 자연스럽다.
단 점	• 너무 깊이 시술한 경우에는 빗살무늬의 선이 진하게 보일 수 있다. • 너무 얇게 시술한 경우에는 선이 빨리 사라진다.
시술시 주의사항	• 선이 교차되는 경우 색이 뭉치거나 선이 퍼져 보일 수 있다.

⑨ 눈썹 컬러배합

㉠ 눈썹의 진하기에 따라 기본색을 50~70%로 정하고, 보조색과 중화색의 2가지를 섞어 30~50%의 비율로 배합한다.

㉡ 색소의 선택시에는 시간이 지나면서 결국 피부에 남게 되는 2차 잔여색을 고려해야 한다.

㉢ 색소를 선택할 때는 피부 베이스 컬러를 고려한다.

㉣ 푸른 혈관이 비치는 흰 피부는 노란색이 주를 이루는 브라운 컬러를 선택한다.

㉤ 색이 점점 푸른색이 되거나 붉은색으로 변하지 않도록 신중히 선택한다.

㉥ 색은 한쪽으로 치우치는 것을 방지하기 위해 다른 색과 섞어 쓴다.

Tip

- 브라운 계통의 색소는 노란 색이 주를 이루는 골드 브라운, 웜 브라운 등이 있고 붉은색이 많이 함유되어 있는 브라운, 라이트브라운, 초코브라운 등이 있다.
- 푸른색은 회색, 다크브라운, 다크블랙브라운 등의 진한 색에 많다.
- 회색의 잔여색은 푸른색으로 남을 수 있다.

(6) 아이라인 시술

① 특징 및 효과

특 징	• 눈가의 피부는 일반 피부의 1/4밖에 되지 않는 얇은 피부라서 반영구화장 시 특히 예민하고 조심해야 하는 부위이다. • 상담시간에 꼭 눈에 대한 질환이 있는지, 렌즈 착용이나, 눈에 대한 수술, 라식이나 라섹, 쌍꺼풀 수술 등을 한 경험이 최근에 있는지 등에 대한 정보도 반드시 확인하여 위험요소가 있는지를 살펴야 한다.
효 과	• 눈을 또렷하게 하고 커 보이게 한다. • 인상을 바꾼다.
기 구	• 대부분 머신을 사용하지만 수지를 사용하는 경우도 있다.

② 눈 형태별 아이라인

눈꼬리가 올라간 눈	인상이 강해보이고 사나워 보일 수 있으므로 눈꼬리를 내려 그린다.
눈꼬리가 내려간 눈	눈꼬리 부분을 원래의 눈매보다 올려서 그려 눈꼬리가 처진 느낌을 보완해 준다.
크고 둥근 눈	점막 아이라인, 자연스러운 아이라인으로 그린다.
작고 가는 눈	눈의 길이가 최대한 길어 보이고 눈의 크기가 커 보이게 디자인한다.
점막이 들뜬 눈	점막 아이라인으로 눈매를 보정한다.

③ 시술방법

ⓐ 시술 전 시술대상자가 편안한 마음으로 시술을 받을 수 있도록 눈을 뜨거나 감는 것을 연습하게 하고, 눈꺼풀을 살짝 뒤집어 보는 스트레칭을 연습해 본다.

ⓑ 시술 전에 미리 아이라인을 그려보고 길이와 두께를 결정한다.

ⓒ 아이라인은 최대한 속눈썹 라인에 가깝게 그려 속눈썹 사이사이를 메꾼다는 느낌으로 표현한다.

④ 시술시 주의사항

ⓐ 아이라인의 경우 시술 중 눈물이 나거나 붓거나 하는 등의 불편함이 있을 수 있으므로, 시술시 피부에 최대한 자극을 적게 준다.

ⓑ 푸른색이 피부에 남는 것을 방지하기 위해 중화색소를 섞어 사용하는 것이 좋다.

ⓒ 다른 피부와 달리 점막은 피부가 매끈하고 땀구멍이 없어서 색소가 잘 들어가지 않는다.

ⓓ 아이라인 부위는 색이 번질 우려가 있으므로 주의한다.

ⓔ 시술대상자의 피부가 젖거나 미끈거리는 경우 색소가 잘 들어가지 않을 수 있다.

ⓗ 탈각 후 아이라인 중간이 비어 보일 수 있다는 것을 고객에게 설명하고, 이런 경우에는 2차 시술을 통해 보완한다.

ⓢ 시술 후 3일 정도까지 눈이 붉게 붓거나 가려움이 나타날 수 있다.

⑤ 아이라인 색소

  ㉠ 아이라인의 기본 색상은 블랙(Black)이다.

  ㉡ 시간이 지나면 푸른빛이 날 수 있으므로, 단독 컬러를 쓰지 않고 오렌지 컬러를 한 방울 떨어뜨려 시술한다.

  ㉢ 브라운 컬러를 사용해도 좋으나, 브라운 컬러는 단독으로 사용하지 않고 블랙 컬러와 섞어서 시술한다.

(7) 입술

① 특징 및 효과

특 징	• 입술은 일반 피부와 다르게 입 주위의 하부구조가 근육으로 구성되어 있고, 점막조직으로 되어 있기 때문에 착색이 잘 되지 않으며, 그만큼 섬세한 시술이 필요하다. • 입술의 경우는 다른 반영구화장의 시술 부위와 다르게 혈관이 많이 분포하고 있어서 시술하는 경우 피가 나기도 하고, 헤르페스의 감염도 잦은 부위이다. 이 점에 대해 고객에게 사전에 안내하여야 한다.
효 과	• 입술의 색상이 너무 옅은 경우 붉게 만든다. • 입술이 어두운 경우 밝게 만든다. • 생기 있는 입술 색상을 항상 유지하고 싶은 경우 생기 있게 만든다. • 입술선이 흐린 경우 또렷하게 만든다.
도 구	• 입술 전체의 색을 입히는 경우 머신으로 니들 개수가 많은 타입으로 시술하면 보다 빠른 시술이 가능하지만 수지기법의 장점을 살려 수지로 시술하는 경우도 있다. • 입술 라인을 시술할 경우는 1p 니들을 사용하기도 한다.

② 입술 디자인

윗입술	• 인중의 중심에 기준점을 양쪽 동일한 각도로 V자를 그린다. • 입술의 구각까지 연결선을 그린다. 이때 선을 둥글리면 여성스러운 입술 형태를 표현할 수 있고, 직선으로 그으면 직선형 입술을 표현할 수 있다.
아랫입술	• 윗입술의 중간에서 직선으로 내려온 곳이 아랫입술의 중심이다. • 아랫입술의 중심에 디자인한 선과 구각을 본래 입술의 라인에 따라 그려 준다. 이때, 양쪽의 대칭이 맞게 주의한다.

③ 형태별 입술라인

기본형	입술의 가장 이상적인 비율
인라인	입술을 축소하기 원하는 경우
아웃라인	입술을 늘려서 그리는 경우

④ 입술 시술방법

  ㉠ 또렷한 입술라인을 원하는 경우 라인을 표현한다. 하지만 이때 라인을 너무 도드라지게 그리지 않는다.

   ⓛ 입술은 점막에 가까운 안쪽은 착색이 잘되지 않고, 일반 피부에 가까운 입술의 바깥 부분은 착색이 잘 된다.

   ⓒ 라인을 그리지 않고 입술 전체(Full-lip)를 시술하는 경우 머신의 터치를 고르게 해야 한다.

   ⓔ 균일한 힘으로 골고루 색을 넣어줘야 색이 지워지는 과정에서 얼굴덜룩해 보이지 않는다.

 ⑤ 입술 시술시 주의사항

   ㉠ 입술 반영구 시술은 일정한 힘으로 고르게 색소를 입혀야 입술의 색이 빠질 때 얼룩덜룩하게 보이지 않는다.

   ㉡ 색소를 선택할 때 입술색이 더 어두워지는 일이 없도록 주의해야 한다.

   ㉢ 입술의 윤곽을 확장하거나 축소할 때 기존 입술선의 1~2㎜ 이내로 수정해야 자연스럽다.

   ㉣ 시술 중 피가 나면 그 부분은 피해서 시술한다.

   ㉤ 구각 끝까지 색을 채우지 않는다. 입술 주름을 따라 색이 번질 수 있다.

   ㉥ 한 부위에 너무 오래 머물러 있지 않고, 시술 부위를 자주 바꿔주며 골고루 시술한다.

   ㉦ 입술의 점막 부분보다 바깥 부분이 착색이 잘 된다.

   ㉧ 건조할 경우 착색이 잘되지 않는다.

 ⑥ 시술 후의 관리

   ㉠ 시술 직후는 뜨거운 것을 먹지 않는다.

   ㉡ 시술 후에 딱지를 손으로 뜯지 않고 탈각이 될 때까지 입술을 항상 촉촉하게 유지한다.

   ㉢ 입술 반영구화장은 작업 횟수를 늘려 색을 진하게 만들어야 한다.

   ㉣ 입술 색소는 2주 후부터 서서히 올라오기 시작하여 서서히 변화한다.

   ㉤ 시술 후에 입술 헤르페스가 생길 수 있다.

    • 헤르페스가 발현되는 경우는 병원에 내원하도록 안내해야 한다.

    • 입술 헤르페스는 제1형(Herpes Simplex Virus),바이러스에 의한 단순포진으로 3~6m의 소수포가 집합으로 나타난다. 주요 원인은 면역력 저하 및 스트레스로 알려져 있다.

    • 헤르페스는 완벽하게 막을 수는 없지만, 증상을 최소화할 수는 있다.

    • 물집이 생기기 전 통증과 발열감이 있는 발현초기 단계에서 항바이러스제(바이버, 아시클로버, 조비락스 등)를 병원에서 처방받아 복용하여 증상의 악화를 막아야 한다.

    • 바르는 바이러스 연고는 의사의 처방 없이 약국에서 구매가 가능하나, 주의사항을 잘 숙지할 수 있도록 하여야 한다.

Tip

입술반영구화장 후에 헤르페스가 생기는 것은 시술자가 위생적인 시술을 하지 않아서이거나 시술자가 시술을 잘하지 못해서가 아니다. 이 점에 대해 시술 전에 충분히 고객에게 안내를 하고 동의를 받아야 한다.

⑦ 입술 색소의 선택

어두운 입술	• 어두운 입술 시술에서 가장 중요한 것은 컬러의 선택이다(오렌지색, 노란색으로 보정). • 입술색이 어두운 시술대상자에게 차가운 쿨톤 계열의 색은 시술하지 않는 것이 좋다. • 입술이 어두우면서 색이 없는 경우 붉은 계열의 색소를 선택하되, 단독으로 색소를 사용하지 않고 오렌지 컬러를 섞어 사용한다. • 어두운 입술에 진한 레드 컬러를 사용하는 경우, 입술이 더 검은 와인색으로 보일 수 있다.
색이 흐린 입술	• 원하는 입술의 결과 색보다 한톤 더 진한 색상의 색소를 선택한다. • 입술 색이 창백한 경우, 핑크계열 또는 레드 계열의 색상을 선택한다.

(8) 다양한 부위의 시술

① 헤어라인

㉠ 헤어라인 시술의 특징 및 시술방법

특 징	• 헤어라인을 시술하는 두피는 일반 얼굴 피부와 다르다. • 잦은 샴푸와 많은 피지량으로 인해 색소의 소실이 많이 온다.
효 과	• M자형 탈모가 생기는 경우의 커버가 가능하다. • 앞머리 라인이 매끈하지 않은 경우 커버하여 매끈한 이마를 만든다. • 얼굴형을 보정하여 작은 얼굴로 보이게 한다.
시술방법	• 엠보기법을 이용해 선을 긋는 방법 : 머리카락으로 보이는 긴 선으로 표현한다. • 머신이나 펜을 이용해 점을 찍는 방법 : 머리를 짧게 민 모공과 같이 표현한다.

㉡ 헤어라인 시술시 주의사항

선으로 표현하는 경우	• 헤어라인 디자인을 과도하게 앞으로 하는 경우 부자연스러워 보일 수 있다. • 선이 겹쳐지거나 너무 많이 끊어지지 않도록 한다. • 눈썹 시술시 사용하는 니들보다 더 굵은 니들을 사용하는 것이 좋다. • 헤어결의 방향을 맞추어 시술한다. • 색이 얼룩덜룩해지지 않도록 힘 조절을 균일하게 한다.
점으로 표현하는 경우	• 점의 간격을 일정하게 하여 어느 한쪽만 진해 보이지 않도록 한다. • 손의 힘을 조절하여 되도록 바늘이 균일한 깊이로 피부에 들어가게 한다. • 앞이마로 올수록 점의 간격을 벌려서 그라데이션한다.

② 미인점

특 징	개인의 호불호가 많이 나뉘고 유행을 따라 시술하기도 한다.
효 과	얼굴에 매력 포인트를 주기 위해 찍는 경우가 많다.
시술시 주의사항	컬러는 점의 색과 비슷한 블랙 브라운 컬러를 쓰는데 이때 블랙 컬러를 단독으로 사용하는 경우에 시간이 지남에 따라 푸르게 보일 수 있으므로 주의한다.

③ 흉터 및 백반증

정 의	• 백반증은 멜라닌 색소의 결핍으로 인해 여러 가지 크기 및 형태의 백색 반점이 피부에 나타나는 후천성 탈색소 질환이다.
원 인	• 정확한 원인은 아직 밝혀지지 않았으나, 유전적 원인, 스트레스 등의 후천적 원인과 자가면역설, 신경체액설 및 멜라닌세포 자기파괴설 등이 있다. • 현재 백반증의 치료방법으로는 엑시머레이저를 비롯하여 스테로이드제, 표피이식술 등이 있지만, 치료가 오래 걸리고 쉽지 않은 것이 사실이다. • 백반증은 색소의 소실 이외의 특별한 증상은 없지만 심리적으로 우울, 정신적 스트레스를 유발한다.
시술방법	• 본인의 피부색과 비슷한 색을 조색하여 머신이나 손을 이용하여 피부에 색을 주입한다.
시술시 주의사항	• 백반증 재건 시술은 백반증을 가려 눈에 띄지 않게 보이는 것에 그 목적이 있다. • 같은 사람, 같은 부위라도 사람의 피부색은 계절이나 온도에 따라 달라지므로 완벽히 컬러 매칭을 한다는 것은 다소 어려움이 있다. • 백반증이 진행형일 경우 시술로 인한 피부의 자극이 백반증에 좋지 않은 영향을 주거나 때로는 백반증을 예상할 수 없기에 치명적인 영향을 줄 수도 있다. • 하지만 의사가 아닌 사람이 진행형 백반증과 그렇지 않은 경우를 구분하기란 쉽지 않다. • 따라서 단순한 미용 목적으로만 시술해서는 안 된다.

④ 유 륜

효 과	유방 재건 수술 후, 유두를 재건하는 목적의 문신이다.
시술방법	반대편 유륜과의 색상을 잘 맞추어 시행한다.
시술시 주의사항	본래와 같이 자연스러운 모양을 맞추는 것이 중요하다.

MEMO

Final 모의고사

Final 모의고사
정답 및 해설

모의고사 문제를 풀고 채점한 뒤 해설을 보며 부족한 부분을 보완할 수 있다 .

PART 1   반영구화장 및 문신 개론

01

다음 중 반영구화장에 관한 설명으로 옳지 않은 것은?

① 반영구화장의 역사는 타투에서 기원되었다.
② 반영구화장의 역사는 메이크업의 역사에서 기원되었다.
③ 문신의 역사는 고대부터 이어져 왔다.
④ 문신은 지위와 신분 계급의 표시 수단으로 남성들만 했다.

02

1875년, 토마스 에디슨의 설계를 기초로 하여 전통 기기보다 빠른 문신 기계를 발명하였으며, 1891년 기계를 미국에서 정식으로 특허낸 사람은?

① 찰스 와그너(Charles Wagner)
② 조지 버쳇(George Burchett)
③ 사무엘 오렐리(Samuel O'Reilly)
④ 찰스 즈워링(Charles Zwerling)

03

다음 중 반영구화장의 변천사에 대한 설명으로 옳은 것은?

① 반영구화장의 시작은 문신가들이 미용 목적의 재구성된 염료를 제공하기 시작한 1960년대 말쯤이라고 볼 수 있다.
② 사무엘 오렐리(Samuel O'Reilly)는 성형수술 후 유륜복원 문신을 하였다.
③ 조지 버쳇(George Burchett)은 부유한 상류층과 유럽 왕족 사이에서 최초의 스타 문신가였다.
④ 찰스 즈워링(Charles Zwerling)은 1948년에 미용 목적으로 아이라인과 눈썹 논문을 최초로 발표했다.

04

다음 중 반영구화장의 특징에 관한 설명으로 옳은 것은?

① 반영구화장은 쉽게 지워지므로 잘못 시술하면 다시 하면 된다.
② 반영구화장은 시간이 지나면 서서히 흐려진다.
③ 반영구화장은 일정 시간이 지나면 급격히 흐려진다.
④ 반영구화장은 흐려지지 않는다.

05

다음 중 문신과 반영구화장의 차이로 옳지 않은 것은?

① 시술 부위 　　② 시술 깊이
③ 지속성 　　　④ 감염 위험 여부

06

다음 중 얼굴의 윤곽수정 효과를 강조한 반영구화장 용어는?

① 세미퍼머넌트 메이크업
② 롱타임 메이크업
③ 아트 메이크업
④ 컨투어 메이크업

07

다음 중 반영구화장의 효과로 옳지 않은 것은?

① 화장 시간을 단축시킨다.
② 조화롭고 세련된 메이크업이 가능하다.
③ 흐릿한 인상을 보완해 준다.
④ 피부가 좋아진다.

08

다음 중 얼굴의 이미지를 가장 많이 좌우하고, 얼굴의 크기와 형태를 달라 보이게 하는 것은?

① 눈 썹 　　　② 아이라인
③ 입 술 　　　④ 미인점

09

다음은 문신과 반영구화장의 특징을 짝지은 것이다. 옳지 않은 것은?

	문 신	반영구화장
①	영구적	반영구적
②	신체 모든 부위	얼굴 위주
③	진피층	표피층
④	티타늄디옥사이드	카 본

10

반영구화장의 개념으로 옳지 않은 것은?

① 반영구화장은 메이크업의 목적으로 이용된다.
② 반영구화장은 각질층 상부에 색소를 주입하는 것이다.
③ 반영구화장은 문신과 메이크업의 성격을 모두 포함한다.
④ 반영구화장의 지속기간은 짧게는 6개월에서 길게는 5년이다.

11

다음 중 시술자의 자세로 옳지 않은 것은?

① 용모와 복장은 항상 단정하고 청결하여야 하며, 개인위생에 필요한 도구를 빠짐없이 챙기도록 한다.
② 반영구화장의 시술 후 상담을 통하여 고객의 알레르기나 부작용 등을 파악하기 위한 병력이나 기타 사항들을 파악하고 기록을 남긴다.
③ 일회용 제품은 사용 후 바로 폐기하도록 한다.
④ 시술 전이나 후에 생길 수 있는 부작용들에 대하여 충분히 고객에게 설명한다.

12

다음의 내용 중 옳지 않은 것은?

① 고객과 충분히 디자인의 상담이 이루어진 후에 시술에 임하도록 한다.
② 고객과의 의견 차이가 심해서 좁혀지지 않는 경우에는 전문가인 시술자의 의견대로 한다.
③ 반영구화장에 필요한 위생을 철저하게 지키고, 시술시 어쩔 수 없이 일어날 수 있는 부작용에 대하여 숙지한다.
④ 풍부한 노하우와 많은 훈련과 연습을 거친 후 시술에 임한다.

13

다음의 내용 중 옳은 것은?

① 반영구화장을 하더라도 흐릿한 인상을 보완할 수는 없다.
② 반영구화장은 모든 사람에게 시술할 수 있다.
③ 반영구화장 시술 후 주의사항은 서면을 통하여 피시술자에게 알려주어야 한다.
④ 시술자는 시술 전에만 손씻기를 꼭 시행하면 된다.

14

반영구화장의 역사를 문신의 역사와 연관 지어 생각하는 이유는 무엇인가?

① 상징성 때문에
② 시술방법과 도구가 비슷하기 때문에
③ 여러 나라에서 시행했기 때문에
④ 시술 목적이 비슷하기 때문에

15

문신의 기록에서 남성의 문신의 의미와 여성의 문신의 의미는 다르다. 여성들의 문신이 주로 의미하는 것은 무엇이었는가?

① 계급, 신분
② 용맹함, 위대한 인물
③ 아름다움, 결혼
④ 주술적 의미

16

메이크업의 역사에 대한 설명으로 옳지 않은 것은?

① 이집트 시대에는 눈가에 검은색 안료(코올, Kohl)를 칠해 눈을 보호했다.
② 중세시대에는 기독교적 금욕주의 영향으로 화장이 금기시되었다.
③ 바로크 시대에는 달, 별 모양의 패치를 사용했다.
④ 그리스 시대에는 귀족문화의 발달로 사치스러운 장식, 인조눈썹, 플럼퍼를 사용했다.

17

1948년에 눈썹과 아이라인 시술 후 눈문을 최초로 발표한 사람은 누구인가?

① 찰스 와그너(Charles Wagner)
② 조지 버쳇(George Burchett)
③ 지오라(Giora)
④ 찰스 즈워링(Charles Zwerling)

18

반영구화장 변천사에 관한 내용으로 옳지 않은 것은?

① 문신의 거장인 릴리 투트레(Lyle Tuttle)는 1960년에 문신연구소를 샌프란시스코에 설립함으로써 문신을 학문적으로 발전시키고자 노력하였다.
② 1986년에 찰스 즈워링(Charles Zwerling)이 최초로 'Micropigmentation' 도서를 발간하였다.
③ 독일에서는 1990년대 반영구화장 관련 법안이 통과되었다.
④ 미용문신은 1980년대 말경 홍콩과 대만을 통해 국내로 유입되었다.

19

다음 중 반영구화장의 목적이 다른 것은?

① 아이라인, 입술
② 헤어라인, 미인점
③ 입술, 탈모
④ 구순열, 백반증

20

반영구화장사 및 문신사가 지켜야 하는 내용으로 옳은 것은?

① 시술 전 반영구화장에 필요한 소독은 필수가 되어야 하고, 일회용 제품과 소독이 필요한 제품을 찾기 쉽게 한 바구니에 넣어 함께 보관한다.
② 시술이 끝나면 부작용에 대하여 충분히 고객에게 설명한다.
③ 시술실 안에서 고객이 음료를 마시는 것 정도는 가능하다.
④ 단일사용이 불가능한 기기의 경우 보호필름(Barrier film)을 사용한다.

21

반영구화장에 대한 설명으로 옳은 것은?

① 지속기간이 영구적이다.
② 리터치가 필요하지 않다.
③ 피부의 진피 상부층에 시술한다.
④ 반영구화장은 수용성색소만 사용한다.

22

반영구화장의 지속성에 대한 설명으로 옳은 것은?

① 나이가 많을수록 지속기간이 짧다.
② 더운 지역에 사는 사람들은 지속기간이 길다.
③ 피부에 유분이 많을수록 지속기간이 짧다.
④ 남자들이 여자들에 비해 지속기간이 길다.

23

반영구화장에 대한 설명으로 옳지 않은 것은?

① 매일 하는 화장의 대안이 될 수 있다.
② 몽고반점을 커버할 수 있다.
③ 탈모가 있는 사람에게 머리카락처럼 보일 수 있다.
④ 눈을 커 보이게 만들 수 있다.

24

고대 문신에 대한 설명으로 옳지 않은 것은?

① 문신은 모두에게 다 평등하고 동일하게 이루어졌다.
② 이집트에서는 아무네트의 미라에서 볼 수 있다.
③ 아이스맨 외치의 문신에서 다양한 의미로 문신을 했다는 것을 알 수 있다.
④ 로마에서는 노예의 낙인을 찍고 범죄자를 벌하기 위해 사용했다.

25

시술자가 갖추어야 할 능력과 거리가 먼 것은?

① 감염 및 소독에 대한 이해
② 색과 색소에 대한 이해
③ 정확한 피부층에 고르게 침습하는 기술
④ 다양한 수상경력

26

다음 중 관골(광대뼈)에 관한 설명으로 옳지 않은 것은?

① 협골이라고도 한다.
② 얼굴형에 특색을 주는 골격이다.
③ 눈 옆 아래쪽에 있는 안면골이다.
④ 상악부에서 쌍을 이루는 뼈로서 정중선에서 결합한다.

27

하악골과 흉골의 사이에 있는 U자형을 나타내는 작은 뼈는 무엇인가?

① 설골(혀뼈)
② 구개골(입천장뼈)
③ 비골(코뼈)
④ 하악골(아래턱뼈)

28

다음 중 눈과 이마로 향하는 근육이 아닌 것은?

① 안륜근
② 소 근
③ 후두전두근
④ 추미근

29

다음 중 눈썹주름근이라고도 하며, 미간에 세로 주름을 만드는 근육으로 주로 얼굴을 찡그릴 때 사용하는 근육은?

① 추미근
② 구각거근
③ 안륜근
④ 구각하제근

30

다음 중 하순하제근(아랫입술내림근)에 대한 설명으로 옳은 것은?

① 주로 슬픈 표정을 지을 때 사용하는 근육이다.
② 입 주위 측을 바깥 또는 위쪽으로 올려 웃는 표정을 만드는 데 사용하는 근육이다.
③ 위아래 입술을 앞으로 내밀 때 사용하는 근육이다.
④ 콧볼에서 입꼬리로 향한 근육으로 입 끝을 올리게 한다.

31

다음 중 코로 향하는 근육으로 옳지 않은 것은?

① 비 근
② 협 근
③ 비근근
④ 비중격하제근

32

다음 뇌신경에 대한 설명 중 옳지 않은 것은?

① 뇌신경이란 중추신경계인 뇌에서 나오는 말초신경이다.
② 척수를 거쳐 퍼지는 신경을 말한다.
③ 뇌신경은 얼굴의 일부 근육을 지배한다.
④ 안면신경과 삼차신경은 반영구화장 업무와 관련이 깊다.

33

다음 안면신경에 대한 설명 중 옳지 않은 것은?

① 안면신경 손상시 경련, 마비장애가 일어날 수 있다.
② 얼굴 근육의 운동을 지배한다.
③ 미각기능, 감각기능 및 분비기능의 일부를 담당한다.
④ 안면신경의 교감신경 기능은 눈물샘과 침샘을 조절한다.

34

다음 중 중추신경계에 해당하는 것은?

① 뇌
② 척수신경
③ 삼차신경
④ 부교감신경

35

안면의 피부와 저작근에 존재하는 감각신경과 운동신경의 혼합신경으로 뇌신경 중 가장 큰 것은?

① 미주신경
② 시신경
③ 안면신경
④ 삼차신경

36

다음 중 삼차신경과 관계가 없는 신경은?

① 상악신경
② 하악신경
③ 코신경
④ 눈신경

37

다음 중 혈액의 기능으로 옳지 않은 것은?

① 호르몬 분비작용
② 산소 운반작용
③ 이산화탄소 운반작용
④ 노폐물 배설작용

38

정맥에 대한 설명으로 옳지 않은 것은?

① 수축성, 탄력성이 있으며 가장 두껍고 강하다.
② 온몸을 돌고 심장으로 혈액을 들어오게 하는 혈관이다.
③ 혈액의 역류를 막는다.
④ 이산화탄소와 노폐물을 함유하고 있다.

39

모세혈관에 대한 설명으로 옳지 않은 것은?

① 소정맥 및 소동맥과 결합되어 있다.
② 얼굴 근육과 피부에 혈액을 공급한다.
③ 이산화탄소와 노폐물을 산소와 영양분으로 교환한다.
④ 온몸에 그물 모양으로 분포되어 있다.

40

피부의 색상을 결정짓는 데 주요한 요인이 되는 멜라닌 색소가 있는 피부층은?

① 각질층
② 과립층
③ 유극층
④ 기저층

41

다음 중 자외선 UVA의 파장 범위로 옳은 것은?

① 100~200㎚
② 200~290㎚
③ 290~320㎚
④ 320~400㎚

42

다음 중 정상 피부 표면의 pH로 옳은 것은?

① pH 2.0~3.0
② pH 3.5~4.5
③ pH 4.5~5.5
④ pH 6.0~7.0

43

다음 중 자외선에 대한 설명으로 옳지 않은 것은?

① 색소침착을 일으키는 자외선은 UVA이다.
② 자외선 A의 파장은 320~400㎚이다.
③ 자외선 C는 오존층에서 흡수된다.
④ 자외선 B는 유리에 의하여 차단될 수 있다.

44

다음 설명과 가장 가까운 피부타입은?

- 모공이 넓다.
- 블랙헤드가 생성되기 쉽다.
- 피부색이 칙칙한 편이며 화장이 잘 지워진다.
- 노화의 진행이 느린 편이다.

① 정상피부
② 지성 피부
③ 건성 피부
④ 여드름 피부

45

피부 세포가 기저층에서 생성되어 각질세포로 변화하여 피부 표면으로부터 떨어져 나가는 데 걸리는 기간은?

① 10일
② 18일
③ 28일
④ 38일

46

사춘기 이후에 주로 분비가 되며, 모공을 통하여 분비되어 독특한 체취를 발생시키는 것은?

① 대한선
② 소한선
③ 피지선
④ 땀 샘

47

건성 피부, 중성 피부, 지성 피부 등의 피부 유형을 구분하는 가장 기본적인 기준으로 옳은 것은?

① 피부의 탄력도
② 모공의 크기
③ 피부의 온도
④ 피지분비 상태

48

다음 중 지성 피부의 특징으로 옳은 것은?

① 모세혈관이 약화되고 확장되어 피부 표면으로
보인다.
② 피지분비가 왕성하여 피부 번들거림이 심하며
피부결이 곱지 못하다.
③ 표피가 얇고 피부 표면이 항상 건조하며 잔주름
이 쉽게 생긴다.
④ 표피가 얇고 투명해 보이며 외부자극에 쉽게 붉
어진다.

49

다음 중 피지선에 대한 설명으로 옳지 않은 것은?

① 피지의 하루 분비량은 약 10g정도이다.
② 피지선은 T존 주위에 많다.
③ 피지를 분비하는 선으로 진피층에 위치하고 있다.
④ 피지선은 손바닥, 발바닥에는 없다.

50

다음 중 한선에 대한 설명으로 옳지 않은 것은?

① 체온 조절기능을 한다.
② 진피와 피하지방 조직의 경계 부위에 위치한다.
③ 입술을 포함한 전신에 존재한다.
④ 에크린선과 아포크린선이 있다.

51

다음 피부의 세포와 존재하는 피부층 연결로 옳지 않
은 것은?

① 멜라닌세포 – 기저층
② 섬유아세포 – 유극층
③ 머켈세포 – 기저층
④ 랑게르한스세포 – 유극층

52

각질에 대한 설명으로 옳지 않은 것은?

① 각화주기는 노화가 되면서 짧아진다.
② 피부의 가장 위쪽에 위치한다.
③ 각질층의 수분 함유량이 각질층의 두께에 영향
을 준다.
④ 각질층에 수분이 적어지면 두꺼워지며 피부결
이 거칠어진다.

53

표피의 각질층의 주성분으로 옳지 않은 것은?

① 세라마이드
② 콜라겐
③ 천연보습인자
④ 피지막

54

피하지방에 대한 설명으로 옳지 않은 것은?

① 체온조절 기능
② 외부의 충격으로부터 몸을 보호하는 기능
③ 영양소 저장기능
④ 랑게르한스세포가 존재하는 곳

55

다음 중 피부의 기능과 거리가 먼 것은?

① 면역기능
② 분비기능
③ 비타민 A 합성기능
④ 비타민 D 합성기능

56

다음 중 원발진에 해당하는 피부변화로 옳은 것은?

① 인 설
② 구 진
③ 가 피
④ 표피박리

57

여드름 발생의 주요 원인으로 옳지 않은 것은?

① 아포크린선의 분비 증가
② 모낭 내 이상 각화
③ 여드름 균의 군락 형성
④ 염증반응

58

눈으로 판별하기 어려운 피부의 심층상태 및 문제점을 명확하게 분별할 수 있는, 특수 자외선을 이용한 기기는?

① 확대경
② 홍반측정기
③ 적외선램프
④ 우드램프

59

다음 중 바이러스성 피부질환으로 옳지 않은 것은?

① 단순포진
② 대상포진
③ 사마귀
④ 기 미

60

피부 분석방법과 그 설명의 연결이 옳지 않은 것은?

① 문진법 – 고객에게 질문하여 피부유형을 판독
② 견진법 – 피부분석기를 통해 피부상태, 모공상태 등 피부를 판독
③ 촉진법 – 피부측정기를 통해 피부의 탄력성, 예민성을 판독
④ 기기판독법 – 피부분석기, 확대경, 유 · 수분 측정기로 판독

61

피부 측정방법과 그 설명의 연결이 옳지 않은 것은?

① 피부 유분 – 전기전도도를 통해 피부의 피지량을 측정
② 피부 탄력도 – 피부에 음압을 가했다가 원래 상태로 회복되는 정도를 측정
③ 멜라닌 – 피부의 멜라닌 양을 측정하여 수치로 나타냄
④ 피부 pH – 피부의 산성도를 측정하여 pH로 나타냄

62

지성 피부의 반영구화장 시술 방법으로 옳지 않은 것은?

① 바늘을 조금 깊게 넣어 시술한다.
② 작은 자극에도 민감하게 반응하고 쉽게 붉어진다.
③ 피부결이 매끄럽지 않아 바늘이 피부에 걸릴 수 있다.
④ 피지 분비가 많아 색이 빠질 수 있다.

63

피부질환의 분류에서 요인이 다른 하나는?

① 구 진
② 결 절
③ 낭 종
④ 농 양

64

다음 중 바이러스성 피부질환으로 옳지 않은 것은?

① 사마귀
② 칸디다증
③ 단순포진
④ 풍 진

65

다음 중 저색소침착에 의해 발생하는 피부질환은?

① 기 미
② 오타모반
③ 백반증
④ 릴 흑피증

66

다음 중 색소 관련 이상 증상에 대한 설명으로 옳지 않은 것은?

① 릴 흑피증 – 상처에 의해 발생하는 색소침착
② 주근깨 – 유전적 요인에 의해 주로 발생
③ 갈색 반점 – 혈액순환 이상으로 발생
④ 기미 – 자외선 과다 노출, 경구피임약 복용, 내분비장애, 태닝기 사용 등

67

다음 중 유분과 비듬이 공존하며, 가려움증을 동반하는 피부염은?

① 소양증
② 접촉성 피부염
③ 주 사
④ 지루성 피부염

68

피부 상처의 치유과정에서 상처가 아무는 데 걸리는 시간에 영향을 끼치지 않는 것은?

① 상처의 깊이
② 상처의 위치
③ 상처 치유 비용
④ 상처의 크기

69

상처 치유과정에 대한 설명으로 옳지 않은 것은?

① 염증기 – 상처를 치유하기 위한 준비가 시작되는 단계로서 3~4일 동안 지속된다.
② 증식기 – 시술 후 2~3일 정도 시술 부위가 더 붉게 보인다.
③ 증식기 – 상처 치유에 필요한 기초를 형성한다.
④ 치유기 – 치유가 된 상처가 주위의 조직과 비슷해지는 단계이다.

PART 4 　 두피와 모발

70

다음 중 모발의 하루 성장 길이로 옳은 것은?

① 0.2~0.5㎜
② 0.6~0.9㎜
③ 1.0~1.5㎜
④ 1.5~2.0㎜

71

모발을 구성하는 케라틴이 가장 많이 함유된 아미노산으로 옳은 것은?

① 알부틴
② 요 소
③ 시스틴
④ 바 린

72

모발의 색은 흑색, 갈색, 백색 등 여러 가지 색이 있다. 다음 중 주로 검은 모발의 색을 나타나게 하는 멜라닌으로 옳은 것은?

① 페오멜라닌
② 유멜라닌
③ 헤모글로빈
④ 티로신

73

다음 중 모근부에 대한 설명으로 옳지 않은 것은?

① 모낭은 모근을 보호한다.
② 모유두는 모구에 영양을 공급한다.
③ 모근은 피부 표면에 나와 있는 부분을 말한다.
④ 모구에는 모질세포와 멜라닌 세포가 있다.

74

다음 중 모간의 구성요소로 옳지 않은 것은?

① 모피질
② 모수질
③ 모표피
④ 모유두

75

모발의 구조 중 중간층에 있으며 멜라닌을 함유하고 있는 층은?

① 모 근
② 모피질
③ 모수질
④ 모표질

76

모낭과 관계없이 존재하는 것으로 입과 입술, 눈과 눈꺼풀, 구강점막 등에 존재하는 것은?

① 에크린선
② 아포크린선
③ 땀 샘
④ 독립피지선

77

다음 중 모발의 주성분과 관련된 설명으로 옳지 않은 것은?

① 모발이나 손톱을 태울 때 나는 냄새는 주로 라이신의 분해로 인한 냄새이다.
② 모발의 주성분은 케라틴 단백질이다.
③ 모발은 양모와 마찬가지로 동물성 천연섬유이다.
④ 모발의 주성분은 케라틴 단백질이다.

78

모발의 모주기 순서로 옳은 것은?

① 성장기 → 휴지기 → 퇴화기 → 성장기
② 퇴화기 → 성장기 → 휴지기 → 퇴화기
③ 성장기 → 퇴화기 → 휴지기 → 성장기
④ 휴지기 → 퇴화기 → 성장기 → 퇴화기

79

다음 중 모발의 기능만으로 연결된 것은?

① 보호기능, 호흡기능
② 보호기능, 배출기능
③ 배출기능, 흡수기능
④ 호흡기능, 흡수기능

80

다음 모발의 분류 중 모낭 형태에 따른 분류로 옳은 것은?

① 파상모, 축모, 직모
② 경모, 파상모, 취모
③ 직모, 취모, 연모
④ 파상모, 연모, 경모

81

모근 생성 단계를 나열한 것으로 옳은 것은?

① 전모아기 → 모항기 → 모아기 → 모구성 모항기 → 완성모낭
② 전모아기 → 모구성 모항기 → 모항기 → 모아기 → 완성모낭
③ 전모아기 → 모아기 → 모구성 모항기 → 모항기 → 완성모낭
④ 전모아기 → 모아기 → 모항기 → 모구성 모항기 → 완성모낭

82

모표피에 대해 설명한 것으로 옳은 것은?

① 모표피 안쪽에 위치하고 있으며 모발 전체의 80~90%를 차지한다.
② 케라틴 단백질을 주성분으로 결정 영역과 비결정 영역으로 구성된다.
③ 모발의 최외측에 존재하는 층으로 모발 전체의 10~15%를 차지한다.
④ 수많은 섬유질이 꼬여 있고 섬유질과 섬유질 사이에는 간층물질로 차 있으며 접착제 역할을 한다.

83

모모세포에 대한 설명으로 옳은 것은?

① 모유두 상부 주변에 존재하며, 골수세포 다음으로 왕성한 세포분열을 한다.
② 모구에 산소와 영양을 공급하여 모발의 발생과 성장을 돕는다.
③ 주변에 모세혈관 및 감각신경이 분포되어 있다.
④ 성장기에는 모낭과 붙어 있으나 휴지기에는 모낭과 분리되어 있다.

84

건막층에 대한 설명으로 옳은 것은?

① 피부층, 치밀결합조직층 중에 가장 깊은 부위이다.
② 가장 깊은 층에 위치한다.
③ 봉합의 상태로 이루어져 있다.
④ 봉합의 상태로 있으며 두개골뼈와 분리된 움직임을 가진다.

85

두개골 봉합의 종류로 옳지 않은 것은?

① 시상봉합
② 관상봉합
③ 인상봉합
④ 모유두봉합

86

원형 탈모증에 대한 설명으로 옳지 않은 것은?

① 주로 남성에게 발생한다.
② 원형 탈모증은 염증성 질환이다.
③ 동전처럼 원 모양으로 털이 빠진다.
④ 두피 외 부위에도 나타난다.

87

공중보건학에 대한 설명으로 옳지 않은 것은?

① 방법에는 환경위생, 감염병관리, 개인위생 등이 있다.
② 지역사회 전체 주민을 대상으로 한다.
③ 목적은 질병예방, 수명연장, 신체적·정신적 건강증진이다.
④ 목적 달성은 개인이나 일부 전문가의 노력에 의해 될 수 있다.

88

공중보건학의 정의로 옳은 것은?

① 질병예방, 생명연장, 건강증진에 주력하는 기술이며 과학이다.
② 질병예방, 생명연장, 질병치료에 주력하는 기술이며 과학이다.
③ 질병치료, 생명유지, 조기치료에 주력하는 기술이며 과학이다.
④ 질병의 치료 및 생명연장에 주력하는 기술이며 과학이다.

89

다음 중 공중보건의 3대 요소에 속하지 않는 것은?

① 감염병 치료
② 수명 연장
③ 감염병 예방
④ 건강과 능률의 향상

90

공중보건학의 개념과 가장 유사한 의미를 갖는 표현으로 옳은 것은?

① 치료의학
② 예방의학
③ 지역사회의학
④ 건설의학

91

세계보건기구에서 규정된 건강의 정의로 가장 옳은 것은?

① 정신적으로 완전히 양호한 상태
② 육체적으로 완전히 양호한 상태
③ 질병이 없고 허약하지 않은 상태
④ 육체적, 정신적, 사회적 안녕이 완전한 상태

92

다음 중 질병 발생의 세 가지 요인이 옳게 짝지어진 것은?

① 숙주 – 병인 – 유전
② 숙주 – 병인 – 환경
③ 숙주 – 병인 – 병소
④ 숙주 – 병인 – 저항력

93

다음 중 질병 발생의 요인에서 병인적 요인에 해당되지 않는 것은?

① 유 전
② 기생충
③ 스트레스
④ 바이러스

94

다음 중 인구증가에 대한 설명으로 옳은 것은?

① 초자연증가 = 전입인구 – 전출인구
② 자연증가 = 전입인구 – 전출인구
③ 인구증가 = 자연증가 + 사회증가
④ 사회증가 = 출생인구 + 사망인구

95

다음 중 백신 접종으로 획득되는 면역의 종류는?

① 인공능동면역
② 인공수동면역
③ 자연능동면역
④ 자연수동면역

96

정신보건에 대한 설명 중 옳지 않은 것은?

① 모든 정신질환자는 인간으로서의 존엄 가치 및 최적의 치료와 보호를 받을 권리를 보장받는다.
② 모든 정신질환자는 부당한 차별대우를 받지 않는다.
③ 미성년자인 정신질환자에 대해서는 특별히 치료, 보호 및 필요한 교육을 받을 권리가 보장되어야 한다.
④ 입원 중인 정신질환자는 타인에게 해를 줄 염려가 있으므로 타인과의 의견교환이 필요에 따라 제한되어야 한다.

97

일반적으로 활동하기 가장 적합한 실내의 적정 온도는?

① 14~16℃
② 18~22℃
③ 24~26℃
④ 28~30℃

98

일반적으로 이·미용업소의 실내 쾌적 습도가 포함되는 범위로 옳은 것은?

① 10~20%
② 20~40%
③ 40~70%
④ 70~90%

99

작업환경의 관리원칙으로 옳은 것은?

① 대치 – 격리 – 폐기 – 교육
② 대치 – 격리 – 환기 – 교육
③ 대치 – 격리 – 재생 – 교육
④ 대치 – 격리 – 연구 – 홍보

100

다음 중 산업피로의 근본적 해결책으로 가장 옳지 않은 것은?

① 작업과정 중 적절한 휴식시간을 배분한다.
② 에너지 소모를 효율적으로 한다.
③ 개인차를 고려하여 작업량을 할당한다.
④ 휴직과 부서 이동을 권고한다.

101

다음 중 산업재해의 지표로 주로 사용되는 것을 전부 고른 것은?

> ㉠ 도수율
> ㉡ 발생률
> ㉢ 강도율
> ㉣ 사망률

① ㉠, ㉡, ㉢
② ㉠, ㉢, ㉣
③ ㉡, ㉢
④ ㉡, ㉢, ㉣

102

다음 중 산업재해 방지 대책과 관련이 없는 것은?

① 정확한 관찰과 대책
② 안전관리
③ 생산성 향상
④ 정확한 사례조사

103

다음 중 직업병과 관련 직업이 옳게 연결된 것은?

① 근시안 – 식자공
② 잠함병 – 방사선 기사
③ 열사병 – 채석공
④ 규폐증 – 용접공

104

합병증으로 고환염, 뇌수막염 등이 초래되어 불임이
될 수도 있는 질환으로 옳은 것은?

① 홍 역
② 풍 진
③ 뇌 염
④ 유행성 이하선염

105

다음 중 직업병으로만 구성된 것은?

① 열중증, 소음성 난청, 대퇴부 골절
② 열중증, 소음성 난청, 잠수병
③ 열중증, 잠수병, 식중독
④ 열중증, 소음성 난청, 폐결핵

106

다음 중 소음이 인체에 미치는 영향으로 옳지 않은
것은?

① 작업능률 저하
② 청력장애
③ 중이염
④ 불안증 및 노이로제

107

다음 중 보건행정의 목적 달성을 위한 기본요건으로
옳지 않은 것은?

① 강력한 소수의 지지와 참여
② 사회의 합리적인 전망과 계획
③ 법적 근거의 마련
④ 건전한 행정조직과 인사

108

현재 우리나라 근로기준법상에서 보건상 유해하거나 위험한 사업에 종사하지 못하도록 규정되어 있는 대상은?

① 18세 미만인 자와 임신 중인 임산부
② 18세 이상인 여성
③ 23세 미만인 남성
④ 노 인

109

다음 중 공중위생관리법의 목적으로 옳은 것은?

① 공중위생영업의 위상 향상
② 공중위생영업소의 위생 교육
③ 위생수준을 향상시켜 국민의 건강증진에 기여
④ 공중위생영업 종사자의 위생 및 건강관리 기여

110

공중위생관리법에서 공중위생영업이란 다수인을 대상으로 무엇을 제공하는 영업으로 정의되고 있는가?

① 공중위생서비스
② 위생안전서비스
③ 위생보존서비스
④ 위생관리서비스

111

다음 중 법적으로 이용업 및 미용업이 속하는 곳은?

① 위생영업소
② 공중위생영업
③ 위생관련영업
④ 미용영업

112

다음 중 공중위생영업을 하고자 하는 자가 해야 하는 것은?

① 신 고
② 허 가
③ 등 록
④ 보 고

113

공중위생관리법상 공중위생영업의 신고를 하고자 하는 경우 반드시 필요한 첨부서류로 옳지 않은 것은?

① 교육필증
② 면허증 원본
③ 자격증 원본
④ 영업시설 및 설비개요서

114

공중위생관리법상 이 · 미용업자의 변경신고사항에 해당되지 않는 것은?

① 미용업 업종 간 변경
② 영업소의 명칭 또는 상호
③ 영업소의 소재지
④ 근무자 성명 또는 생년월일

115

다음 중 이 · 미용사의 면허를 받을 수 없는 자는?

① 마약 중독자
② 전과 기록자
③ 암 환자
④ 금치산자

116

공중위생영업소 위생관리 등급의 구분에 있어 최우수업소에 내려지는 등급으로 옳은 것은?

① 백색등급
② 황색등급
③ 녹색등급
④ 청색등급

117

위생서비스 수준의 평가에 대한 설명 중 옳은 것은?

① 평가주기는 3년마다 실시한다.
② 평가의 전문성을 높이기 위해 관련 전문기관 및 단체로 하여금 평가를 실시하게 할 수 있다.
③ 평가주기와 방법, 위생관리등급은 대통령령으로 정해진다.
④ 위생관리 등급은 5개 등급으로 나뉜다.

118

위생교육에 대한 설명으로 옳지 않은 것은?

① 위생교육 시간은 3시간이다.
② 위생교육을 받지 아니한 자는 200만원 이하의 과태료에 처한다.
③ 위생교육에 관한 기록을 1년 이상 보관 및 관리하여야 한다.
④ 공중위생 영업자는 매년 위생교육을 받아야 한다.

119

이 · 미용업자에게 과태료를 부과 · 징수할 수 있는 처분권자로 옳지 않은 것은?

① 대통령
② 군 수
③ 시 장
④ 구청장

120

위법사항 중 가장 무거운 벌칙 기준에 해당하는 자는?

① 영업신고를 하지 아니하고 영업한 자
② 관계 공무원 출입, 검사를 거부한 자
③ 변경신고를 하지 아니하고 영업한 자
④ 면허정지처분을 받고 그 정지 기간 중 업무를 행한 자

PART 6   보건위생

121

세균에 관한 설명으로 옳지 않은 것은?

① 단세포 미생물로 독립적인 대사 활동이 가능하다.
② 흙이나 물속 같은 외부환경에서도 산다.
③ 적절한 온도와 습도의 환경에서 급속하게 증식한다.
④ 세균의 모양에 따라 구균, 간균 둘로 나뉜다.

122

다음 중 병인과 관련 질병의 연결로 옳지 않은 것은?

① 간균 – 파상풍, 대장균
② 바이러스 – 폴리오, 일본뇌염
③ 원충류 – 말라리아, 아메바성 이질
④ 리케챠 – 발진열, 매독

123

높은 전염력을 지녔으며 피부를 통해 전염될 수 있는 피부감염으로 옳지 않은 것은?

① 점막하 단순포진 바이러스
② 농가진
③ 대상포진
④ 레지오넬라

124

건강한 사람의 피부 점막, 상기도, 비뇨기, 소화기 등에 정상적으로 존재하고, 주변 환경에 항상 존재하고 있으며 피부 상처나 호흡기를 통하여 감염되는 균은?

① 황색포도알균
② 장알균
③ 녹농균
④ 다제내성균

125

손 위생에 관한 내용 중 옳은 것은?

① 손을 씻음으로써 질병의 40% 이상을 예방할 수 있다.
② 손 소독은 비누, 항균 비누와 물을 이용하여 손을 씻는 것으로 손 위생의 핵심이다.
③ 물로 헹군 후 손이 오염되지 않도록 일회용 타월로 건조시킨다.
④ 알코올 소독제는 비누액과 흐르는 물에 의한 손 세척을 대신할 수는 있다.

126

작업자가 전염 가능한 환경에서 작업할 때 유해 물질을 차단해 주는 용품으로 옳지 않은 것은?

① 마스크
② 장 갑
③ 앞치마
④ 램 프

127

개인 위생용품에 관련된 항목으로 옳지 않은 것은?

① 장갑 – 시술자는 장갑 착용 및 교환, 필요하지 않은 상황을 구별할 수 있는 것이 중요하다.
② 가운 – 가운을 벗을 때에는 가운 앞면과 소매는 오염된 것으로 간주하고 만지지 않는다.
③ 마스크 – 마스크가 축축해졌으면 작업이 끝난 후 버린다.
④ 마스크 – 비말전파를 할 수 있는 사람이 1m 이내에 접근할 때에는 일반마스크를 사용한다.

128

고압증기멸균법은 어느 정도의 시간과 온도로 시행하는 것이 적당한가?

① 135℃, 10분
② 120℃, 고압수증기로 30분
③ 120℃, 고압수증기로 1시간 30분
④ 110℃, 고압수증기로 30분

129

기구의 소독방법으로 옳은 것은?

① 눈썹 정리 칼은 고위험기구이다.
② 점막이나 손상된 피부와 접촉하는 것은 준위험기구이다.
③ 비위험기구라도 멸균이 필요하다.
④ 손상이 없는 점막에 사용하는 것은 낮은 수준의 소독이 가능하다.

130

10℃ 이하에서는 액체지만, 그 이상의 온도에서는 무색의 가스가 되어 인화성·폭발성이 강하며 멸균 시 50%의 습도와 54℃의 온도에 5시간 동안 적용하는 소독제는?

① 과산화수소
② 글루탈알데히드
③ 에틸렌옥사이드
④ 이소프로판올

131

주로 건강한 피부의 소독에 쓰이는 소독제는 무엇인가?

① 알코올
② 클로르헥시딘
③ 포비돈 아이오딘
④ 계면활성제

132

소독제의 유효성분과 주의사항으로 옳은 것은?

① 차아염소산나트륨 – 희석 후 24시간 내 사용해야 한다.
② 과산화수소 – 피부 및 눈에 독성이 발생할 수 있다.
③ 벤잘코늄 염화물 – 소독제를 10분 이상 접촉하면 안 된다.
④ 클로르헥시딘 –점막이나 개방 창상에 사용하지 않는다.

134

다음 중 혈행성 감염에 관한 내용으로 옳지 않은 것은?

① 혈행성 감염은 혈액을 통한 전파만 가능하다.
② B형 간염, C형 간염, 인간면역결핍 바이러스(AIDS)가 있다.
③ 손 위생과 소독, 개인보호장비로 감염위험을 줄일 수 있다.
④ 표준주의 지침을 따른다.

135

B형 간염에 관한 내용으로 옳은 것은?

① B형 간염은 급성간염이다.
② 백신으로 예방할 수 있다.
③ 거의 대부분 만성간염으로 진행된다.
④ 피로, 전신권태, 지속적인 또는 간헐적인 황달, 식욕부진의 증상이 모두 나타난다.

133

의료폐기물의 분류가 옳은 것은?

① 격리 의료폐기물은 주황색으로 표시한다.
② 병리계 폐기물은 일회용 주사기, 수액세트를 말한다.
③ 피, 고름, 소독약이 묻은 탈지면은 감염성 폐기물이다.
④ 손상성 폐기물의 처리기간은 15일 이내이다.

136

C형 간염에 대한 내용으로 옳지 않은 것은?

① 오염된 혈액, 도구에 의한 피부의 찔림으로 감염된다.
② 백신으로 예방할 수 있다.
③ 감염자 대부분이 증상발현이 되지 않아도 타인에게 전염시킬 수 있다.
④ 만성간염으로 진행될 수 있다.

137

감염 이후 8~10년간 증상이 없으나 면역기능은 계속 떨어지면서 바이러스는 계속 증식하여 심각한 감염증을 일으키며 다양한 합병증으로 사망에 이를 수 있는 병은?

① 매 독　　　　　② 후천성면역결핍증
③ C형 간염　　　　④ 폐결핵

138

표준주의에 관한 내용으로 옳지 않은 것은?

① 환경관리의 내용을 담고 있다.
② 직원의 감염관리에 대한 내용을 담고 있다.
③ 손 위생의 내용을 담고 있다.
④ 병의 치료방법에 관한 내용을 담고 있다.

139

혈액매개 감염의 일반적인 감염경로로 옳지 않은 것은?

① 오염된 주사침에 찔리는 경우
② 혈액이나 체액이 눈이나 코, 입에 튀는 경우
③ 피부가 혈액이나 체액과 접촉한 경우
④ 혈액을 취급하는 장소에서 음식물의 섭취 및 흡연 등 구강을 통하여 감염되는 경우

140

다음 중 혈액을 매개로 한 감염이 전파될 수 있는 가능성이 가장 낮은 것은?

① 혈 액　　　　　② 정 액
③ 모 유　　　　　④ 가 래

141

혈액매개 병원균에 노출된 근로자를 위한 표준주의는 무엇인가?

① 알 수 없는 액체는 일반폐기물로 표시한다.
② 환자의 모든 혈액과 체액은 잠재적 전염력으로 간주한다.
③ 모든 액체를 HIV에 유해한 것으로 취급한다.
④ 유출이 된 액체는 모두 HIV 검사를 해야 한다.

142

감염노출사건이 발생한 즉시 가장 먼저 해야 하는 일은?

① 의료진의 진료를 받는다.
② 사고 보고서를 작성한다.
③ 노출부위를 씻는다.
④ 장갑을 갈아 낀다.

143

혈행성 감염원에 노출된 후의 응급처치로 옳지 않은 것은?

① 가능한 한 빨리 감염된 부위를 비누와 물로 세척한다.
② 감염의 가능성이 있으므로 모든 일을 멈추고 격리한다.
③ 혈액이나 체액이 타인에게 노출되지 않도록 주의한다.
④ 눈이나 점막에 튀었을 경우 소독된 식염수로 1~2분간 세척한다.

144

혈액매개 감염 중 예방접종으로 대부분 예방할 수 있는 질환은?

① B형 간염
② C형 간염
③ 헤르페스
④ 매 독

145

대부분이 무증상감염이고 감기몸살, 전신권태감, 구역질, 식욕부진 등의 증상이 나타나며 50%가 만성으로 발전할 가능성이 있으며 백신이 없어 예방이 최선인 감염질환은?

① 결 핵
② C형 간염
③ 홍 역
④ B형 간염

146

후천성 면역결핍증에 대한 내용으로 옳지 않은 것은?

① 후천성 면역결핍증은 주사기 공동사용으로 감염될 수 있다.
② 후천성 면역결핍증 환자에게 사용한 니들은 위험하므로 꼭 주사기 뚜껑을 닫아서 버린다.
③ 면도기나 칫솔을 공동으로 사용할 경우 감염될 수 있다.
④ 감염자의 점막, 손상된 피부, 체액과의 접촉으로 감염될 수 있다.

147

다음 중 B형 간염 예방접종에 관한 내용으로 옳지 않은 것은?

① B형 간염 예방접종을 완료한 병원기록이 있는 경우 예방접종을 하지 않아도 된다.
② 시간제, 임시직, 계약직으로 근무하더라도 예방접종을 해야 한다.
③ 혈액검사에서 B형 항체가 생성된 경우라도 다시 예방접종을 해야 한다.
④ 예방접종은 3차에 걸쳐서 한다.

148

다음 중 개인 보호장비에 해당하지 않는 것은?

① 앞치마
② 보호안경
③ 마스크
④ 램 프

149

혈액노출 예방조치를 위한 사항으로 옳지 않은 것은?

① 혈액노출이 가능한 장소에서는 음식물을 섭취하지 않는다.
② 혈액노출이 가능한 장소에서는 담배를 피우지 않는다.
③ 혈액 등으로 오염이 된 장소는 소독을 한다.
④ 사용한 주사침은 찔리지 않게 바늘을 솜으로 싸서 구부린 뒤 버린다.

150

혈액노출사고 발생시 기록해야 하는 사항으로 옳지 않은 것은?

① 노출자의 인적사항
② 노출 원인자의 상태
③ 노출자의 검사결과
④ 노출 상황의 목격자

151

혈액이 분출될 가능성이 있는 작업을 할 때 우선적으로 착용해야 하는 보호구 2가지는?

① 보호안경
② 앞치마
③ 마스크
④ 장 갑

152

다음 중 마스크의 사용법으로 옳지 않은 것은?

① 마스크는 입과 코를 가려야 한다.
② 마스크를 벗을 때는 마스크 앞면을 장갑을 잡고 벗는다.
③ 마스크는 목에 걸치거나 주머니에 넣지 않는다.
④ 마스크는 1회만 사용한다.

153

다음 중 장갑의 사용법으로 옳지 않은 것은?

① 장갑을 착용하기 전에 손을 씻는다.
② 장갑을 벗고 난 후에 손을 씻는다.
③ 장갑을 벗을 때는 뒤집어 벗지 않는다.
④ 같은 고객이라도 다른 부위를 처치할 때는 장갑을 교환한다.

154

침습적 시술시 작업자가 노출될 가능성이 가장 큰 혈액매개 병원균은 무엇인가?

① 말라리아, 매독, 결핵
② B형 간염, C형 간염, 에이즈
③ 에이즈, B형 간염, 수두
④ 에이즈, 인플루엔자, 매독

155

다음 중 표준주의 기준의 감염관리를 위한 실천사항으로 옳지 않은 것은?

① 손 씻기
② 적절한 개인 보호구의 착용
③ 일회용 바늘의 처리
④ 해외여행 전의 예방접종

156

손 씻기 방법으로 옳지 않은 것은?

① 뜨거운 물을 사용하여 손을 씻는 것이 좋다.
② 손 씻기를 마친 후에는 수도꼭지를 사용한 타월로 감싸서 잠근다.
③ 손 씻기에 적절한 시간은 40초이다.
④ 손톱 밑이나 손가락 사이를 주의 깊게 씻는다.

157

다음 중 작업공간의 청소 방법으로 옳지 않은 것은?

① 시술 장비의 손잡이, 조명 등을 자주 소독한다.
② 커튼의 세탁은 정기적으로 한다.
③ 바닥, 테이블, 침대, 의자, 선반 등은 소독제를 이용해 매일 닦는다.
④ 소독제를 분무하여 공기로 인한 감염을 줄인다.

158

다음 중 C형 간염에 대한 내용으로 옳지 않은 것은?

① C형 간염은 백신이 없으므로 예방이 최선이다.
② 대부분이 무증상감염이며 만성으로 진행될 가능성은 거의 없다.
③ 오염된 혈액과 도구에 의한 찔림, 베임, 긁힘에 의해 감염될 수 있다.
④ 수혈, 혈액 투석, 성 접촉으로 감염될 수 있다.

159

혈액매개 바이러스 중 공기 중이나 도구의 표면에 7일간 생존 가능한 바이러스는?

① C형 간염 바이러스
② AIDS 바이러스
③ B형 간염
④ 매독 바이러스

160

반영구화장 작업자가 각 시술마다 다음 고객 시술을 위해 새로운 제품으로 교환하지 않아도 되는 것은?

① 바늘을 제거한 엠보펜
② 베리어 필름
③ 폐기물 용기
④ 다 쓴 화장솜

161

사용한 칼, 바늘 등의 처리 방법으로 옳은 것은?

① 일반쓰레기 봉투에 버리고 매일 새것으로 교환한다.
② 뚜껑이 있는 플라스틱 용기에 넣어 밀폐한 후 쓰레기통에 버린다.
③ 폐기물 표시가 있는 플라스틱 용기에 넣어 전문 업체에 의뢰한다.
④ 폐기물이라고 표시된 종이상자형 용기에 넣어 전문 업체에 위탁한다.

162

B형 간염에 대한 설명으로 옳은 것은?

① 환자의 수혈시에는 감염에 유의하지 않아도 된다.
② 감염된 주사기를 통해서는 전파되지 않는다.
③ 예방접종이 효과가 없다.
④ 환자의 침에 노출된 경우 전파 위험은 낮다.

163

B형 간염 전파 위험이 가장 낮은 상황으로 옳은 것은?

① 감염된 혈액에 노출
② 감염된 주사기에 노출
③ 감염된 산모에게서 출생한 신생아
④ 감염된 땀에 노출

164

B형 간염 환자의 혈액 및 체액을 통한 감염을 예방하기 위한 설명으로 옳은 것은?

① 주사기와 바늘에 찔리지 않도록 각별히 주의한다.
② 수혈 시에는 주의하지 않아도 된다.
③ 정액이나 질 분비물에 노출되어도 감염되지 않는다.
④ 환자의 혈액이 묻은 주삿바늘은 반드시 뚜껑을 닫는다.

165

고온다습하고 냄새가 나는 작업장의 유해증기를 희석하고자 할 때 우선적인 방법은?

① 환 기
② 격 리
③ 근로자 교육
④ 보호구 착용

166

혈액매개 감염 노출 후 즉시 해야 할 조치로 옳지 않은 것은?

① 노출자의 인적사항 파악
② 하던 일 멈추기
③ 알코올 소독
④ 세척 및 진료

167

다음 중 감염예방에 대한 설명으로 옳지 않은 것은?

① 주삿바늘은 구부려서 버리지 않는다.
② 감염 노출시 바로 하던 일을 멈춰야 한다.
③ 주삿바늘에 환자의 혈액이 묻었더라도 공기중에 노출된 경우 주의할 필요가 없다.
④ 감염 노출시 바로 세척을 해야 한다.

168

다음 중 반영구화장시 사용하는 니들의 관리법으로 옳지 않은 것은?

① 니들은 일회용 제품을 사용하며 재사용하지 않는다.
② 니들은 포장된 상태로 보관한다.
③ 사용 전인 니들이 고객의 옷에 살짝 스친 경우는 사용해도 무방하다.
④ 니들을 끼울 때는 바늘의 끝에 손이 닿지 않도록 주의하며 끼운다.

169

혈액노출이 발생한 경우의 조치사항으로 옳지 않은 것은?

① 혈액노출과 관련된 사고가 발생한 때에는 하던 일을 끝까지 마무리하고 이를 기록하여 보관하여야 한다.
② 사업주는 사고조치 결과에 따라 혈액에 노출된 근로자의 면역상태를 파악하여 검사결과에 따라 조치를 한다.
③ 사업주는 조사결과 및 조치내용을 즉시 해당 근로자에게 알려야 한다.
④ 노출 후의 처치는 직원 상태에 따라 다르다.

170

다음 중 혈액매개 감염의 호발직종으로만 묶인 것은?

① 간호사, 환경미화원
② 경찰관, 버스운전기사
③ 긴급구조요원, 문신사
④ 임상병리사, 식품조리사

171

다음 중 예방접종이 가능한 감염병으로만 묶인 것은?

① A형 간염, 매독
② 소아마비, 폐렴
③ 수두, 결핵
④ 디프테리아, C형 간염

172

다음 중 노출관리의 계획내용으로 옳지 않은 것은?

① 환기, 폐기물 용기 등은 노출관리의 내용에 포함된다.
② 잠재적 감염위험을 확인하고 설정에 맞는 예방조치를 수립한다.
③ 감염예방에 대해 각각의 주체가 갖는 책임을 강조한다.
④ 감염된 근로자의 임상결과가 나온 후에 모든 조치를 취해야 한다.

173

다음 중 화장품법의 목적으로 옳지 않은 것은?

① 화장품의 제조 · 수입 · 판매에 관한 사항을 규정한다.
② 화장품 산업의 발전에 기여한다.
③ 국민보건 향상에 기여한다.
④ 인체를 청결, 미화하여 자존감을 높여 준다.

174

다음 중 기능성화장품의 기능으로 옳은 것은?

① 백반증 치료에 도움이 된다.
② 여드름 치료에 도움을 준다.
③ 피부의 미백에 도움을 준다.
④ 피부의 기미 · 주근깨 치료에 도움을 준다.

175

다음 중 화장품에 허용되는 광고로 옳은 것은?

① 피부를 수분과 보습효과로 부드럽게 만들어 줌
② 손상된 조직 및 상처 치유
③ 인체 줄기세포 함유
④ 기미 · 검버섯 치료

176

화장품의 4대 요건에 대한 설명 중 옳지 않은 것은?

① 안전성 – 피부자극성, 감작성 등이 없을 것
② 안정성 – 변질, 변색, 변취, 미생물 오염 등이 없을 것
③ 유용성 – 피부에 적절한 치료 효과를 부여할 것
④ 사용성 – 사용감, 피부 흡수성이 좋을 것

177

화장품의 유형 중 기초화장품 제품류로 옳지 않은 것은?

① 클렌징워터
② 폼 클렌저
③ 클렌징오일
④ 클렌징로션

178

물에 녹기 쉬운 친수성기와 기름에 녹기 쉬운 친유성기를 함께 갖고 있는 유화제로 옳은 것은?

① 보습제
② 산화방지제
③ 색 소
④ 계면활성제

179

화장품 제형의 분류와 특징이 옳지 않은 것은?

① 유화 제형 – 분산매가 유화된 분산질에 분산되는 것을 이용한 제형
② 가용화 제형 – 물에 대한 용해도가 아주 작은 물질을 가용화제를 이용하여 용해도 이상으로 녹게 하는 것을 이용한 제형
③ 고형화 제형 – 오일과 왁스에 안료를 분산시켜서 고형화시킨 제형
④ 파우더 혼합제형 – 안료, 펄 등 향을 혼합한 제형

180

화장품의 배합 한도에 대한 설명으로 옳지 않은 것은?

① 페녹시에탄올 – 0.5%
② 자외선 차단제 – 티타늄디옥사이드 25%
③ 징크피리치온 – 사용 후 씻어내는 제품에 0.5%, 기타 제품에는 사용 금지
④ 살리실릭애씨드 – 살리실랙애씨드 0.5%

181

색소에 대한 설명으로 옳지 않은 것은?

① 염료 – 물 또는 오일에 녹는 색소
② 무기안료 – 색상이 화려하지 않음
③ 유기안료 – 색상이 화려하며 알칼리에 강함
④ 레이크 – 색상의 화려함이 무기안료와 유기안료의 중간 정도이고, 산·알칼리에 약함

182

다음 중 무기안료로 옳지 않은 것은?

① 카올린
② 탤크
③ 콘 스타치
④ 세리사이트

183

다음 중 눈 주위에 사용할 수 있는 색소로 옳은 것은?

① 적색 102호
② 적색 103호
③ 적색 104호
④ 적색 218호

184

염모용 화장품에만 사용 가능한 색소가 아닌 것은?

① 산성 적색 92호
② 피그먼트 적색 5호
③ 에치씨 청색 15호
④ 산성 적색 52호

185

다음 중 색에 대한 설명이 옳은 것은?

① 녹색, 보라는 난색이다.
② 무채색에서 높은 명도를 띠는 색을 한색이라고 한다.
③ 보라, 노랑은 중성색이다.
④ 녹색은 중성색이고 주황색은 난색이다.

186

다음 중 색에 대한 설명이 옳은 것은?

① 인간의 눈으로 식별 가능한 것은 가시광선, 적외선이다.
② 단파장은 굴절률이 크고 산란이 어렵다.
③ 광원, 눈, 물체를 색지각의 3요소라고 한다.
④ 무채색은 차가운 색이다.

187

어떤 두 색이 서로 가까이 있을 때 그 경계의 부분에서 강한 대비가 일어나는 현상은?

① 보색대비
② 착시대비
③ 연변대비
④ 한난대비

188

혼색에 관한 설명으로 옳지 않은 것은?

① 감산혼합은 혼합된 색의 명도나 채도가 혼합 이전의 평균 명도나 채도보다 낮아지는 혼합을 말한다.
② 2차색은 1차색과의 혼합이다.
③ 빛의 혼합에서 빨강과 초록을 섞으면 노랑이 된다.
④ 병치혼색은 두 가지 색을 교대하며 짧은 시간 동안 자극을 준 뒤 앞의 자극색과 혼색되도록 하는 것이다.

189

피부에 잔여색이 남은 경우 색의 어떤 원리를 고려해 색을 섞어야 하는가?

① 색의 대비
② 색의 조화
③ 색의 보색
④ 면적대비

190

다음은 안료에 관한 설명이다. 옳지 않은 것은?

① 물이나 용제에 용해되지 않고 입자 상태로 존재한다.
② 소재에 대한 친화력이 없어 고착제(접착제)를 사용한다.
③ 흡착이 잘 된다.
④ 무기물이다.

191

반영구화장 색소에 관한 설명으로 옳지 않은 것은?

① 반영구화장의 색소는 산화철(Iron-Oxide)과 탄소로 이루어진 가루이다.
② 산화철에 알코올, 글리세린을 섞은 후 고온에서 살균처리하여 만든다.
③ 반영구화장 색소는 대부분 무기염료로 만든다.
④ 안료는 물 및 대부분 유기용제에 녹지 않는 분말상의 불용성 착색제를 말한다.

192

다음 중 안료의 성질에 대한 설명으로 옳지 않은 것은?

① 빛에 의한 변색, 퇴색을 견디는 성질을 내광성이라 한다.
② 일정 농도, 색이 남는 성질을 착색력이라 한다.
③ 일반적으로 작은 입자가 착색력이 좋다.
④ 표면을 덮어 보이게 하지 않는 성질을 흡수력이라 한다.

193

다음 중 안료와 염료에 관한 설명으로 옳은 것은?

① 색소 가루가 물, 알코올에 녹지 않으면 염료이다.
② 안료는 물보다 입자가 크다.
③ 안료 중 탄소가 없는 것이 유기안료이다.
④ 염료는 소재에 대한 친화력이 없어 고착제(접착제)를 사용한다.

194

색소를 선택할 때 고려해야 할 내용으로 옳지 않은 것은?

① 기법에 따라 다른 제형의 색소를 선택한다.
② 시술시간이 오래 걸리면 색소가 증발할 수 있기 때문에 색소를 묽게 섞는다.
③ 색소를 선택할 때는 고객의 피부색을 고려하여 색을 선택해야 한다.
④ 색소는 본인의 테크닉과 힘 조절에 따라 본인에게 맞는 제품을 선택할 수 있다.

195

노란색과 파란색의 베이스를 다 가지고 있으므로 붉은색이 많이 함유된 갈색 색소가 좋은 피부의 색은?

① 흰 피부
② 누런 피부
③ 갈색 피부
④ 올리브색 피부

196

다음 중 이상적 색소의 조건으로 옳지 않은 것은?

① 색소와 염료는 무자극, 무독성이어야 한다.
② 피부 조직 내에 들어갔을 경우는 활성화 상태여야 한다.
③ 빛의 감광에 대해 안정적이어야 한다.
④ 피부 조직에 자극이 없어야 한다.

197

다음 중 안전한 색소의 기준으로 옳은 것은?

① 유통기한 날짜가 표기가 안 된 것
② 잘못 보관하였으나 유통기간은 남아 있는 것
③ 제조일자가 표시되어 있고 유통기간이 1개월 지난 것
④ 모든 성분이 표시되어 있는 것

198

다음 중 적절한 색소의 조건으로 옳지 않은 것은?

① 피부 내에서 번지거나 퍼지지 않을 정도의 점성을 가진 것
② 장기간 탈색이나 변질 없이 오랫동안 피부층에 머물 수 있는 것
③ 색소 고유의 색을 피부에서 유지시켜 나갈 수 있는 것
④ 시술시 빨리 건조해지며 동일한 성질을 유지할 수 있는 것

199

고객의 피부타입에 따른 피부 분류법에 관한 내용으로 옳지 않은 것은?

① 피부색은 멜라노사이트, 헤모글로빈, 카로틴의 영향으로 피부색이 결정된다.
② 피츠패트릭은 피부색을 5유형으로 나누었다.
③ 어두운 피부일수록 색소침착이 잘 일어난다.
④ 피부가 희고 핏줄이 보이는 투명한 피부는 푸른 톤의 베이스이다.

200

색소에 대한 설명으로 옳지 않은 것은?

① 합성염료나 안료를 화학 구조별로 종속과 색상으로 분류한 것은 컬러인덱스라고 한다.
② 이산화티타늄 기반 색소 첨가물은 주로 백색이다.
③ 아쿠아 베이스 컬러는 발색력이 글리세린에 비해 흐리다.
④ 파우더형은 다른 색소에 첨가하여서 사용하는 것이다.

201

다음은 무엇에 대한 설명인가?

- 광물과 광석으로 만듦(코발트계, 카드뮴계), 무기질입자
- 인류가 사용한 가장 오래된 색재로 불에 타지 않음
- 산화철, 적철석, 산화티탄으로 주로 만듦

① 염료
② 유기안료
③ 합성유기안료
④ 무기안료

202

다음 반영구화장 색소선택에 대한 내용 중 옳지 않은 것은?

① 어두운 입술 반영구화장을 위해 오렌지 색소를 선택하였다.
② 아이라인 시술시 블랙에 오렌지를 한 방울 섞었다.
③ 시술을 했던 눈썹이 붉게 남아 카키색으로 시술하였다.
④ 시술을 했던 눈썹이 푸르게 남아 진한 검정색으로 시술하였다.

203

갈매기 형태의 눈썹이 보기 싫게 푸르게 남아있는 경우 가장 좋은 시술방법은?

① 무시하고 그 위에 다시 디자인한다.
② 갈매기 형태의 진한 색소 부분은 색소 중화로 완벽히 해결할 수 있다.
③ 눈썹산이 너무 높은 경우는 살색을 이용하여 지운다.
④ 갈매기 형태를 덮으면서 다른 디자인으로 수정하되 색이 진해지지 않게 조심한다.

204

다음 중 색채 표준 조건으로 옳지 않은 것은?

① 색채의 표기는 국제적으로 통용 가능해야 한다.
② 색의 3속성(색상, 명도, 채도)의 배열은 과학적 근거로 한다.
③ 실용성, 재현성, 국제성, 과학성이 있어야 한다.
④ 색채 재현시 특수 안료로 만들어야 한다.

205

차가운 색과 따뜻한 색을 대비시켰을 때 한색은 더욱더 차갑게, 난색은 더욱더 따뜻하게 느껴지는 현상을 무엇이라 하는가?

① 계시대비
② 명도대비
③ 한난대비
④ 연변대비

206

다음 중 가산혼합에 관련된 내용으로 옳지 않은 것은?

① 혼색할수록 밝아진다.
② 3원색을 혼색하면 흰색이 된다.
③ 3원색은 마젠타, 노랑, 파랑이다.
④ 무대조명, TV, 모니터 등에 이용된다.

207

색의 수축과 팽창에 대한 설명 중 옳지 않은 것은?

① 따뜻한 색은 팽창이 된다.
② 명도가 높은 색은 팽창이 된다.
③ 진출색은 수축색과 같은 말이다.
④ 차가운 색은 수축색이 된다.

208

다음 색에 관한 설명 중 옳은 것은?

① 인간의 눈은 약 200개의 색을 선별할 수 있다.
② 색의 밝고 어둠을 채도라고 한다.
③ 색의 선명도를 명도라 한다.
④ 유사한 색끼리 근접하여 배열한 원을 색상환이라 한다.

209

아이라인 색소를 염료로 만들 경우 가장 큰 문제점으로 옳은 것은?

① 색조가 푸른빛이 강하다.
② 색이 번질 수 있다.
③ 가격이 비싸다.
④ 흡착력이 너무 강해서 지워지지 않는다.

210

다음 중 반영구화장 적응증으로 옳지 않은 것은?

① 눈 화장이 쉽게 지워지는 피부를 가진 경우
② 민감해서 눈 화장이 곤란한 경우
③ 메이크업을 할 수 없는 직업을 가진 경우
④ 피부결을 좋게 보이고 싶은 경우

211

다음 중 아이라인 반영구화장 적응증으로 옳지 않은 것은?

① 눈이 크게 보이고 싶은 경우
② 민감해서 눈 화장이 곤란한 경우
③ 눈 화장이 쉽게 지워지는 피부를 가진 경우
④ 눈꺼풀이 눈을 덮는 경우

212

다음 중 반영구화장 작업에 주의를 요하는 경우는?

① 혈우병 등 혈액질환 보유자
② 당뇨병, 고혈압 환자
③ 수유부
④ 켈로이드성 피부

213

레이저로 문신 및 반영구화장 제거시술을 한 경우 최소 얼마가 지난 후에 반영구화장을 하는 것이 좋은가?

① 1년
② 2주일
③ 2개월
④ 6개월

214

반영구화장에 주의를 요하는 경우로 옳지 않은 것은?

① 미성년자인 경우 보호자의 동의가 필요하고 부모님은 동행하지 않아도 된다.
② 수유부는 모유수유가 종료된 후에 하는 것이 가장 좋다.
③ 눈 미용성형 수술의 경우 최소 3개월 이후에 시술하는 것이 좋다.
④ 시술부위와 가까운 부위에 필러, 보톡스 시술을 받은 경우는 최소 1개월 이상 지나야 시술이 가능하다.

215

반영구화장 고객과의 상담에서 가장 먼저 해야 할 일은?

① 고객의 성향을 파악
② 고객의 건강정보를 파악
③ 고객의 내원경로를 파악
④ 고객의 담당자를 결정

216

문진을 통해 고객의 기본정보를 알아내는 과정으로 옳은 것은?

① 고객의 성격은 문진을 통해 알아낼 필요가 없다.
② 고객이 알리고 싶어 하지 않는 현재 상황이나 과거력은 알 필요가 없다.
③ 고객의 생활방식에 대해서는 알지 않아도 된다.
④ 문진표를 작성할 때에는 문진의 중요성을 알린다.

217

고객의 건강정보에 관련된 내용으로 옳지 않은 것은?

① 금속 또는 고무 알레르기가 있다.
② 간염을 앓았거나 치료 중이다.
③ 렌즈를 착용한다.
④ 임신 예정이다.

218

다음 고객 기록지에 관한 설명 중 옳지 않은 것은?

① 시술자는 반영구화장 작업 후에 반영구 시술 후 일어날 수 있는 부작용과 문제점에 대하여 설명한다.
② 모든 기록지에는 기록지 번호와 담당자를 기입해 두도록 한다.
③ 고객은 시술과 관련된 위험성 및 유해성에 대해 인지한 후 시술에 대해 결정할 수 있다.
④ 고객은 충분한 정보를 제공받을 권리가 있다.

219

다음 중 반영구화장 도구에 대한 안내사항으로 옳지 않은 것은?

① 머신의 특징
② 색소의 유통기한
③ 머신의 출력, 보증기간
④ 일회용 니들, 장갑

220

시술에 대한 고객과의 의견이 다른 경우 가장 좋은 방법은?

① 전문가로서의 의견으로 시술한다.
② 시술하지 않는다.
③ 고객의 의견을 우선으로 고객이 원하는 방법으로 한다.
④ 고객과의 의견이 일치할 때까지 설득한다.

221

다음 고객과의 상담에 대한 설명 중 옳지 않은 것은?

① 시술 부적응증이라 하더라도 아주 조심스럽게 시술을 해볼 수 있다.
② 고객과 시술자의 의견이 다를 경우 고객의 의견을 존중하되 전문가로서 고객에게 권유한다.
③ 시술에 주의를 요하는 경우 확인하고 주의하며 시술에 임한다.
④ 고객에게 권유했지만 본인이 원하는 디자인으로 억지로 시술해 달라고 하는 경우 다음에 시술하도록 권유한다.

222

다음 반영구화장 주의사항에 대한 설명 중 옳은 것은?

① 시술 후 다음날부터는 색이 서서히 흐려집니다.
② 피부가 재생되는 동안 가려움이 있으면 부작용
   이 생긴 것이므로 전화를 해주세요.
③ 시술 후 드물게 감염과 염증이 있을 수 있습니다.
④ 시술 후 사우나나 통목욕은 피하지 않아도 됩니다.

223

다음 중 개인정보 이용 동의서의 필수항목으로 옳지
않은 것은?

① 개인정보의 수집, 이용 목적
② 수집하려는 개인정보의 항목
③ 개인정보 수집자(시술자)의 정보
④ 개인정보의 보유기간 및 이용기간

224

다음 고객서식에 대한 내용 중 옳지 않은 것은?

① 개인정보 이용 동의서는 정보 제공자가 동의한
   목적 이외의 용도로 사용하지 않아야 한다.
② 반영구화장 기록지에는 사용한 모든 색소의 색
   상, 고유번호, 유효기간을 기록한다.
③ 반영구화장 시술시에는 반영구화장 시술 동의
   서만 받으면 된다.
④ 시술 과정 기록지에는 사진도 남겨야 한다.

225

눈썹 시술을 받은 고객이 눈썹 색상이 진하게 나왔다
고 불편함을 드러냈다. 시술자가 고객에게 설명해야
할 부분은?

① 색의 진한 정도에 익숙해져야 한다고 설명한다.
② 한 달 후에는 1/2 정도 흐려질 것이라고 설명한다.
③ 고객에게 죄송하다고 사과한다.
④ 환불을 해주겠다고 말한다.

226

피술자에게 사진 촬영에 대해 설명했지만 사진 촬영
을 거부했다. 이때 시술자의 가장 올바른 태도는?

① 고객의 요구를 들어준다.
② 사진 촬영은 시술관련 목적이며 외부유출 되지
   않는 점을 설명하고 반드시 필요한 부분임을 이
   해시킨다.
③ 즉시 시술을 거부한다.
④ 고객이 끝까지 거부하는 경우 시술을 거부한다.

227

일주일 후 결혼식을 앞두고 반영구화장을 받기를 원
하는 고객에게 시술자는 어떻게 해야 하는가?

① 일주일 후면 대부분 부기가 가라앉기 때문에 그
   냥 진행한다.
② 혹시나 생길 수 있는 염증에 대비하여 시술하지
   않는다.
③ 혹시 염증이 생길 수 있으므로 가볍게 시술한다.
④ 입술을 제외하고는 시술해도 된다.

228

다음 중 반영구화장에 관한 설명으로 옳은 것은?

① 혈액 매개 감염이 우려되는 경우 시술하지 않는 것이 좋다.
② 마취제의 과민반응이 있었던 적이 있는지, 알레르기가 있었던 적이 있었는지 확인한다.
③ 아스피린 장기 복용자는 출혈이 없으므로 시술 일주일 전부터 복용을 중지한다.
④ 혈압약 복용자인 경우 반영구화장 시술을 위해서 1일 전부터 약 복용을 중지한다.

229

눈썹 반영구화장 고객이 시술 3일 후 가려움을 호소한다. 이때 옳지 않은 대처방법은?

① 시술부위가 가려운 것은 당연한 현상이므로 붓지 않도록 한다.
② 시술 부위가 붉고 열감이 나는지 물어보고 부기가 있는 경우 병원에 가도록 한다.
③ 시술 부위가 가렵고 붓기, 열감이 있는 것은 당연하므로 얼음찜질을 하도록 한다.
④ 붉어짐, 가려움은 자연스러운 현상이므로 재생크림을 바르도록 한다.

230

반영구화장 시술을 위한 고객 동의서 작성의 시점은?

① 시술 전
② 시술과 동시에
③ 시술이 끝난 후
④ 하지 않아도 됨

231

다음 중 반영구화장 도구의 사용방법으로 옳은 것은?

① 반영구화장 솜은 피부 진정을 위해 물에 적셔 냉장고에 차갑게 보관하는 것이 좋다.
② 쓰레기통은 페달형 쓰레기통을 준비한다.
③ 작업 후 엠보펜은 1일 사용하고 퇴근 전에 씻고 소독한다.
④ 반영구 작업용 머신은 베리어 필름을 하루 전에 붙여 놓는다.

232

다음 시술 물품에 관한 설명 중 옳은 것은?

① 머신은 항상 전원이 준비된 상태로 트레이 위에 올려둔다.
② 베리어 필름은 이물질이 묻지 않으면 교환하지 않아도 된다.
③ 머신은 선이 바닥에 닿지 않게 하고 코드커버를 씌운다.
④ 머신은 고가의 디지털 머신일수록 성능이 우수하다.

233

다음 고객의 준비사항에 대한 설명 중 옳지 않은 것은?

① 작업 중 고객의 머리카락이 시술 부위에 닿지 않도록 모자를 쓴다.
② 고객의 머리카락은 묶도록 한다.
③ 눈썹 시술시 렌즈를 낀 경우는 렌즈를 뺀다.
④ 색소가 튀는 것을 예방하기 위해 일회용 종이를 이용하여 목 아래를 덮는다.

234

다음 시술자의 준비사항에 대한 설명 중 옳지 않은 것은?

① 반영구화장 작업자가 필요한 개인보호 장비는 장갑, 마스크, 가운, 앞치마 등이다.
② 고객의 얼굴을 만지기 전 비누를 사용하여 흐르는 물에 손을 씻는다.
③ 작업 장갑을 착용하고 다시 손 소독을 한다.
④ 복장은 전문적이고 스타일리쉬하게 보이는 화려한 의상이 좋다.

235

다음은 눈썹의 디자인에 관한 설명이다. 옳지 않은 것은?

① 눈썹은 보통 눈썹 앞머리, 몸통, 꼬리 등으로 나누어 설명한다.
② 눈썹은 얼굴의 이미지를 좌우한다.
③ 눈썹의 시작점은 콧방울에서 수직으로 그어 올린 선을 말한다.
④ 눈썹의 디자인은 얼굴의 형태에 따라 달라지는 것이 아니다.

236

다음 보기가 설명하는 눈썹의 형태는?

- 눈썹의 시작과 끝부분의 차이가 거의 없다.
- 행동적이고 강한 느낌을 주며, 젊고 건강해 보인다.
- 긴 얼굴이나 폭이 좁은 얼굴형에 잘 어울린다.

① 기본형
② 일자형
③ 상승형
④ 둥근형

237

다음은 각진형 눈썹에 관한 설명이다. 옳지 않은 것은?

① 활동적이고 시원하며 날카로운 느낌을 준다.
② 둥근형 얼굴에 잘 어울린다.
③ 눈썹산이 눈썹의 1/2 정도에 위치한다.
④ 각진 갈매기형 눈썹이다.

238

다음 얼굴이 사각형인 사람의 눈썹 디자인에 관한 설명 중 옳은 것은?

① 약간 상승형의 눈썹이 잘 어울린다.
② 눈썹을 굵게 그리는 것을 피하여 강한 느낌이 강조되지 않도록 한다.
③ 눈썹을 살짝 모으는 느낌으로 눈썹산을 앞으로 당겨준다.
④ 기본형이 가장 잘 어울린다.

239

다음 눈썹을 디자인하는 방법 중 옳지 않은 것은?

① 눈썹산의 위치는 눈썹 길이의 2/3 지점에 위치한다.
② 눈썹 길이는 콧방울과 눈꼬리를 45°의 각도로 연결해서 연장했을 때 만나는 지점에 정한다.
③ 눈썹 앞머리는 콧방울을 지나 수직으로 올려 만나는 곳에 있도록 정한다.
④ 눈썹꼬리는 눈썹 앞머리보다 아래에 위치한다.

240

다음 중 눈썹 반영구화장 디자인시 가장 먼저 해야 할 일은?

① 눈썹의 아랫부분을 표시한다.
② 미간의 중심선을 결정한다.
③ 눈썹길이의 2/3 즉, 3.5㎝ 되는 지점에 눈썹의 산 부분을 결정한다.
④ 눈썹의 끝 선을 표시한다.

241

다음 중 눈썹의 모양을 결정짓는 중요한 포인트이며, 눈썹의 높이를 결정하는 것은 무엇인가?

① 눈썹중심선
② 눈썹아랫선
③ 눈썹산
④ 눈썹시작선

242

다음은 남성 눈썹에 관한 설명이다. 옳지 않은 것은?

① 남성 눈썹은 곡선을 사용하지 않고 직선을 이용하여 디자인한다.
② 눈썹산이 눈썹의 바깥쪽에 위치해 있다.
③ 눈썹앞머리가 눈썹산보다 더 굵은 것이 특징이다.
④ 디자인에 따라 이미지가 달라 보인다.

243

다음 중 기기를 이용하여 선으로 표현하는 기법은?

① 엠보기법
② 화장눈썹기법
③ 수지침기법
④ 페더링기법

244

다음은 어떤 기법에 관한 설명인가?

- 기기 소리에 민감한 고객에게 적용하기 좋다.
- 손으로 펜을 잡고 점을 찍어 면으로 표현한다.

① 화장눈썹기법
② 수지침기법
③ 엠보기법
④ 콤보기법

245

다음 중 반영구화장 기법에 관한 설명으로 옳지 않은 것은?

① 엠보기법은 선이 교차되는 경우 색이 뭉치거나 진해 보일 수 있다.
② 수지기법은 점에서 면으로 표현하여 음영을 줄 수 있다.
③ 페더링기법은 곡선의 표현이 어렵다.
④ 그라데이션기법은 눈썹의 테두리가 진해지지 않게 표현한다.

246
눈썹의 컬러선택시 고려해야 하는 사항이 아닌 것은?

① 고객의 피부색
② 고객의 이전 반영구화장 잔여색
③ 고객이 선호하는 색
④ 시술자의 경험에 따른 색 선호도

247
눈썹의 컬러 배합에 관한 내용 중 옳지 않은 것은?

① 눈썹의 진하기에 따라 보조색과 중화색의 2가지를 섞어 배합한다.
② 색소를 선택할 때는 피부베이스 컬러를 고려한다.
③ 푸른 혈관이 비치는 흰 피부는 붉은 빛이 주를 이루는 진한 브라운 컬러를 선택한다.
④ 색소의 선택 시에는 2차 잔여색을 고려해야 한다.

248
다음은 아이라인 시술에 관한 내용이다. 옳은 것은?

① 눈은 최대한 움직이지 않게 꽉 잡고 시술한다.
② 아이라인을 굵게 디자인하는 것을 원하는 경우 고객의 의견을 무조건 수용한다.
③ 점막은 다른 피부와 다르게 색이 더 잘 들어간다.
④ 푸른색이 피부에 남는 것을 방지하기 위해 중화 색소를 섞어 사용하는 것이 좋다.

249
아이라인 시술 후 고객에게 알려주어야 할 주의사항으로 옳지 않은 것은?

① 시술 후 3일 정도까지 눈이 붉게 붓거나 가려움이 나타날 수 있다.
② 탈각 후 아이라인 중간이 비어 보일 수 있다.
③ 아이라인 시술 후 3일 정도 열감이 지속될 수 있다.
④ 아이라인 시술 후 사우나는 일주일 정도 피하는 것이 좋다.

250
다음은 입술 반영구화장에 관한 설명이다. 옳지 않은 것은?

① 입술의 색상이 너무 옅은 경우 붉게 만든다.
② 입술이 어두운 경우 진한 붉은 색을 쓴다.
③ 입술선이 흐린 경우 또렷하게 만든다.
④ 입술은 착색이 잘되지 않는다.

251
다음은 입술 반영구화장의 주의사항이다. 옳지 않은 것은?

① 균일한 힘으로 골고루 색을 넣어줘야 색이 지워지는 과정에서 얼룩덜룩해 보이지 않는다.
② 구각 끝까지 색을 채우지 않는다.
③ 입술의 윤곽을 확장하거나 축소할 때는 본래의 입술선을 무시하고 디자인한다.
④ 시술을 잘해도 입술이 건조할 경우 착색이 잘되지 않을 수 있다.

252

다음 중 입술 반영구화장 후의 관리 방법으로 옳지 않은 것은?

① 시술 직후에는 뜨거운 것을 먹지 않는다.
② 시술 후에 딱지를 스크럽으로 깨끗하게 제거한다.
③ 시술 후 물집이 생길 수 있으며 예방약을 복용하는 것이 좋다.
④ 헤르페스가 발현되는 경우는 병원에 내원하도록 안내해야 한다.

253

입술 반영구화장시 가장 옳은 방법은?

① 창백한 입술의 경우 원하는 보기 좋은 핑크 컬러를 선택한다.
② 입술이 어두우면서 색이 없는 경우 오렌지레드 컬러를 선택할 수 있다.
③ 어두운 입술의 경우라도 레드 컬러를 단독 사용할 수 있다.
④ 입술색이 연한 경우 강한 힘으로 눌러 시술하면 색이 더욱 잘 들어간다.

254

다음 헤어라인 반영구화장에 관한 설명 중 옳지 않은 것은?

① 헤어라인 디자인을 과도하게 앞으로 디자인하는 경우 부자연스러워 보일 수 있다.
② 선이 겹쳐지거나 너무 많이 끊어지지 않도록 한다.
③ 엠보기법 또는 머신을 이용해 점을 찍는 방법 둘 다 가능하다.
④ 고객의 모발이 밝은 컬러인 경우 밝은 모발 색에 맞추어 시술하는 것이 좋다.

255

다음 중 입술 헤르페스에 관한 설명으로 옳지 않은 것은?

① 입술 헤르페스는 제1형 바이러스(Herpes Simplex Virus)에 의한 단순포진이다.
② 헤르페스는 발현 초기 단계에서 증상의 악화를 막는 것이 중요하다.
③ 헤르페스 증상이 생기면 바이러스 연고를 바르면 된다.
④ 헤르페스는 완벽하게 막을 수 없다.

256

반영구화장 마취제 중 출혈과 부종을 감소시키며 연고의 작용시간을 연장하여 시술을 돕는 것은 어떤 성분 때문인가?

① 리도카인
② 프로카인
③ 에피네프린
④ 벤조카인

257

다음 중 반영구화장 작업 전 확인 사항으로 옳지 않은 것은?

① 과거 마약중독 기록
② 아스피린 복용여부
③ 혈압약 복용여부
④ 항우울제 복용여부

258

아이라인 마취제 Emla-pH 9.0 사용시 주의사항으로 옳지 않은 것은?

① 눈에 이물질이 들어가면 자주 눈을 씻어주면서 작업해야 한다.
② 아이라인 마취제는 산성제품으로 눈에 들어가면 화학손상을 유발한다.
③ 아이라인 마취제는 바셀린에 가까운 정도로 점도가 있는 것이 좋다.
④ 손상이 간 눈꺼풀에는 2차 마취제를 쓰지 않는 것이 좋다.

259

반영구화장 시술시 통증관리에 관한 방법으로 옳은 것은?

① 기계의 소리는 통증으로 느낄 수 없다.
② 마취연고 도포시 작열감을 느끼는 경우가 있지만 통증은 아니다.
③ 소염진통제를 미리 먹는 것은 통증완화에 도움이 된다.
④ 피부를 잡아당기면 당길수록 통증은 사라진다.

260

마취제의 사용시 유의사항으로 옳은 것은?

① 마취제는 냉장 보관해야 한다.
② 마취제는 덜어서 사용한다.
③ 마취연고를 바른 후 시간이 많이 지날수록 마취가 잘된다.
④ 모든 마취제는 유통기한이 지난 후 1년까지 사용이 가능하다.

정답표 [1~100]

1	2	3	4	5	6	7	8	9	10
④	③	③	②	④	④	④	①	④	②
11	12	13	14	15	16	17	18	19	20
②	②	③	②	③	④	③	④	④	④
21	22	23	24	25	26	27	28	29	30
③	③	②	①	④	④	①	②	①	③
31	32	33	34	35	36	37	38	39	40
②	②	④	①	④	③	①	①	②	④
41	42	43	44	45	46	47	48	49	50
④	③	①	②	③	①	④	②	①	③
51	52	53	54	55	56	57	58	59	60
②	①	②	④	③	②	①	④	④	③
61	62	63	64	65	66	67	68	69	70
①	②	④	②	③	①	④	③	②	①
71	72	73	74	75	76	77	78	79	80
③	②	③	④	②	④	①	③	②	①
81	82	83	84	85	86	87	88	89	90
④	③	①	①	④	①	④	①	①	③
91	92	93	94	95	96	97	98	99	100
④	②	①	③	①	④	②	③	②	④

안심Touch

101	102	103	104	105	106	107	108	109	110
①	③	①	④	②	③	①	①	③	④
111	112	113	114	115	116	117	118	119	120
②	①	③	④	①	③	②	③	①	①
121	122	123	124	125	126	127	128	129	130
④	④	④	①	③	④	③	②	②	③
131	132	133	134	135	136	137	138	139	140
①	②	③	①	②	②	②	④	③	④
141	142	143	144	145	146	147	148	149	150
②	③	②	①	②	②	③	④	④	④
151	152	153	154	155	156	157	158	159	160
①·③	②	③	②	④	①	④	②	③	③
161	162	163	164	165	166	167	168	169	170
③	④	④	①	①	①	③	③	①	③
171	172	173	174	175	176	177	178	179	180
③	④	④	③	①	③	②	④	①	①
181	182	183	184	185	186	187	188	189	190
③	③	①	②	④	③	③	④	③	③
191	192	193	194	195	196	197	198	199	200
③	④	②	②	④	②	④	④	②	③

201	202	203	204	205	206	207	208	209	210
④	④	④	④	③	③	③	④	②	④
211	212	213	214	215	216	217	218	219	220
④	③	③	①	②	④	④	①	③	②
221	222	223	224	225	226	227	228	229	230
①	③	③	③	②	②	②	① · ②	③	①
231	232	233	234	235	236	237	238	239	240
②	③	③	④	④	②	③	②	④	②
241	242	243	244	245	246	247	248	249	250
③	③	④	②	③	④	③	④	③	②
251	252	253	254	255	256	257	258	259	260
③	②	②	④	③	③	①	②	③	②

PART 1   반영구화장 및 문신 개론

01   정답 ④

반영구화장은 피부에 바늘을 이용해 상처를 내고 색소를 피부 속에 머무르게 하는 작업으로 타투와 그 형식이 비슷하다. 따라서 반영구화장의 역사는 타투에서 기원되었다고 할 수 있다. 또 반영구화장은 메이크업의 목적과 같이 얼굴의 장점을 살리고 단점을 보완하는 기능을 가지므로 메이크업의 역사에서 기원되었다고도 볼 수 있다. 문신은 고대에부터 이어져 왔으며, 초기에는 지위와 신분의 표시로 이루어지다가 점차 아름다움을 표시하는 목적으로 변화되었으며 남성뿐만 아니라 여성도 문신을 했다.

02   정답 ③

사무엘 오렐리(Samuel O'Reilly)
- 1875년, 미국 토마스 에디슨의 설계를 기초로 하여 전통기기보다 빠른 문신 기계를 발명
- 1891년 기계를 정식으로 특허(No.464801)

03 정답 ③

③ 조지 버쳇(George Burchett)은 부유한 상류층과 유럽 왕족 사이에서 최초의 스타 문신가이자 가장 선호 받는 인물이었는데, 그의 손님 중에는 스페인의 알퐁소 1세 국왕, 덴마크의 프레데릭 9세 국왕, 영국의 조지 5세 국왕 등도 있었다고 기록되어 있다.

① 반영구화장의 시작은 문신가들이 미용 목적의 재구성된 염료를 제공하기 시작한 1970년대 말쯤이라고 볼 수 있다.

② 찰스 와그너(Charles Wagner)는 성형수술 후 유륜복원 문신을 하였다.

④ 지오라(Giora)는 1948년에 미용 목적으로 아이라인과 눈썹 논문을 최초로 발표했다.

04 정답 ②

반영구화장은 일정 시간이 지나면 서서히 흐려진다. 만약 유지기간이 2년이라면 2년 동안 서서히 흐려지게 되고, 거의 대부분 완벽하게 깨끗하게 지워지지 않는다. 잔여 색이 남는 경우가 대부분이며 이는 시술 깊이와 시술방법에 따라 다르다.

05 정답 ④

문신은 얼굴과 몸 전체에 시술하고 진피층까지 시술하며 영구적으로 지속된다. 반영구화장은 얼굴에만 시술하고 표피층과 진피층 상부에 시술하며 계속 지속이 되는 것이 아니고 시간이 지날수록 서서히 흐려진다. 문신과 반영구화장은 피부에 상처를 내는 시술이기 때문에 둘 다 감염의 위험이 있다.

06 정답 ④

반영구화장의 다양한 명칭
- 마이크로피그멘테이션(Micropigmentation)
– 작은 입자를 피부에 주입함
– 의료적 의미를 강조
- 세미퍼머넌트 메이크업(Semi permanent makeup)
– '조금, 덜'이라는 이미지를 의미함
– 부드러운 뉘앙스를 강조
- 컨투어 메이크업(Contour makeup) : 얼굴의 윤곽수정 효과를 강조
- 롱타임 메이크업(Long time makeup) : 오랜 시간 유지되는 것을 강조
- 아트메이크업(Art makeup) : 얼굴에 예술적인 감각을 표현함을 강조

07 정답 ④

피부가 좋아지고 탄력을 증가시키는 것은 메이크업이 아니라 피부 관리의 기능이다. 반영구화장은 화장시간을 단축시키고, 화장에 익숙하지 못한 경우에도 전문가가 디자인한 눈썹 모양 등을 유지시킬 수 있으므로 조화롭고 세련된 메이크업이 가능하다. 또한 화장품에 알레르기가 있어 아이라인 등의 화장을 하기가 어려운 경우, 반영구화장으로 메이크업이 가능하다.

반영구화장의 효과
- 화장시간을 단축시킨다.
- 땀이나 물에도 지워지지 않는다.
- 조화로운 메이크업이 가능하다.
- 얼굴의 단점을 보완한다.

08 **정답** ①

눈썹의 형태에 따라 이미지를 많이 좌우하고, 눈썹의 길이에 따라 얼굴의 면적이 달라 보이기 때문에 눈썹의 크기에 따라 얼굴의 크기가 달라 보이기도 한다. 예를 들어 눈썹을 짧게 그리면 눈썹을 길게 그린 것보다 얼굴의 면적이 넓어 보일 수 있다.

부위별 메이크업 기능
- 눈썹 : 얼굴의 이미지를 가장 많이 좌우한다.
- 아이라인 : 눈의 크기와 형태를 달라보이게 한다.
- 입술 : 입술의 색상을 변화시키고 크기를 조절한다.
- 미인점 : 얼굴의 매력포인트를 표현한다.
- 헤어라인 : 얼굴형을 아름답게 보이게 하거나, 얼굴을 작아보이게 한다.

09 **정답** ④

반영구화장은 산화철(Iron Oxide)이나 티타늄디옥사이드(Titanium Dioxide) 색소를 사용하며, 문신은 카본(Carbon) 색소를 사용한다.

10 **정답** ②

반영구화장은 각질층 상부가 아니라 각질층 및 진피층의 상부에 하는 시술이다. 반영구화장은 메이크업의 목적으로 눈썹, 아이라인, 입술, 두피 등에 하며 시간이 지나면 서서히 흐려지는데 최소 6개월~5년까지의 기간을 가지고 있다. 문신과는 시술방법이 비슷하기 때문에 반영구화장은 문신의 성격을 포함한다고 이야기할 수 있다.

11 **정답** ②

반영구화장의 시술 후가 아니라 시술 전에 상담을 통하여 고객의 알레르기나 부작용 등을 파악하기 위한 병력이나 기타 사항들을 파악하고 기록을 남겨야 한다. 상담 시에는 시술 전이나 후에 생길 수 있는 부작용들에 대하여 충분히 고객에게 설명한다.

12 **정답** ②

만약 고객과의 의견 차이가 심해서 좁혀지지 않는 경우에는 시술자의 의견대로 하는 것이 아니라 시술하지 않는다. 만약의 경우 시술 후에 고객이 마음에 들지 않는다고 컴플레인을 할 경우 수정이 쉽지 않기 때문이다.

13 **정답** ③

③ 시술 후 주의사항은 서면을 통하여 피시술자에게 알려주어야 한다.
① 옅은 눈썹을 진하게 그려주는 시술, 아이라인시술을 통해 흐릿한 인상을 보완할 수 있다.
② 반영구화장은 남성과 여성 모두에게 시술할 수 있지만 모든 사람은 아니다. 반영구화장의 부적응증이 존재하기 때문에 상담을 통해 반영구화장에 적합한 사람인지를 먼저 가려내야 한다.
④ 반영구화장의 시술 전과 후에 모두 손씻기를 시행한다.

14 **정답** ②

반영구화장은 미적 기능을 가지며 상징성을 가지지 않는다. 문신도 미적 기능을 가지지만 반영구화장보다는 상징성을 의미하는 경우가 많고, 또 예술성과 독창성도 강조된다. 반영구화장과 문신은 둘 다 여러 나라에서 시행되었지만 문신의 역사와 연관 지어 생각하는 이유는 시술 방법과 도구가 비슷하기 때문이다.

15 **정답** ③

여성의 문신은 제한적으로 이루어지는 경우가 많았고, 주로 아름다움, 결혼, 정숙, 다산 등을 의미했다.

16 **정답** ④

그리스 시대에는 화장보다 건강한 아름다움 중시, 목욕 후 향수 사용, 금발을 선호했다.

17 **정답** ③

③ 지오라(Giora) : 눈썹과 아이라인을 시술한 후 눈문을 최초로 발표(1948)
① 찰스 와그너(Charles Wagner) : 입술, 뺨, 눈썹에 성형 문신을 최초로 도입
② 조지 버쳇(George Burchett) : 눈썹을 짙게 하는 등의 화장문신, 군인들의 상처 부위에 피부색 문신
④ 찰스 즈워링(Charles Zwerling) : 미세색소침착술 도서 발간

18 **정답** ④

미용문신은 1970년대 말경 홍콩과 대만을 통해 국내에 유입되었다.

19 **정답** ④

눈썹, 아이라인, 입술, 헤어라인, 미인점, 두피탈모 시술은 미용적 의미의 시술이고, 구순열, 백반증은 '메디컬퍼머넌트'
로 재건성형 목적의 시술이다.

20 **정답** ④

④ 단일사용하는 니들은 사용 후 바로 폐기하여 버리고 단일사용이 불가능한 반영구화장 기기 같은 경우는 베리어
　필름을 씌워 사용한다.
① 일회용 제품과 소독이 필요한 제품을 따로 보관한다.
② 반영구화장 시술 전에 부작용에 대하여 충분히 고객에게 설명한다.
③ 반영구화장 시술실 안에서 고객이 음료를 마시는 것과 음식을 먹는 것은 불가능하다. 시술실이 아닌 상담실에서는
　가능하다.

21 **정답** ③

반영구화장은 영구가 아닌 반영구적 특징을 가지므로 리터치가 필요하다. 또 반영구화장은 물에 녹지 않는 안료를 사
용한다.

22 **정답** ③

반영구화장은 피부에 유분이 많고 땀을 많이 흘릴수록 빨리 지워진다.
① 나이가 많은 사람은 젊은 사람에 비해 유분이 적기 때문에 지속이 더 오래 된다.
② 땀을 많이 흘리는 직업을 가진 경우, 더운 지방에 사는 경우 지속기간이 짧다.
④ 남자들은 여자들에 비해 피지 분비량이 많기 때문에 빨리 지워진다.

23 **정답** ②

반영구화장으로 몽고반점을 커버할 수는 없다. 몽고반점은 푸른 반점으로 넓게 분포하기 때문에 이것을 커버하기는 힘들다. 백반증, 구순열, 상처 커버의 목적으로 살색을 이용하여 시술할 수는 있지만 넓은 범위의 푸른 몽고반점을 커버하기는 힘들다.

24 **정답** ①

문신은 신분 또는 계급을 표시하는 수단으로 남성과 여성이 다른 의미를 가지고 시술했으며, 이집트의 아무네트 미라, 아이스맨 외치, 파리지크 족장의 시신 등에서 발견되었다. 이는 다양한 의미를 가지고 있으며, 로마에서는 노예의 낙인을 찍고 범죄자를 벌하기 위해 사용하였다.

25 **정답** ④

시술자에게는 소비자의 욕구에 맞는 디자인능력, 반영구화장 도구에 대한 이해, 정확한 피부층에 침습하는 능력 및 감염 및 소독에 대한 이해로 작업장을 관리하는 능력도 요구된다. 그러나 다양한 수상경력은 반영구화장 시술자가 꼭 갖추어야 할 능력이 아니다.

PART 2	안면해부학

26 **정답** ④

안면두개 중앙 상악부에서 쌍을 이루는 뼈로서 정중선에서 결합하는 것은 상악골(위턱뼈)에 관한 설명이다.

27 **정답** ①

② 구개골(입천장뼈) : 접형골(나비뼈)과 상악골(위턱뼈) 사이에 있는 한 쌍의 작은 뼈이다. 앞뒤에서 보면 L자 상을 나타낸다.

③ 비골(코뼈) : 두 개의 비골(코뼈)는 얇고 섬세하며 봉합선을 따라 콧대를 형성한다.

④ 하악골(아래턱뼈) : U자 모양으로 이루어져 있으며 분지가 위를 향해 뻗어 있다.

28 **정답** ②

소근은 입꼬리당김근으로, 입으로 향하는 근육이다.

29 **정답** ①

② 구각거근 : 입꼬리올림근으로, 입꼬리를 위쪽으로 올리는 작용을 한다.

③ 안륜근 : 눈 주변을 둥글게 둘러싸고 있는 근육이다.

④ 구각하제근 : 입꼬리내림근으로, 입꼬리를 아래로 당기는 작용을 한다.

30 **정답** ③

① 구각하제근(입꼬리내림근) : 슬픈 표정을 지을 때 사용하는 근육
② 대협골근(큰광대근) : 웃는 표정을 만드는 데 사용하는 근육
④ 구각거근(입꼬리올림근) : 입꼬리 방향 또는 입꼬리를 높이게 하는 근육

31 **정답** ②

협근은 볼근으로, 입으로 향하는 근육이다.

32 **정답** ②

뇌신경이란 중추신경계인 뇌에서 나오는 말초신경으로서 척수를 거치지 않고 직접 퍼지는 12개의 신경을 의미한다.

33 **정답** ④

안면신경에서 눈물샘과 침샘을 조절하는 것은 부교감신경이다.

34 **정답** ①

중추신경계는 뇌와 척수로 이루어져 있다. 척수신경은 척수에서 추간공을 통해 나가는 말초신경을 의미한다.

35 **정답** ④

④ 삼차신경 : 제5뇌신경이라 불리는 가장 큰 뇌신경이다. 얼굴의 감각 및 일부 근육 운동을 담당하는 신경이다.
① 미주신경 : 뇌로부터 나와서 얼굴, 흉부, 복부에 걸쳐서 분포한다.
② 시신경 : 시각을 맡는 지각신경으로서 신경섬유이다.
③ 안면신경 : 안면의 표정을 짓는 근운동을 주로 관장한다.

36 **정답** ③

삼차신경에는 상악신경(위턱신경), 하악신경(아래턱신경), 시신경(눈신경)의 3개의 신경이 있다.

37 **정답** ①

호르몬을 생성하고 분비하는 곳은 내분비계이다.

38 **정답** ①

수축성, 탄력성이 있으며 두꺼운 혈관은 동맥이다. 정맥은 동맥보다 약한 탄력조직과 평활근을 갖고 있다.

39 **정답** ②

얼굴 근육과 피부에 혈액을 공급하는 혈관은 동맥이다. 동맥 중에서 안와상동맥, 활차상동맥이 혈액을 공급한다

40 정답 ④

멜라닌 형성 세포는 표피의 기저층에 존재하며 자외선으로부터 피부 손상을 막아준다.

41 정답 ④

- UVA : 320~400nm(장파장)
- UVB : 290~320nm(중파장)
- UVC : 200~290nm(단파장)

42 정답 ③

정상 피부의 pH는 약 4.5~5.5로 약산성이다.

43 정답 ①

색소침착을 일으키는 자외선은 UVB이다.

44 정답 ②

지성 피부는 피지분비량이 많으며, 피지분비 과다로 인해 모공이 넓고 천연피지막이 잘 형성되어 피부가 촉촉하며, 노화의 진행이 느린 편이다.

45 정답 ③

각질형성세포의 교체주기는 약 28일이다.

46 정답 ①

대한선(아포크린선)은 사춘기 이후에 주로 발달하며, 이로 인해 특유의 체취가 난다.

47 정답 ④

피지분비 상태에 따라 유·수분이 부족한 건성 피부, 유분 과다인 지성 피부, 유·수분 밸런스가 이상적인 중성 피부로 구분한다.

48 정답 ②

① 모세혈관 확장 피부 : 모세혈관이 약화되거나 확장되어 피부 표면으로 보인다.
③ 건성 피부 : 표피가 얇고 피부 표면이 항상 건조하며 잔주름이 잘 생긴다.
④ 민감 피부 : 표피가 얇고 투명해 보이며 외부자극에 쉽게 붉어진다.

49 정답 ①

피지의 분비량은 1일 기준 1~2g이다.

50 정답 ③

한선은 입술, 손톱, 음부 등을 제외하고 존재한다.

51 정답 ②

교원섬유와 탄력섬유를 만드는 섬유아세포는 진피층에 존재한다.

52 정답 ①

각화주기는 28일이다. 노화가 진행되면 점차 각화주기가 길어진다.

53 정답 ②

콜라겐은 피부의 결합조직을 구성하는 주요성분으로, 진피 성분의 90%를 차지하고 있다.

54 정답 ④

랑게르한스세포는 면역을 담당하며 표피의 유극층에 존재하는 세포이다.

55 정답 ③

피부의 기능으로는 보호기능, 각화기능, 분비기능, 면역기능, 감각전달기능, 체온조절기능, 호흡기능, 비타민 D 합성기능 등이 있다.

56 정답 ②

인설, 가피, 표피박리는 원발진에 이어서 나타나는 병적인 변화와 이차병변인 속발진에 속한다.

57 정답 ①

여드름은 피부 염증성 질환이며 피지선의 영향을 받는다. 여드름 발생의 주요 원인은 피지의 과잉생성 때문이다.

58 정답 ④

우드램프

자외선 파장을 이용한 기기로 램프에 나타나는 색상을 통해 여러 형태의 피부 상태를 파악하는 기기이다.

59 정답 ④

기미는 바이러스가 아닌 과색소침착으로 인한 질환이다. 멜라닌 색소 증가로 인해 기미가 발생한다.

60 정답 ③

촉진법

• 직접 피부를 만지거나 피부에 자극을 주어 판독
• 피부의 탄력성, 예민도, 피부결 상태, 각질 상태 등을 알 수 있음

61 정답 ①
- 피부 수분 : 전기전도도를 통해 피부의 수분량을 측정
- 피부 유분 : 카트리지 필링을 피부에 일정 시간 밀착시킨 후, 카트리지 필링의 투명도를 통해 피부의 유분량을 측정

62 정답 ②
민감성 피부 반영구화장 시술방법
- 작은 자극에도 민감하게 반응할 수 있으며, 마취연고 사용시 다른 피부 유형에 비해 쉽게 붉어지므로 주의할 것
- 피부가 얇아 색이 깊게 남을 수 있고, 색이 퍼질 수도 있으므로 주의할 것

63 정답 ④
구진, 결절, 낭종 모두 원발진에 해당되는 개념이며, 농양은 속발진에 해당되는 개념이다.
① 구진 : 지름 0.5~1㎝ 이하의 발진으로 안에 고름이 없는 것
② 결절 : 손등과 손목에 나타나며, 구진보다 크고 단단한 발진
③ 낭종 : 액체나 반고체의 물질이 있는 혹
④ 농양 : 피부에 고름이 생긴 상태

64 정답 ②
칸디다증
피부, 점막, 입안, 식도 등 발생 부위에 따라 다양한 증상을 나타내며, 진균성(곰팡이)피부질환이다.

65 정답 ③
백반증은 후천적 탈색소 질환으로, 원형, 타원형 또는 부정형의 흰색 반점이 나타난다. 기미, 오타모반, 릴 흑피증은 과색소침착에 의해 발생한다.

66 정답 ①
릴 흑피증은 상처에 의해 발생하는 것이 아닌 화장품이나 연고 등으로 인해 발생하는 색소침착 증상이다.

67 정답 ④
① 소양증 : 자각증상으로서 피부를 긁거나 문지르고 싶은 충동에 의한 가려움증
② 접촉성 피부염 : 비감염성, 염증성 피부 질환으로 피부발적, 부종, 수포형성, 소양증 등이 나타남
③ 주사 : 코 주변이 붉어져 딸기코라고도 불리는 질환으로, 스테로이드 연고 과다사용 등이 원인인 피부질환

68 정답 ③
상처가 깊고, 크기가 클수록 치유시간이 오래 걸린다.

69 **정답** ②

시술 후 시술 부위가 더 붉게 보이는 시점은 염증기이다.

상처 치유의 3단계

- 염증기 : 상처를 치유하기 위한 준비가 시작되는 단계로서 3~4일 동안 지속되며 시술 후 2~3일 정도 시술 부위가 붉게 보인다.
- 증식기 : 상처 치유에 필요한 기초를 형성하는 단계로, 새로운 혈관과 조직이 형성된다.
- 치유기 : 치유의 마지막 단계로서, 치유된 상처가 주위 조직과 비슷해지는 단계이다.

PART 4 　두피와 모발

70 **정답** ①

모발은 하루 0.2~0.5mm 성장한다.

71 **정답** ③

모발의 케라틴은 18가지 아미노산으로 이루어져 있는데 그 중에서 시스틴이 14~18%로 가장 많이 함유되어 있다.

72 **정답** ②

- 유멜라닌 : 모발에 검은색을 나타나게 하는 멜라닌
- 페오멜라닌 : 붉은 머리, 금발 모발의 색을 나타나게 하는 멜라닌

73 **정답** ③

모근은 피부 속 모낭 안에 있는 부분을 말하며, 모간은 피부 표면에 나와 있는 부분이다.

74 **정답** ④

모간은 모표피, 모피질, 모수질로 구성되어 있다.

75 **정답** ②

모피질은 모발의 80%를 차지하며 멜라닌을 함유하고, 퍼머나 염색이 이루어지는 부위이다.

76 **정답** ④

독립피지선은 모낭과 연결되지 않고 피지선이 직접 피부 표면으로 연결되어 피지가 분비되는 것을 말한다.

77 **정답** ①

모발의 주성분은 케라틴이라고 하는 유황을 함유한 80~90%의 단백질이며, 나머지는 멜라닌 색소, 피질, 미량원소, 수분 등으로 되어있다. 모발이나 손톱을 태울 때 나는 이상한 냄새는 시스틴의 분해로 인한 유황화합물의 냄새이다.

78 정답 ③

모발의 주기는 성장기 → 퇴화기 → 휴지기 → (발생기) → 성장기 순서이다.

79 정답 ②

모발의 기능에는 보호기능, 감각기능, 장식기능, 배출기능이 있다.

80 정답 ①

모낭의 형태에 따른 분류는 타원형의 파상모, 납작한 둥근형의 축모, 원형의 직모로 이루어진다.

81 정답 ④

모낭의 형성은 전모아기 → 모아기 → 모항기 → 모구성 모항기 → 완성모낭 순으로 이루어진다.

82 정답 ③

- 모표피 : 모발의 가장 바깥층으로 전체 모발의 10~15%를 차지한다.
- 모피질
    - 모표피 안쪽에 위치하고 있으며 모발 전체의 80~90%를 차지한다.
    - 피질세포(케라틴 단백질)와 세포간 결합물질(말단결합/펩티드)로 구성되어 있다.
    - 수많은 섬유질이 꼬아져 있고 섬유질과 섬유질 사이에는 간층물질로 차 있으며 접착제 역할을 한다.

83 정답 ①

- 모모세포 : 모유두를 둘러싸고 있으며, 골수세포 다음으로 왕성한 세포분열을 한다.
- 모유두
    - 영양분을 모세혈관으로부터 받아서 모모세포에 전달한다.
    - 모구에 산소와 영양을 공급하여 모발의 발생과 성장을 돕는다.
    - 주변에 모세혈관 및 감각신경이 분포되어 있다.
    - 성장기에는 모낭과 붙어 있으나 휴지기에는 모낭과 분리되어 있다.

84 정답 ①

- 건막층 : 피부층. 치밀결합조직층 중에 가장 깊은 부위이다.
- 두개골뼈
    - 가장 깊은 층에 위치한다.
    - 봉합의 상태로 이루어져 있다.
    - 두개골뼈 자체적으로 움직임을 가진다.

85 정답 ④

두개골 봉합의 종류

- 시상봉합 : 두정골과 두정골 사이의 봉합
- 관상봉합 : 두정골과 전두골 사이의 봉합
- 인상봉합 : 두정골과 측두골 사이의 봉합
- 람다봉합 : 두정골과 후두골 사이의 봉합

86 **정답** ①

원형 탈모증은 신경성 탈모증상으로서 대체로 자가 면역기전에 의해 발생한다.

PART 5 공중보건위생학

87 **정답** ④

목적을 달성하기 위한 접근 방법은 개인이나 일부 전문가의 노력에 의해 되는 것이 아니라 조직화된 지역사회 전체의 노력으로 달성될 수 있다.

88 **정답** ①

공중보건학

조직화된 지역사회의 노력으로 질병을 예방하고 수명을 연장하며 신체적·정신적 효율을 증진시키는 기술이며 과학

89 **정답** ①

공중보건의 3대 요소

공중보건학이란 조직적인 지역사회의 노력에 의하여, 즉 환경위생관리, 감염병 관리, 개인위생에 관한 보건교육, 질병의 조기 발견과 예방적 치료를 할 수 있는 의료 및 간호 서비스의 조직화, 모든 사람들이 자기의 건강을 유지하는 데 적합한 생활수준을 보장받도록 사회제도를 발전시킴으로써 질병을 예방하고, 수명을 연장하며, 신체적·정신적 효율을 증진시키는 기술이며 과학이다.

90 **정답** ③

공중보건학은 지역사회의 노력으로 질병을 예방하고 수명을 연장하며 신체적·정신적 효율을 증진시키는 데 목적이 있으므로 지역사회의학의 개념과 유사한 의미를 가진다.

91 **정답** ④

단순히 질병이 없고 허약하지 않은 상태만을 의미하는 것이 아니라, 육체적·정신적 건강과 사회적 안녕이 완전한 상태를 의미한다.

92 **정답** ②

질병 발생의 요인

숙주적 요인, 병인적 요인, 환경적 요인

93 정답 ①
병인적 요인
- 생물학적 병인 : 세균, 곰팡이, 기생충, 바이러스 등
- 물리적 병인 : 열, 햇빛, 온도 등
- 화학적 병인 : 농약, 화학약품
- 정신적 병인 : 스트레스, 노이로제 등

94 정답 ③
- 자연증가 = 출생인구 − 사망인구
- 사회증가 = 전입인구 − 전출인구

95 정답 ①
- 자연능동면역 : 홍역, 장티푸스 등
- 인공능동면역 : 백신, 톡소이드
- 자연수동면역 : 경태반 면역
- 인공수동면역 : 면역 혈청, 감마글로불린, 항독소 등

96 정답 ④
입원 중인 정신질환자에게 가능한 한 자유로운 환경과 타인과의 의견교환이 보장되어야 한다.

97 정답 ②
활동하기 가장 적합한 실내 조건
온도 : 18℃, 습도 : 40~70%

98 정답 ③
일반적으로 시술실은 50~60% 습도를 유지하면 좋다.

99 정답 ②
작업환경의 관리원칙
- 대치 : 공정변경, 시설변경, 물질변경
- 격리 : 작업장과 유해인자 사이를 차단하는 방법
- 환기 : 작업장 내 오염된 공기를 제거하고 신선한 공기로 바꾸는 것
- 교육 : 작업훈련을 통해 얻은 지식을 실제로 이용

100 정답 ④
휴직과 부서 이동은 산업피로의 근본적인 대책이 되지 못한다.

101 정답 ①

㉠ 도수율(빈도율) : 연 근로시간 100만 시간당 재해 발생 건수
㉡ 건수율(발생률) : 산업체 근로자 1,000명당 재해 발생 건수
㉢ 강도율 : 근로시간 1,000시간당 발생한 근로손실일 수

102 정답 ③

생산성 향상은 산업재해 방지 대책과 관련이 없다.

103 정답 ①

직업병
- 잠함병 : 잠수부
- 열사병 : 제련공, 초자공
- 규폐증 : 채석공

104 정답 ④

일반적으로 볼거리로 알려진 유행성 이하선염은 사춘기에 감염되어 고환염으로 발전될 경우 남성불임의 원인이 될수도 있다.

105 정답 ②

- 열중증 : 고온 환경에서 발생
- 소음성 난청 : 소음에 오랜 시간 노출 시 발생
- 잠수병 : 이상기압에서 발생

106 정답 ③

중이염
중이강 내에 생기는 염증을 말하는데, 미생물에 의한 감염 등 복합적인 원인에 의해 발생하며, 소음과는 무관하다.

107 정답 ①

보건행정의 목적을 달성하기 위해서는 다수의 지지와 참여가 필요하다.

108 정답 ①

임신 중이거나 산후 1년이 지나지 않은 여성, 18세 미만자는 도덕상 또는 보건상 유해·위험한 사업에 종사하지 못한다.

109 정답 ③

공중위생관리법의 목적
공중이 이용하는 영업의 위생관리 등에 관한 사항을 규정함으로써 위생수준을 향상시켜 국민의 건강증진에 기여

110 정답 ④
공중위생영업
다수인을 대상으로 위생관리서비스를 제공하는 영업

111 정답 ②
공중위생영업
다수인을 대상으로 위생관리서비스를 제공하는 영업으로서 숙박업, 목욕장업, 이용업, 미용업, 세탁업, 건물위생관리업을 말한다.

112 정답 ①
공중위생영업을 하고자 하는 자는 공중위생영업의 종류별로 보건복지부령이 정하는 시설 및 설비를 갖추고 시장 · 군수 · 구청장에게 신고하여야 한다.

113 정답 ③
공중위생영업 신고시 첨부서류
- 영업시설 및 설비개요서
- 교육필증
- 면허증

114 정답 ④
변경신고사항
- 영업소의 명칭 또는 상호
- 영업소의 소재지
- 신고한 영업장 면적의 3분의 1 이상의 증감
- 대표자의 성명 또는 생년월일
- 미용업 업종 간 변경

115 정답 ①
약물 중독자는 면허 결격 사유자에 해당된다.

116 정답 ③
위생관리 등급 구분
- 최우수업소 : 녹색등급
- 우수업소 : 황색등급
- 일반관리대상업소 : 백색등급

117 정답 ②
① 평가주기는 2년이다.
③ 평가주기와 방법, 위생관리등급은 보건복지부령으로 정한다.
④ 위생관리 등급은 3개 등급으로 나뉜다.

118 정답 ③

위생교육에 관한 기록을 2년 이상 보관 및 관리하여야 한다.

119 정답 ①

과태료는 시장 · 군수 · 구청장이 부과 · 징수한다.

120 정답 ①

벌칙 기준

- 신고하지 않고 영업한 자 : 1년 이하의 징역 또는 1천만원 이하의 벌금
- 변경신고를 하지 않고 영업한 자 : 6월 이하의 징역 또는 500만원 이하의 벌금
- 면허정지처분을 받고 그 정지 기간 중 업무를 행한 자 : 300만원 이하의 벌금
- 관계 공무원 출입, 검사를 거부한 자 : 300만원 이하의 과태료

PART 6 보건위생

121 정답 ④

세균의 모양에 따라 구균, 간균, 나선균으로 나뉜다.

122 정답 ④

리케챠

리케챠 관련 질병으로는 발진열, 발진티푸스, 양충병, 쯔쯔가무시증이 있다.

123 정답 ④

레지오넬라

- 비말을 통해 감염된다.
- 갑작스런 고열(39~40도), 마른 기침, 전신 권태감, 근육통, 허약감을 증상으로 한다.
- 24시간 후에는 고열과 간헐적인 오한이 발생한다.

124 정답 ①

황색포도알균

- 건강한 사람의 피부 점막, 상기도, 비뇨기, 소화기 등에 정상적으로 존재하고, 바닥 집기 등의 주변 환경에 항상 존재하고 있으며 피부 상처나 호흡기를 통하여 감염된다.
- 황색포도알균은 사람의 콧구멍에 주로 존재한다.
- 균수가 많을 때에는 신체의 다른 부위가 오염되어 접촉에 의해 균을 퍼뜨린다.
- 감염된 환자나 보균하고 있는 의료 종사자의 손을 통한 접촉, 비말 등을 통해 전파되거나 의료기구, 침대 등의 환경으로부터 전파된다.

125 정답 ③

물과 비누를 이용한 손 위생 방법
- 흐르는 물에 손을 적신 후 30초~1분 이상 문지르며 비누거품을 충분히 낸다.
- 뜨거운 물을 사용하면 피부염 발생이 증가하므로 미지근한 물을 사용한다.
- 손을 씻는 동안 물이 팔에서 아래로 흐르도록 한다(손을 팔꿈치 아래에 둔다).
- 가장 오염된 부분으로 여기는 손톱 밑이나 손가락 사이를 주의깊게 씻으며 손톱으로 긁지 않는다.
- 물로 헹군 후 손이 다시 오염되지 않도록 일회용 타월로 건조시킨다.
- 손 씻기를 마친 후에는 수도꼭지를 사용한 타월로 감싸서 잠근다.
- 타월은 반복사용하지 않으며 여러 사람이 공용하지 않는다.

126 정답 ④

개인 위생용품
개인 위생용품은 작업자가 전염 가능한 환경에서 작업할 때 유해 물질을 차단해 주는 용품들로서 장갑, 마스크, 고글, 가운, 시술용 앞치마 등이 있다.

127 정답 ③

마스크가 축축해졌으면 반드시 곧바로 교환한다.

128 정답 ②

고압증기멸균기에서 고압증기 형태의 습열을 이용하여 물리적으로 멸균하는 방법(고압증기멸균기 120~130℃, 15~17lB/inch³의 압력에서 약 30분 이상 멸균)이 적합하다.

129 정답 ②

점막이나 손상된 피부와 접촉하는 경우에는 높은 수준의 소독이나 중간 수준의 소독이 필요하다.

130 정답 ③

에틸렌옥사이드(Ethylene Oxide)
- 10℃ 이하에서는 액체지만, 그 이상의 온도에서는 무색의 가스가 되어 인화성·폭발성이 강하다.
- 멸균을 위해서는 50%의 습도와 54℃에 5시간 적용이 필요하다.

131 정답 ①

알코올 소독
- 60% 이상 : 손 소독
- 76%~81% : 반영구화장 전 피부소독제
- 피부에 바른 후 2분 경과시 90% 이상 균 감소

132 정답 ②

과산화수소는 사용 후 충분히 헹구지 않으면 피부 및 눈에 손상 위험이 있다.

133 정답 ③

① 격리 의료폐기물은 붉은색으로 표시한다.

② 병리계 폐기물은 시험/검사 등 사용된 배양액, 배양용기 등을 말한다.

④ 손상성 폐기물의 처리기간은 30일 이내이다.

PART 7 혈행성 감염(BBP)

134 정답 ①

혈액매개 감염은 혈액뿐만 아니라 체액을 통해서도 감염될 수 있다.

135 정답 ②

B형 간염은 3회의 백신 접종으로 예방할 수 있다.

B형 간염 예방접종

• 접종시기 : 0, 1, 6 개월 일정으로 3회 접종

• 접종대상

   – 모든 국민, 모든 영유아 및 B형 간염 고위험군

   – B형 간염바이러스 보유자의 가족, 혈액 노출의 가능성이 있는 직업군

   – 혈액 수혈환자, 혈액 투석환자, 의료기관종사자, 성매개 질환의 노출 위험이 있는 집단

136 정답 ②

C형 간염은 백신이 없다.

C형 간염의 예방과 치료

• 현재 C형 간염의 백신은 개발되지 않았으며, 전파경로를 차단하는 예방이 최선의 방법이다.

• 경구 항바이러스제 8주~12주의 치료로 90% 치료되며 절대적인 금주, 단백질 음식 섭취, 충분한 수분섭취가 필요하다.

137 정답 ②

후천성면역결핍증의 특징은 무증상기간이 길고, 면역력 저하와 합병증으로 사망에 이르는 것이다.

138 정답 ④

표준주의는 손 위생과 소독, 개인보호장비, 날카로운 도구의 안전한 분리배출, 감염성 폐기물 관리, 환경관리 등을 시행하기 위한 내용을 담고 있다.

139 정답 ③
손상된 피부가 혈액이나 체액에 노출되었을 때 감염된다.

140 정답 ④
- 감염 가능성이 높은 체액 : 혈액, 정액, 질 분비물, 모유, 조직, 기타 체액
- 감염의 가능성이 낮은 것 : 대변, 콧물, 가래, 땀, 눈물, 소변, 토사물 .침 등(혈액이 섞이지 않은 것들)

141 정답 ②
질병의 종류나 감염질환의 유무에 상관없이 잠재적 전염력으로 간주한다.

142 정답 ③
감염원에 노출이 되면 즉시 흐르는 물에 씻고 조치를 취한다.

143 정답 ②
무조건 격리를 하는 것이 아니라 상태에 따라 적당한 조치를 한다.

144 정답 ①
B형 간염은 3회의 예방접종으로 대부분 예방할 수 있다.

145 정답 ②
C형 간염
C형 간염은 B형 간염과 증상은 유사하나 경미하며, 만성으로 발전할 가능성이 높다.

146 정답 ②
절대로 주사기 바늘의 뚜껑을 덮거나 바늘을 구부리지 않는다.

147 정답 ③
혈액검사에서 B형 항체가 생성된 경우 예방접종을 하지 않아도 된다.

148 정답 ④
램프는 개인 보호장비가 아니다.

149 정답 ④
사용한 주사침은 전용의 수거용기에 모아서 견고한 용기에 폐기해야 한다.

150 정답 ④
혈액노출사고 발생시에는 노출자의 인적사항, 노출원인자의 상태, 노출자의 검사결과, 노출현황, 노출자의 처치내용을 기록하여 보관하여야 한다.

151 정답 ① · ③

- 혈액이 분출될 가능성이 있는 작업을 하는 작업 : 보안경, 보호마스크
- 혈액 또는 혈액오염물을 취급하는 작업 : 보호장갑
- 다량의 혈액이 의복을 적시고 피부에 노출될 우려가 있는 경우 : 보호앞치마

152 정답 ②

마스크를 벗을 때는 장갑을 벗고 앞면이 아닌 귀 뒤 끈을 풀어서 벗는다.

153 정답 ③

장갑은 뒤집어서 벗는다.

154 정답 ②

대표적 혈액매개 감염질환 : B형 간염, C형 간염, 에이즈

155 정답 ④

표준주의에서는 손 위생과 소독, 개인 보호장비, 날카로운 도구의 안전한 분리배출, 감염성 폐기물 관리, 환경관리 등을 시행하기 위한 내용을 담고 있다.

156 정답 ①

뜨거운 물을 사용하면 피부염 발생 확률이 증가하므로 미지근한 물을 사용한다.

157 정답 ④

소독제를 이용한 분무는 인체에 유해하므로 하지 않는다.

158 정답 ②

C형 간염은 B형 간염에 비해 만성으로 진행될 가능성이 높다.

159 정답 ③

B형 간염의 원인인 바이러스는 일반 환경에서 적어도 일주일 동안은 살아남는다.

160 정답 ③

폐기물 용기는 바로 폐기할 필요는 없으며, 용기에 바늘을 모아서 처리한다.

161 정답 ③

손상성 폐기물은 지정된 플라스틱 용기에 넣어 전문업체에 의뢰한다.

162 정답 ④

환자의 혈액에 노출된 경우에는 전파가능성이 높지만 침에 노출된 경우 전파가능성은 매우 낮다.

163 정답 ④

땀에 노출된 것은 혈액매개 감염가능성이 낮다.

164 정답 ①

주삿바늘은 뚜껑을 닫지 않고 버린다.

165 정답 ①

환기가 가장 먼저 이루어져야 한다.

166 정답 ①

노출자의 인적사항 파악은 후속조치에 해당되는 내용이다.

즉시조치

- 하던 일을 즉시 멈춘다.
- 바늘이나 날카로운 기구에 찔린 경우에는 즉시 피를 짜내도록 하고 알코올이나 베타딘으로 소독한다.
- 혈액이나 체액이 피부에 엎지르거나 튄 경우 흐르는 물과 비누로 충분히 닦아낸다.
- 눈이나 점막에 튀었을 경우 소독된 식염수로 1∼2분간 세척한다.
- 노출된 사람은 감염되었을 가능성을 고려하여 새로운 감염원으로 되지 않도록 주의한다.
- 감염을 나타내는 증상이나 증후가 있는지 관찰한다.
- 손에 상처가 생긴 후에 작업을 하는 경우에는 장갑을 끼도록 한다.
- 진료를 받는다.

167 정답 ③

공기중에 노출된 혈액이라도 감염위험이 있으므로 주의하여야 한다.

168 정답 ③

고객의 옷에 살짝 스친 경우에도 오염가능성이 있으므로 니들을 교환해야 한다.

169 정답 ①

혈액노출과 관련된 사고가 발생한 때에는 하던 일을 멈춘다.

170 정답 ③

혈액매개 감염 호발직종

- 의료전문가(의사, 간호사, 치과의사, 의대생, 임상병리사)
- 응급처치나 의료지원을 하는 긴급구조요원
- 경찰관
- 보육교사, 교직원
- 작업환경에서 혈액이나 체액과 잦은 접촉이 있는 경우(실험실 근로자)
- 직업적으로 혈액이나 기타 잠재적인 감염성 물질(OLIM)에 노출될 수 있는 근로자
- 반영구화장, 문신, 피어싱 작업자
- 장례식장 및 영안실 직원
- 폐기물을 다루는 작업자 등

171 정답 ③

B형 간염, A형 간염, 홍역, 볼거리, 풍진, 수두, 결핵, 수막구균 감염, 소아마비, 광견병, 디프테리아, 천연두는 예방접종으로 예방이 가능하다.

172 정답 ④

노출 후 임상결과가 나오기 전에도 다른 사람과의 접촉을 제한하는 조치를 한다.

PART 8　화장품학

173 정답 ④

화장품의 제조 · 수입 · 판매 및 수출 등에 관한 사항을 규정함으로써 국민보건향상과 화장품 산업의 발전에 기여함을 목적으로 한다.

174 정답 ③

기능성 화장품이란 화장품 중에서 다음의 어느 하나에 해당되는 것으로서 총리령으로 정하는 화장품을 말한다.
- 피부의 미백에 도움을 주는 제품
- 피부의 주름개선에 도움을 주는 제품
- 피부를 곱게 태워주거나 자외선으로부터 피부를 보호하는 데에 도움을 주는 제품
- 모발의 색상 변화 · 제거 또는 영양공급에 도움을 주는 제품
- 피부나 모발의 기능 약화로 인한 건조함, 갈라짐, 빠짐, 각질화 등을 방지하거나 개선하는 데에 도움을 주는 제품

175 정답 ①

화장품은 의학적 용어 사용 및 광고를 할 수 없다.

176 정답 ③

- 안전성 : 피부자극성, 알러지반응, 이물질 혼입 등 독성이 없을 것
- 안정성 : 미생물 오염으로 인한 변질, 변색, 변취 등 시간 경과 시 제품에 대해서 변화가 없을 것
- 유효성 : 피부에 적절한 효능 · 효과(보습, 세정, 미백, 자외선 차단 등)를 부여할 것
- 사용성 : 사용감, 피부 친화성, 촉촉함, 부드러움 등 발랐을 때 감촉이 좋을 것

177 정답 ②

폼 클렌저는 인체 세정용 제품류에 속한다.
- 기초화장품 제품류 : 수렴 · 유연 · 영양 화장수, 에센스, 오일, 바디제품, 손 · 발의 피부연화, 클렌징워터, 클렌징오일, 클렌징로션, 클렌징크림 등 메이크업 리무버, 마사지크림, 파우더, 팩, 마스크, 로션, 그 밖의 기초화장용 제품류
- 인체 세정용 제품류 : 폼 클렌저, 바디 클렌저, 액체비누 및 화장비누, 외음부 세정제, 물휴지(다만, 식품접객업의 영업소에서 손을 닦는 용도 등으로 사용할 수 있도록 포장된 물티슈와 장례식장, 의료기관 등에서 시체를 닦는 용도로 사용되는 물휴지는 제외), 그 밖의 인체 세정용 제품류

178 정답 ④
- 보습제 : 피부 건조 방지, 수용성 물질이다.
- 산화방지제 : 항산화제, 화장품 성분을 산화 방지하는 원료이다.
- 색소 : 화장품에 색상을 부여하는 원료이다.

179 정답 ①
- 유화 제형 : 서로 섞이지 않는 두 액체 중에서 한 액체가 미세한 입자 형태로 유화제를 사용하여 다른 액체에 분산되는 것을 이용한 제형
- 유화분산 제형 : 분산매가 유화된 분산질에 분산되는 것을 이용한 제형

180 정답 ①
페녹시에탄올은 1%가 배합 한도이다.

181 정답 ③
유기안료는 색상이 화려하며 산 · 알칼리에는 약하다.

182 정답 ③
- 무기안료 : 카올린, 마이카, 세리사이트, 탤크, 실리카 등
- 유기안료 : 콘 스타치, 포테이토 스타치, 타피오카 스타치

183 정답 ①
적색 102호는 눈 주위에 사용이 가능하지만 영유아용 제품류 또는 만13세 이하 어린이가 사용할 수 있음을 특정하여 표시하는 제품에 사용할 수는 없다.

184 정답 ②
피그먼트 적색 5호는 화장비누에만 사용 가능하다.

185　(정답) ④

난색 · 한색 · 중성색
- 난색 : 적색, 주황색, 황색
- 한색 : 청색, 청록색, 청자색
- 중성색 : 녹색, 보라색, 황녹색

186　(정답) ③

무채색은 차갑지도 따뜻하지도 않은 색이다.

187　(정답) ③

연변대비란 두 색이 인접해 있을 때 서로 인접하는 부분이 경계로부터 멀리 떨어져 있는 부분보다 색상, 명도, 채도의 대비현상이 더욱 강하게 일어나는 현상이다.

188　(정답) ④

병치혼색은 많은 색의 점들을 조밀하게 병치하여 서로 혼합되어 보이도록 하는 것이다.

189　(정답) ③

잔여색을 커버하기 위해서는 잔여색의 반대의 색상을 섞어주어 잔여색을 커버한다.

190　(정답) ③

흡착이 잘 되는 것은 안료가 아닌 염료의 조건이다.

191　(정답) ③

반영구화장 색소는 무기안료로 만든다.

192　(정답) ④

표면을 덮어 보이지 않게 하는 성질을 은폐력이라 한다.

193　(정답) ②

염료는 색소 가루가 물, 알코올에 녹고 입자가 물 입자보다 작으며, 색소 퍼짐이 많고 고착을 위하여 별도의 제제가 필요하지 않다.

194　(정답) ②

시술시간이 오래 걸린다고 해서 색소를 묽게 섞으면 발색이 잘 되지 않을 수 있다.

195 정답 ④
노란색과 파란색 베이스를 포함한 올리브색 피부 보완을 위해서는 보색인 붉은색이 함유된 갈색 색소를 사용하여야 한다.

196 정답 ②
피부 조직 내에 들어갔을 경우는 불활성화 상태여야 한다.

197 정답 ④
모든 성분이 표기되어 있는 것, 제조일자가 표기되어 있는 것

198 정답 ④
색소는 시술시 빨리 건조해지지 않는 것이 좋다.

199 정답 ②
피츠패트릭은 피부색을 6가지 유형으로 나누었다.

200 정답 ③
아쿠아 베이스 컬러는 색소의 입자 자체가 무거워 진피층까지 침투할 수 있고, 뚜렷한 발색력을 나타낸다.

201 정답 ④
무기안료
• 광물과 광석으로 만듦
• 무기질입자
• 인류가 사용한 가장 오래된 색재로서 불에 타지 않음
유기안료
• 불에 타는 성질이 있음
• 색상이 선명하고 착색력이 높음
• 유기물입자
• 탄소복합물, 유기물, 헤나(Hena)

202 정답 ④
진한 붉은 갈색으로 시술하는 경우 나중에 푸른색이 더 진해질 수 있다.

203 정답 ④
색소 중화 한 가지 방법으로는 완벽하게 해결될 수는 없다. 갈매기 형태를 다른 모양으로 적절히 변경하며 색이 너무 진해지지 않게 시술하여야 한다.

204 정답 ④
색채 재현시 특수 안료를 제외하고 일반 안료로 만들 수 있어야 한다.

안심Touch

205 정답 ③

① 계시대비 : 어떤 색을 잠시 본 후 시간적인 차이를 두고 다른 색을 보았을 때, 먼저 본 색의 영향으로 나중에 본 색이 다르게 보이는 현상

② 명도대비 : 명도가 높은 색은 더욱 밝게, 명도가 낮은 색은 더욱 어둡게 보이는 현상

④ 연변대비 : 두 색이 인접해 있을 때 서로 인접되는 부분이 경계로부터 멀리 떨어져 있는 부분보다 색상, 명도, 채도의 대비 현상이 강하게 일어나는 현상

206 정답 ③

3원색은 마젠타, 노랑, 시안이다.

207 정답 ③

밝은 색이 어두운 색보다, 따뜻한 색이 차가운 색보다, 유채색이 무채색보다 팽창되어 보인다.

208 정답 ④

① 인간은 200단계의 색상(Hue)과 500단계의 명도, 20단계의 채도를 구별할 수 있다. 모두 곱하면 200만 가지 정도의 색을 구별할 수 있다.

② 색의 밝고 어두움을 나타내는 단계는 명도이다.

③ 색의 선명도는 채도이다.

209 정답 ②

염료로 시술할 경우 피부 안에서 잘 번질 수 있다.

PART 10 고객상담

210 정답 ④

피부결을 좋게 보이는 것은 반영구화장이 아닌 메이크업의 피부표현으로 가능하다.

211 정답 ④

눈꺼풀이 눈을 덮는 경우는 아이라인 시술시 보이지 않는다.

212 정답 ③

수유부를 제외한 나머지는 반영구화장이 불가능한 경우에 속한다.

213 정답 ③

최소 2개월 후에 반영구화장을 하는 것이 좋다.

214 정답 ①
미성년자의 경우 보호자의 동의가 필요하며, 보호자가 동행하여야 한다.

215 정답 ②
고객의 반영구화장 작업에 앞서 가장 먼저 해야 하는 일은 고객의 건강정보를 파악하는 것이다.

216 정답 ④
문 진
• 고객과의 질문을 통해 대화하면서 고객의 성격과 감수성, 생활방식에 대해 관찰하고 기록하는 것이다.
• 문진표를 작성할 때에는 문진의 중요성을 알리고 현재 상황이나 과거력 등을 솔직하고 자세히 기록하도록 한다.

217 정답 ④
임신 예정은 반영구화장시 고려해야 할 건강정보가 아니다.

218 정답 ①
시술자는 반영구화장 작업 전에 반영구화장의 진행 과정과 반영구 시술 후 일어날 수 있는 부작용과 문제점에 대하여 충분히 고객에게 설명해 주어야 한다.

219 정답 ③
머신의 보증기간을 알려줄 필요는 없다.

220 정답 ②
반영구화장은 한번 시술하면 지우기가 어렵기 때문에 시술하지 않는다.

221 정답 ①
시술 부적응증에 해당하는 경우 절대 시술하지 않는다.

222 정답 ③
시술 후 주의사항
• 시술 후 일주일 동안 색이 진해지는 과정이 있다.
• 3~4일 동안은 색이 지나치게 진하다가 그 이후부터는 서서히 흐려진다.
• 피부가 재생되는 동안 피부 붉어짐, 가려움이 있을 수 있다.
• 시술 후 일주일 동안 사우나와 통목욕은 피하는 것이 좋다. 그러나 간단한 샤워는 가능하다.

223 정답 ③
시술자의 개인정보는 필수 항목이 아니다.

224 정답 ③

반영구화장 시술시에는 반영구화장 시술 동의서, 개인정보 이용 동의서를 받아야 하고 시술 과정 기록지는 시술자가 따로 보관한다.

225 정답 ②

반영구화장은 각질주기에 따라 1달 정도의 시간이 지나야 자연스러운 색상을 얻을 수 있다고 설명한다.

226 정답 ②

사진 촬영

사진 촬영은 시술관련 목적이며 외부유출이 되지 않는 점을 강조 설명하고 반드시 필요한 부분임을 이해시킨다. 하지만 사진 촬영을 하지 않는다고 하여 고객에게 불이익은 없으며, 다만 시술 전후에 대해 객관적 자료가 없어 비교할 수 없기 때문에 사진 촬영을 원하지 않는 경우 시술 후 관련 결과에 대해 논할 수 없다는 안내와 함께 동의서를 받도록 한다.

227 정답 ②

중요한 행사를 앞두고 있으므로 혹시 염증과 같은 문제가 발생하면 안 되기 때문에 시술을 무리하게 진행하지 않는 것이 적절하다.

228 정답 ① · ②

③ 아스피린 장기 복용자는 출혈이 많으므로 시술 일주일 전부터 복용을 중지하여야 한다.
④ 혈압약 복용자는 복용을 함부로 중지하면 안 된다.

229 정답 ③

시술 부위가 가렵고 부기가 있는 것은 당연하므로 얼음찜질을 하도록 한다. 그러나 열감이 함께 동반되는 경우 염증을 의심할 수 있으므로 병원에 간다.

230 정답 ①

시술 전 미리 동의서를 작성한 후 시술에 들어가야 한다.

231 정답 ②
① 반영구화장 솜을 물에 적셔 냉장고에 보관시 세균번식의 위험이 있다.
③ 엠보펜은 1명에게 사용 후 바로 소독한다.
④ 베리어 필름은 작업 직전에 붙인다.

232 정답 ③
① 머신은 업무 시작 전 작동 여부를 확인하고 플러그를 분리해서 꼬이지 않게 둔다.
② 베리어 필름은 작업 후에 제거한다.
④ 머신은 꼭 고가일수록 성능이 우수한 것은 아니다.

233 정답 ③
눈썹 시술시에는 렌즈를 뺄 필요가 없다. 아이라인 시술시 렌즈를 낀 경우는 렌즈를 뺀다.

234 정답 ④
복장은 작업의 능률과 안전성을 고려하여 노출이 심하거나, 몸에 심하게 붙거나 치렁치렁한 의상, 오염이나 얼룩이
심한 의상은 삼간다.

235 정답 ④
눈썹의 디자인은 얼굴의 형태에 따라 달라진다.

236 정답 ②
일자형 눈썹에 관한 설명이다.
눈썹의 종류와 이미지
- 기본형
  - 자연스럽고 부드러운 느낌이다.
  - 가장 일반적인 눈썹의 형태이다.
  - 어떤 얼굴형에도 잘 어울린다.
- 화살형
  - 시원하고 역동적인 느낌을 준다.
  - 둥근형 얼굴에 잘 어울리며, 기본형보다 조금 짧게 그린다.
- 곡선 아치형
  - 여성적이며 요염한 느낌을 준다. 그러나 노숙한 느낌을 줄 수 있다.
  - 달걀형 얼굴과 서양인과 같이 움푹 패인 눈에 어울린다.
- 갈매기형
  - 활동적이고 시원하며 날카로운 느낌을 준다.
  - 둥근형 얼굴에 잘 어울린다.

237 정답 ③

눈썹산이 눈썹의 1/2 지점에 위치하는 눈썹은 둥근형 눈썹이다.

238 정답 ②

얼굴이 사각형인 사람은 얼굴이 강해 보이므로 강한 느낌이 강조되지 않도록 눈썹을 그린다.

239 정답 ④

눈썹꼬리는 눈썹 앞머리보다 위나 일직선상에 위치한다.

240 정답 ②

미간의 중심선을 결정해서 그 중앙선을 기준으로 눈썹의 시작선을 맞춘다.

241 정답 ③

① 눈썹중심선 : 눈과 눈 사이의 중심점
② 눈썹아랫선 : 시술의 가장 마지막 단계이며, 눈썹의 윗선과 평행
④ 눈썹시작선 : 미간을 결정하고, 눈썹의 대칭을 맞추는 부분

242 정답 ③

남자눈썹은 눈썹의 앞머리가 눈썹 산보다 얇거나 같다.

243 정답 ④

페더링기법

- 머신 기법에 해당한다.
- 기기를 이용하여 선으로 표현한다.
- 시술 후 탈각의 진행이 느려지지 않는다.
- 피부에 따라 표현이 많이 다르게 나타난다.

244 정답 ②

수지침기법

- 수지기법이므로 기기 소리가 나지 않는다.
- 기기 소리에 민감한 고객에게 적용하기 좋다.
- 시간이 오래 걸린다는 단점이 있다.

245 정답 ③

페더링기법의 장점은 바늘 1개로 선을 그리기 때문에 자유롭게 선의 표현이 가능하다는 점이다.

246 정답 ④

시술자의 경험에 따른 색 선호도보다 고객이 선호하는 색이 우선이다. 하지만 고객에게 권유할 수는 있다.

247 정답 ③
푸른 혈관이 비치는 흰 피부는 노란색이 주를 이루는 브라운 컬러를 선택한다.

248 정답 ④
① 눈은 피부에 최대한 자극을 적게 주도록 시술한다.
② 아이라인은 굵게 시술할 경우 색의 번짐이 있을 수 있으므로 고객의 의견을 무조건 수용할 수 없다.
③ 점막은 다른 피부와 다르게 착색이 잘되지 않는다.

249 정답 ③
아이라인 시술 후 열감이 3일 정도 지속된다면 염증의 가능성이 있다.

250 정답 ②
입술이 어두운 경우 오렌지 계통의 색을 사용한다.

251 정답 ③
입술의 윤곽을 확장하거나 축소할 때 기존 입술선의 1~2mm 이내로 수정해야 자연스럽다.

252 정답 ②
시술 후에 딱지를 손으로 뜯지 않고 탈각이 될 때까지 입술을 항상 촉촉하게 유지한다.

253 정답 ②
입술이 어두우면서 색이 없는 경우 붉은 계열의 색소를 선택하되, 단독으로 색소를 사용하지 않고 오렌지 컬러를 섞어 사용한다.
① · ④ 창백한 입술의 경우 원하는 결과 색보다 한 톤 더 진한 색상의 색소를 선택한다.
③ 어두운 입술에 진한 레드컬러를 사용하는 경우, 입술이 더 검은 와인색으로 보일 수 있다.

254 정답 ④
고객의 밝을 모발 색에 맞추는 경우 나중에 잔여색이 붉게 남게 되는 경우가 생길 수 있다.

255 정답 ③
헤르페스는 바이러스 연고만 바르면 되는 것이 아니라 증상에 따라 병원에 내원하여 약을 복용해야 한다.

256 정답 ③
에피네프린은 교감신경 흥분선 혈관수축제로서 에피네프린이 함유된 통증완화제는 출혈과 부종을 감소시키며, 연고의 작용시간을 연장하여 시술을 돕는다.

257 정답 ①
고객이 현재 복용 중인 약이 있는지 확인한다(아스피린, 혈압약, 항우울제 등).

258 (정답) ②

알칼리제제(Emla—pH 9.0)의 경우 눈에 들어가면 화학적 손상을 유발하므로 pH 7.4로 중성에 가까운 제품을 사용하는 것이 좋다.

259 (정답) ③

시술시 통증관리
- 기계의 소리도 고객은 소음과 관련된 통증으로 느낄 수 있다.
- 마취연고 도포 시 작열감을 느끼는 경우가 있다. 또한 시술 후 상처 위의 색소도포(알코올 함유)는 작열감을 유발하고, 이것을 통증으로 느끼기도 한다.
- 반복적인 스크래치와 두드림은 심한 통증을 유발한다.
- 시술 중 고객의 눈을 과도하게 누르거나 과도하게 피부를 잡아당기면 통증을 유발한다.

260 (정답) ②

마취제는 공기 중에 오래 노출되면 효과가 떨어질 수 있으므로 덜어서 사용한다.

MEMO

MEMO

좋은 책을 만드는 길
독자님과 함께하겠습니다.

도서나 동영상에 궁금한 점, 아쉬운 점, 만족스러운 점이
있으시다면 어떤 의견이라도 말씀해 주세요.
시대교육은 독자님의 의견을 모아 더 좋은 책으로 보답하겠습니다.

www.sidaegosi.com

반영구화장사/문신사 단기완성

초 판 발 행	2021년 11월 05일 (인쇄 2021년 09월 09일)
발 행 인	박영일
책 임 편 집	이해욱
저 자	진은주 · 황예지
편 집 진 행	김은영 · 전다해
표지디자인	박수영
편집디자인	채현주 · 최혜윤
발 행 처	(주)시대고시기획
출 판 등 록	제10-1521호
주 소	서울시 마포구 큰우물로 75 [도화동 538 성지 B/D] 9F
전 화	1600-3600
팩 스	02-701-8823
홈 페 이 지	www.sidaegosi.com
I S B N	979-11-383-0441-2 (13590)
정 가	26,000원

※ 이 책은 저작권법의 보호를 받는 저작물이므로 동영상 제작 및 무단전재와 배포를 금합니다.
※ 잘못된 책은 구입하신 서점에서 바꾸어 드립니다.

잠깐!

자격증 · 공무원 · 금융/보험 · 면허증 · 언어/외국어 · 검정고시/독학사 · 기업체/취업

이 시대의 모든 합격! 시대에듀에서 합격하세요!

시대에듀 ➔ 정오표 ➔ 반영구화장사/문신사 단기완성

문신사(반영구화장사) 자격시험,

심도 있는 학습을 원한다면?

530쪽 │ 정성진 편저 │ 28,000원

※ 도서의 이미지와 가격은 변경될 수 있습니다.

Permanent Make-up

미인만들기

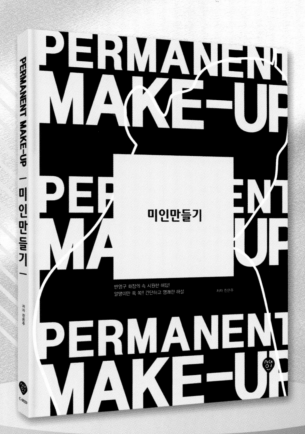

184쪽 | 진은주 편저 | 35,000원

※ 도서의 이미지와 가격은 변경될 수 있습니다.

반영구 화장의 속시원한 해답!
알맹이만 쏙쏙 간단하고 명쾌한 해설!
반영구 화장의 기본이론!
반영구 화장의 실전!

이 모든 걸 갖춘
책을 원한다면?

반영구화장 · 속눈썹 연장도 역시 **시대고시!**

반영구 메이크업 디자인 앤 스킬

- 한국어, 중국어 겸용판
- 반영구 디자인과 색채 배합을 위한 필독서
- 편저 정미영
- 정가 30,000원

프로가 되는 속눈썹 연장

- 초보부터 프로까지 속눈썹 연장의 모든 것
- 전문 아이래쉬인으로 거듭나기 위한 기초
- 응용심화 테크닉
- 편저 강경희 · 박기원
- 정가 22,000원

관상을 바꾸는 반영구 화장

- 좋은 관상으로 거듭나기
- 초보자에서 최고의 메이크업 아티스트로
- 반영구화장의 표준 종합본
- 편저 박경수
- 정가 35,000원

AI면접
이젠, 모바일로

기업과 취준생 모두를 위한 평가 솔루션 윈시대로! 지금 바로 시작하세요.

www.winsidaero.com

Win SiDAERO
AI면접을 선도합니다!

공기업 · 대기업 · 부사관, ROTC, 사관학교 및
산업계 전반으로 AI면접 확산
🏠 www.winsidaero.com

NAVER 윈시대로를 검색하세요!